土木工程研究生系列教材

土木工程测试技术

主　编　赵望达
副主编　李耀庄
参　编　李　昀　申永江
主　审　徐志胜

机　械　工　业　出　版　社

本书是根据我国高等院校土木工程专业教学大纲编写的，系统地介绍了土木工程测试技术中的智能传感器技术、无损检测技术、信息处理技术等。本书共分9章，内容包括：绪论、测试技术传感器基础、混凝土测试方法、混凝土缺陷的超声探伤及声发射诊断、混凝土测温技术、应变测量及应用、超声检测仪及智能超声检测仪开发技术、土木工程测试数据处理方法、土木工程测试应用实例。

本书内容新颖，体系全面，重点突出，结合实际，内容涉及土木工程测试的理论、技术与应用等各个方面。

本书可作为高等院校土木工程专业、交通运输工程专业的硕士研究生必修课程教材，也可供相关工程技术人员参考。

图书在版编目（CIP）数据

土木工程测试技术/赵望达主编．—北京：机械工业出版社，2013.12

土木工程研究生系列教材

ISBN 978-7-111-44282-0

Ⅰ.①土…　Ⅱ.①赵…　Ⅲ.①土木工程—建筑测量—研究生—教材　Ⅳ.①TU198

中国版本图书馆 CIP 数据核字（2013）第236606号

机械工业出版社（北京市百万庄大街22号　邮政编码100037）

策划编辑：马军平　责任编辑：马军平　林　辉

版式设计：常天培　责任校对：潘　蕊

封面设计：张　静　责任印制：李　洋

三河市国英印务有限公司印刷

2014年1月第1版第1次印刷

184mm×260mm · 15印张 · 368千字

标准书号：ISBN 978-7-111-44282-0

定价：35.00元

凡购本书，如有缺页、倒页、脱页，由本社发行部调换

电话服务　　网络服务

社服务中心:(010)88361066　教材网:http://www.cmpedu.com

销售一部:(010)68326294　机工官网:http://www.cmpbook.com

销售二部:(010)88379649　机工官博:http://weibo.com/cmp1952

读者购书热线:(010)88379203　**封面无防伪标均为盗版**

前　言

进入21世纪以来，人类社会迈向信息化的步伐已越来越快。对于土木工程，如何利用信息时代的先进控制技术、测试技术、计算机技术和网络技术，不断拓宽其研究应用范围就是其发展的趋势之一。土木工程测试技术是包含了多学科知识的一门综合技术。为了满足培养土木工程信息化技术人才，以及土木工程专业技术人员的需要，编者参照土木工程专业教学大纲，并根据多年从事信息科学与工程及土木工程交叉领域研究和研究生教学的经验，编写了这本研究生教材。

本书的主要特点是图文并茂、系统性强、理论联系实际，注重应用，特色突出。本书系统地介绍了土木工程测试技术中智能传感器技术、无损检测技术、信息处理技术等核心知识。

本书由中南大学土木工程学院赵望达教授担任主编并负责统稿，李耀庄教授任副主编，李昀博士、申永江博士参加编写工作。具体编写分工为：第1、5、7、8章由赵望达编写，第3、6章由李耀庄编写，第2、9章由李昀编写，第4章由申永江编写。本书编写工作始于2004年，历时十年，在作为内部教材使用过程中，根据历届研究生们对教材核心知识点、总体结构及许多细节问题提出的意见和建议进行了不断的修正。特别要感谢李卫高、袁月明、杨琳琳、冯瑞敏、卢超、周湘川、张振兴、李洪、李旭、丁文婷等研究生在书稿资料整理过程中付出的艰苦劳动。

本书由中南大学徐志胜教授主审。徐教授对本书的编写提出了许多宝贵的意见和建议，在此对他表示衷心的感谢。同时，本书参考并引用了大量的书刊资料及有关单位的一些科研成果和技术总结，在此谨向这些文献的作者表示衷心的感谢。

本书编写中，虽然力图在认真总结土木工程专业教学和实践的同时，集理论与应用为一体，按独立的学科体系搭建本书的框架结构，但因本书所涉及学科领域较多，需要的知识面较广，且科学是不断发展的，人们对科学问题的认识也是不断深入完善的，限于作者水平及经验，不妥之处，敬请读者和同行给予批评指正。

编　者

目　　录

第1章 绪　　论

1.1 土木工程测试技术概述

进入21世纪以来，人类迈向信息化的步伐越来越快。土木工程是研究人们基本生活设施和环境的古老学科。在日新月异的信息化时代，新的学科不断涌现，一方面给老学科带来了巨大压力，另一方面也为老学科的发展提供了机遇。对于土木工程学科，利用信息时代的先进控制技术、测试技术、计算机技术和网络技术，不断拓宽其研究领域和应用范围就是土木工程学科发展的机遇之一。因此，在土木工程研究生教育中，如何培养研究生综合利用信息领域先进技术与成果，进行与土木工程交叉的边缘领域的研究与探索，进而提高其综合科研素质，是一个对培养土木工程专业高端人才具有重要意义的课题。特别是在国家“十一·五”规划提出全面建设创新型国家和创新型大学之际，对传统学科进行学科交叉的创新也是培养高素质人才具有战略意义的重要课题。

在信息化时代下，西方发达国家纷纷迎合这一新的要求，非信息类学科大量开设信息学科相关课程，以培养非信息类学科大学生更好地利用先进信息技术手段的能力以及综合科研素质。美国的伊利诺伊厄本那—香槟大学土木工程与环境系开设了结构进化计算、神经网络和数字计算等与信息学科密切相关的课程，从而使其毕业学生在工程设计或科学研究中能很好地运用遗传算法、神经网络和先进计算机技术等进行结构优化设计，运用小波神经网络、概率神经网络以及单片机、DSP技术进行结构的损伤诊断。

在国内，许多非信息类专业，特别是传统的工科专业不仅开设电工电子技术、计算机文化基础、FORTRAN语言、C语言等基础信息类课程，很多专业还开设单片机原理、数字信号处理、传感器技术等信息应用技术类课程，大大丰富了学生的选课范围。哈尔滨工业大学和大连理工大学以王光远院士、欧进萍院士等学科领军大师为首，吸引信息、材料、机械等学科的高层次人才，组成跨学科、跨学校的课题组，并让博士、硕士研究生以及一些优秀的本科生参加高水平的国家自然科学基金、国家重大科技攻关项目，在桥梁结构的健康监测、大型海洋平台在线安全监测等项目中应用先进的信息化技术，取得了一系列有重要影响的成果。沈阳建筑大学的姜绍飞教授在土木建筑结构设计和监测中引入信息学科的人工智能和智能计算方法，在土木建筑学科的教学和科研中进行了大量的探索性研究。

1.2 土木工程测试技术体系结构

1.2.1 智能传感器技术

智能传感器（Intelligent Sensor）是具有信息处理功能的传感器。智能传感器带有微处理机，具有采集、处理、交换信息的能力，是传感器集成化与微处理机相结合的产物。一般智能机器人的感觉系统由多个传感器集合而成，采集的信息需要计算机进行处理，而使用智能传感器就可将信息分散处理，从而降低成本。与一般传感器相比，智能传感器具有以下三个优点：通过软件技术可实现高精度的信息采集，不仅成本低，并具有一定的编程自动化能力，功能多样化。

智能传感器具有使用简单、精确度高等特点，包括光纤传感器、压电传感器、磁致伸缩传感器和纤维增强复合材料等。压电传感器与磁致伸缩传感器，既可作为传感器也可作为执行器，这使得土木工程测试成为一个积极的测试工作。智能传感器能够对土建结构及内部状态进行实时、在线的无损检测，有利于结构的安全监测和整体性评价及维护。

1.2.2 无损检测技术

无损检测是一种在不损伤材料和成品的条件下研究其内部和表面有无缺陷的技术。它利用材料内部结构的异常或缺陷的存在所引起的对热、声、光、电、磁等反应的变化，来评价结构异常和缺陷存在及其危害程度。无损检测一般有三种简称，即 NDT（Nondestructive Testing）无损检测，NDI（Nondestructive Inspection）无损检查，NDE（Nondestructive Evaluation）无损评价。无损检测的目的一般包括：定量掌握强度与缺陷的关系；评价构件的允许负荷、寿命或剩余寿命；检测在制造过程中产生的结构不完整性及缺陷情况，以便改善制造工艺。它不仅涉及成品部件的试验评价，也与设计制造工艺相关，可以有效地减少因建筑物的破坏所造成的经济损失及人员伤亡。

无损检测技术在很大程度上是一种信息技术，它是一个获取信号、提取信息、导出结论的过程。因此，发展新型高性能的接收换能器，采用先进的信号处理技术是主要的发展方向。信号处理，特别是数字信号处理已经变得越来越重要，人工智能、神经网络、模式识别和图像识别等将获得更广泛的应用。计算机对无损检测的发展也是至关重要的，它在检测自动化、数据处理、改变显示方式和数值模拟等方面将发挥巨大作用。经过不断创新，无损检测技术必将更加广泛地应用于土木工程中。

1.2.3 信息处理技术

信息处理技术是指用计算机技术处理信息，计算机运行速度极高，能自动处理大量的信息，并具有很高的精确度。

为了适应信息时代的信息处理要求，当前信息处理技术逐渐向智能化方向发展，从信息的载体到信息处理的各个环节，广泛地模拟人的智能来处理各种信息。人工智能学科与认知科学的结合，进一步促进了人类的自我了解和控制能力的发挥。研究具有认知机理的智能信息处理理论与方法，探索认知的机制，建立可实现的计算模型并发展应用，有可能带来未来信息处理技术突破性的发展。如神经网络、遗传算法等先进测试数据组合处理方法均在土木工程信息处理中获得越来越广泛的应用。

1.3 无损检测技术的发展趋势

1.3.1 无损检测技术的发展概况

早在20世纪30年代，人们就开始探索混凝土无损检测技术。1930年首先出现了表面压痕法。1948年瑞士人施密特（E. Schmid）研制成功回弹仪。1949年加拿大的来斯利（Leslie）等运用超声脉冲检测混凝土获得成功。20世纪60年代罗马尼亚的费格瓦洛（I. Facaoaru）提出超声回弹综合法。随后，许多国家也相继开展了这方面的研究工作，制定了有关的技术标准。我国在20世纪50年代引进瑞士、英国、波兰等国的回弹仪和超声仪，并结合工程应用开展了许多研究工作。经过几十年的研究和工程应用，我国研制了一系列的无损检测仪器设备，结合工程实践进行了大量的应用研究，逐步形成了JGJ/T 23—2011《回弹法检测混凝土抗压强度技术规程》，CECS 02—2005《超声回弹综合法检测混凝土强度技术规程》，CECS 69—2011《拔出法检测混凝土强度技术规程》，CECS 21—2000《超声法检测混凝土缺陷技术规程》等技术规程，并由此解决了工程实践中的问题，取得了巨大的社会经济效益。

1.3.2 无损检测技术的应用

无损检测技术可直接检验结构物的混凝土强度、缺陷及其他物理力学性能指标，可以确保结构质量，节约材料，提高劳动生产率和加快施工进度。它特别适用于确定不利条件（火灾、冰冻、超载、地震、各种化学介质的侵蚀等）下混凝土的损害程度，研究和评价同一试样随时间而变异的各种性能。因此，对无损检测技术的研究就具有更大的现实意义和广阔的发展前景。

随着人们对工程质量的关注，以及无损检测技术的迅速发展和日臻成熟，无损检测技术在建设工程中的作用日益明显。它不但已成为工程事故的检测和分析手段之一，而且正在成为工程质量控制和构筑物使用过程中可靠性监控的一种工具。可以说，无损检测技术成为建筑技术发展水平的重要标志之一。

随着我国工程界对新技术、新材料的应用，对检测技术也提出了新的要求，如高强、高性能混凝土的应用，以及再生混凝土等新材料的应用对结构工程无损检测技术提出了新的要求。计算机、互联网技术将与新一代检测仪器和检测技术紧密结合。伴随着电子技术的不断进步，仪器处理能力得到提高，模糊聚类分析、神经网络甚至人工智能等先进的数据处理手段将得到更广泛的应用，使其能快速地进行大量信息的处理，使检测结果更加可靠，检测水平不断提高。

1.3.3 无损检测技术的分类和特点

无损检测技术的主要特点是非破坏性、随机性、远距离探测、间接性、现场检测等，并且检测数据可连续性采集，通过数理分析和逻辑判断，能够比较准确地推定出工程质量的状况。

按检测目的，无损检测方法分为四类：

1）检测结构、构件混凝土强度值。

2）检测结构、构件混凝土内部缺陷（如裂缝、孔洞和不密实区、结合面质量、损伤层等）。

3）检测几何尺寸（如钢筋位置、保护层厚度、板面或墙面厚度等）。

4）检测结构混凝土强度质量的匀质性。

按检测对结构、构件是否造成破损分为非破损检测方法（如回弹法、超声法、超声-回弹综合法、磁测法、电测法、电磁法等）和半破损检测方法（如钻芯法、拔出法、射钉法等）。

1.3.4 无损检测的发展动向

1）随着计算机技术的应用，检测仪器逐步向高、精、尖方向发展，如超声仪的智能化、超声成像技术、雷达波反射成像技术及冲击—回波技术等。其优点在于：① 从单一的参数检测到多参数综合分析，从简单的检测数据到直观的检测结果表达；② 为一机多用开辟了途径，如将超声仪和冲击—回波仪合二为一，增加了仪器的使用价值；③ 大力发展高速无损检测技术，这将大幅度降低检测费用，使大范围的精细检测和在线检测成为可能。

2）随着高灵敏传感系统的不断出现，如红外、微波、射线等传感系统，适用于无损检测技术的传感系统越来越多样化。

3）为了适用某些特殊结构物的检测需要，无损检测系统正朝着专用化、小型化、一体化、集约化的趋势发展。

4）无损检测结果的评定是从检验批的总体中，随机抽取若干组试件进行破坏性抗压试验，并以此试验结果，根据抽样理论中试样统计参数与总体统计参数之间的关系，来判断被评价的检验批的总体质量。无损检测结果的评定方法由单值或平均值评定方法过渡到统计方法评定，它使评定结果更加合理，并与国家有关标准取得了一致，提高了无损检测结果的可信性。

5）无损检测技术中缺陷检测判断依据向多方向发展。

① 概率法判据。指检出大面积网格测试之中的统计异常值，出现该异常值的部位即为缺陷区。

② PSD 判据。指在连续测量的沿线上，声时曲线的斜率与相邻测点声时差值的乘积。

③ NFP 判据（多因素概率法）。运用多项参数（如声时、波幅、频率等）进行缺陷综合判断，可提高判断的灵敏性和可靠性。

④ 多因素模糊综合判据。采用模糊数学的方法对各参数权数进行合理分配，列出因素集和评判集，并通过模糊变换作出综合判断。

1.4 神经网络在土木工程测试中的应用

思维学普遍认为，人类大脑的思维分为抽象（逻辑）思维、形象（直观）思维和灵感（顿悟）思维三种基本方式。

抽象（逻辑）思维是指根据逻辑规则进行推理的过程。它先将信息化成概念，并用符号表示，然后根据符号运算、按串行模式进行逻辑推理，这一过程可以写成串行的指令，让计算机执行。形象（直观）思维是将分布式存储的信息综合起来，结果是忽然间产生想法或解决问题的办法。这种思维方式是基于以下两点：一是信息是通过神经元上的兴奋模式分布存储在网络上；二是信息处理是通过神经元之间同时相互作用的动态过程来完成的。

人工神经网络就是模拟人思维的第二种方式。人工神经网络（Artificial Neural Networks，简写为 ANNs）也简称为神经网络（NNs）或连接模型（Connection Model）。它是一种模仿动物神经网络行为特征，进行分布式并行信息处理的算法数学模型。这是一个非线性动力学系统，其特色在于信息的分布式存储和并行协同处理。虽然单个神经元的结构极其简单，功能有限，但大量神经元构成的网络系统所能实现的行为却是极其丰富多彩的。

1.4.1 神经网络在土木工程中应用的可行性

神经网络能够在土木工程中得到应用，是由神经网络的特点符合土木工程的应用要求所决定的，神经网络的特点如下：

1）分布式存储信息：网络结构和连接权。

2）自适应性：自学习、自组织、泛化和训练。

3）并行性：每一神经元独立，各神经元并行处理。

4）联想记忆功能。

5）自动提取特征参数。

6）鲁棒性（容错性）。

其在土木工程应用的可行性，可从以下两点分析：

1）专家系统成为工程设计中必不可少的工具，但系统存在一些缺陷，神经网络的上述特点正好可解决这些问题。

2）在损伤诊断中通过损伤模式匹配和特征参数的自动提取来解决复杂的非线性、不确定性问题。

1.4.2 神经网络在土木工程中的应用领域

神经网络在土木工程中的应用领域主要包括：结构分析与初步设计、结构优化设计、结构损伤检测和诊断、结构控制、科学决策、结构材料与本构关系、回归分析。

回归法在分析混凝土强度无损检测数据时存在局限性，最新的研究在处理数据时引入了在非线性数据分析领域比较成熟的人工神经网络（ANNs）技术。结果表明，ANNs适合处理这类数据，并在一些方面补充了回归法的不足。ANNs的引入使混凝土强度无损检测数据分析中增加了新的相关变量，可以更深入或更广泛地考察混凝土强度无损检测及其数据处理的有关问题。

第2章　测试技术传感器基础

智能传感器（Intelligent Sensor 或 Smart Sensor）在检测及自动控制系统中相当于人的五感（即视、听、嗅、味、触等）。自动化系统的功能越全，系统对传感器的依赖程度也越大。在高级控制系统中，智能传感器是一项关键技术。新型传感器不仅要“感知”外界的信号，还要把“感知”到的信号进行必要的加工处理，两者结合实现传感器的优异功能是今后传感器发展的必然趋势。传感器的智能化是科学技术发展的结果，也是科学技术发展的需要。智能传感器的概念最初是美国宇航局（NASA）在开发宇宙飞船过程中形成的。自20世纪70年代初出现以来，智能传感器的研究已成为当今传感器技术发展中的主要方向之一。

2.1　传感器的基本原理

2.1.1　传感器的定义

GB 7665—2005《传感器通用术语》对传感器下的定义是：“能感受规定的被测量并按照一定的规律转换成可用信号的器件或装置，通常由敏感元件和转换元件组成”。传感器又被称为发送器、传送器、变送器、检测器、探头等。

传感器的定义包含了下面四个方面的含意：

1）传感器是测量装置，能完成信号获取任务。

2）它的输入量是某一被测量，可能是物理量，也可能是化学量、生物量等。

3）它的输出量是某种物理量，这种量要便于传输、转换、处理、显示等，这种量可以是气、光、电量，但主要是电量。

4）输出输入有对应关系，且应有一定的精确度。

传感器是一个系统。它可以是单个的装置，也可以是复杂的组装体。但是无论其构成怎样，它都具有一些相同的基本功能，即需要检测输入信号并由此产生可测量的输出信号。

从仿生学的角度来理解：将系统类比成人体器官来划分各系统，如电源部件、传感部件、控制部件、执行部件和机械部件等。传感部件（相当于眼、耳等感觉器官）接受被测量信号（相当于光、声等外部信号），然后传递给控制部件（相当于大脑），由控制部件进行处理后将处理结果输出给执行部件（相当于口、肢体等），并由执行部件做出相应的动作。仿生学中系统与器官类比图如图 2-1 所示。

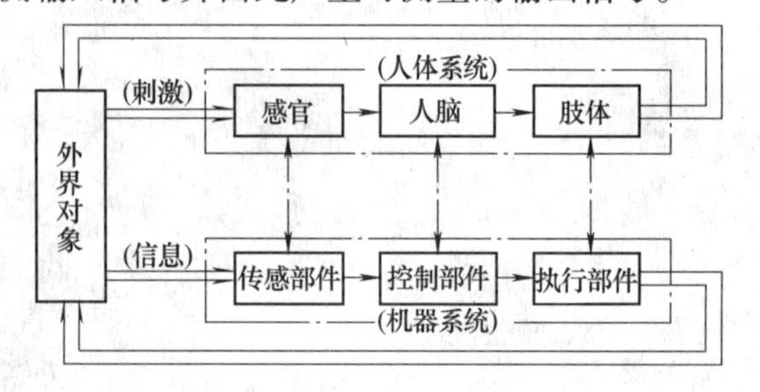

图 2-1　仿生学中系统与器官类比图（传感器相当于“电五官”）

2.1.2　传感器的结构

传感器一般由敏感元件、传感元件、转换元件三部分组成。从系统角度看，传感器的结构图如图2-2所示。

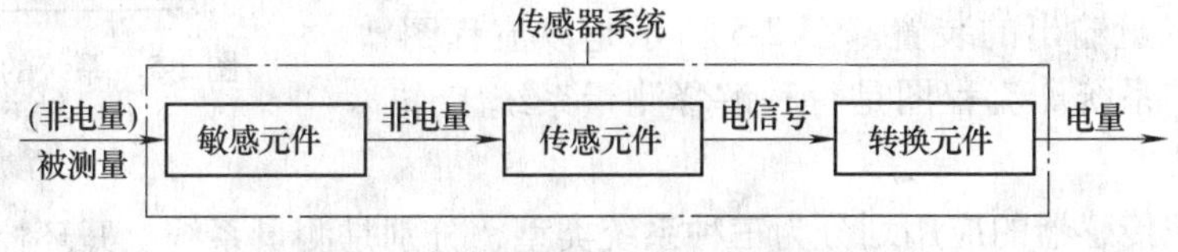

图2-2　传感器的结构图（从系统角度）

1）敏感元件是指传感器中能直接感受被测量，并输出与被测量成确定关系的某一物理量的部件。

2）传感元件是指传感器中能将敏感元件输出转换为适于传输和测量的电信号部件。

3）转换元件是由于传感器输出信号一般都很微弱，需要有信号调节与转换元件将其放大或转换为容易传输、处理、记录和显示的形式，这一元件一般称为转换元件。传感器输出信号有很多形式，如电压、电流、频率、脉冲等，输出信号的形式由传感器的原理确定。常见的信号调节与转换电路有放大器、电桥、振荡器、电荷放大器等，它们分别与相应的传感器配合。

从信号角度看，传感器的结构图如图2-3所示。

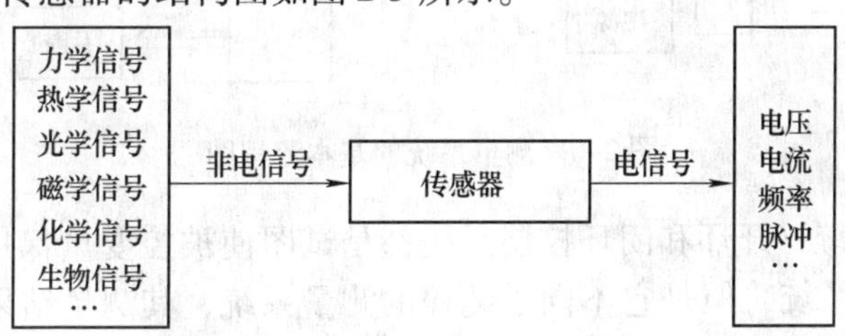

图2-3　传感器的结构图（从信号角度）

图2-4所示为一些传感器的工作示意图。由图2-4a、b可以看出，热敏电阻和应变计都可以产生一种可变化的电阻值输出。许多传感器产生的电信号不仅可以以电阻的方式，还可以以电压、电流或频率等方式输出。图2-4c所示的弹簧秤，在可变力的作用下会产生一个位移的变化，即弹簧秤的表盘指针会沿着刻度方向移动（或转动）一个与弹簧所受力成正比的位移。图2-4d所示中，文丘里（Venturi）管通过测量压力差以确定液体的流量。

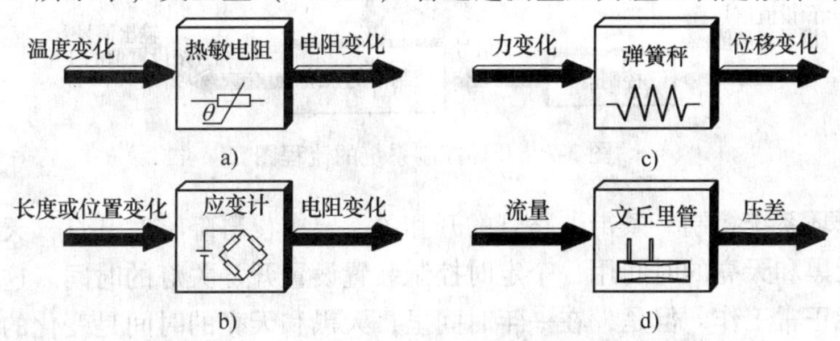

图2-4　传感器工作示意图

2.1.3 传感器的应用模式

系统有很多种类和定义。但是，为了方便，本书仅把基本的传感器系统看做借助于某种处理过程从不同的输入产生某种定量输出的装置。图 2-5 所示是以流程图形式表示的基本系统。流程图是一种解释测量系统工作原理的有效方法。

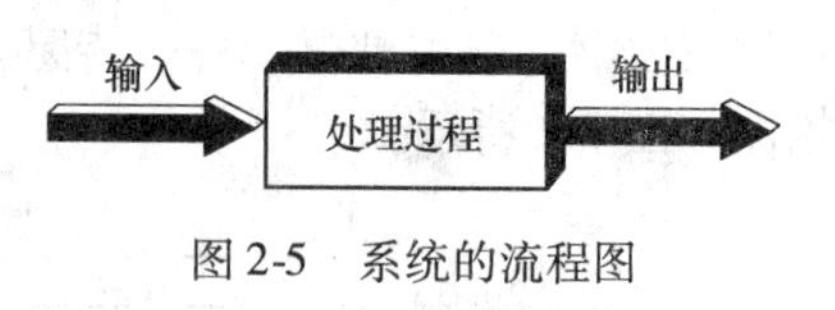

图 2-5 系统的流程图

人们通常把传感器的应用划分为三种系统类型，分别是测量系统、开环控制系统和闭环控制系统。

（1）测量系统　测量系统显示或记录一种与被测输入变量相对应的定量输出，测量系统除了以用户可以读懂的方式向用户显示之外，不以任何方式对输入量产生响应。图 2-6 所示为测量系统的基本流程图。

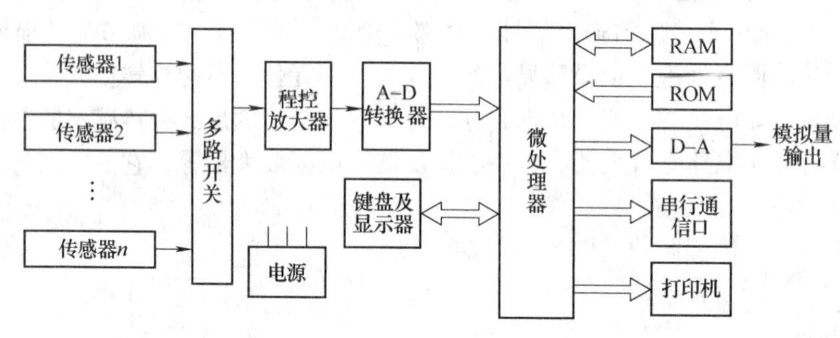

图 2-6 测量系统的基本流程图

（2）开环控制系统　开环和闭环控制系统都是试图使被控变量保持为某预定的值。控制系统中包含了测量系统，但是它不同于纯粹的测量系统，其测量结果并不需要显示给用户，而是通过其测量系统输出量以便调节控制系统的某一参数。图 2-7 所示为一个开环控制系统的流程图。开环控制系统的基本原理是系统被一个预设值信号所控制。如果测量系统的输出量没有影响控制系统的预定参数，系统所要求的控制也能够达到，即使其他因素改变导致系统的输出不正确，预设值也不会改变。

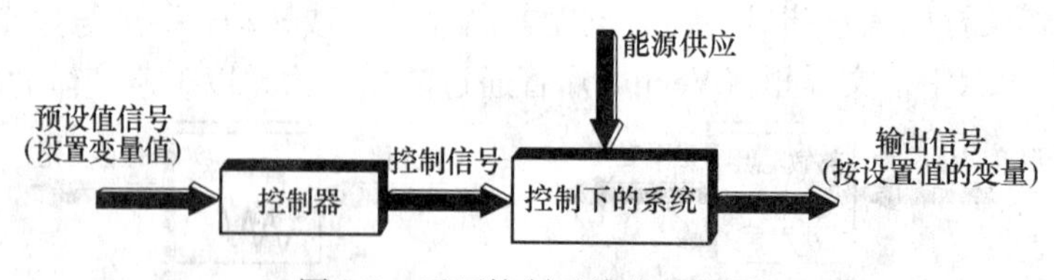

图 2-7 开环控制系统的流程图

假如一个开环系统控制一条街上路灯的开和关，要求夜幕降临时开灯，天亮时关灯。控制信号将根据天黑和天亮的时间用一个定时控制装置设置开、关灯的时间。这个系统可能在几周时间内还能正常工作，但是，在一年时间里，天黑和天亮的时间是变化的，预设的信号（时间）不久就会不合适（开、关灯的时间要么早、要么晚）。图 2-8 所示为路灯开环控制系统的流程图。

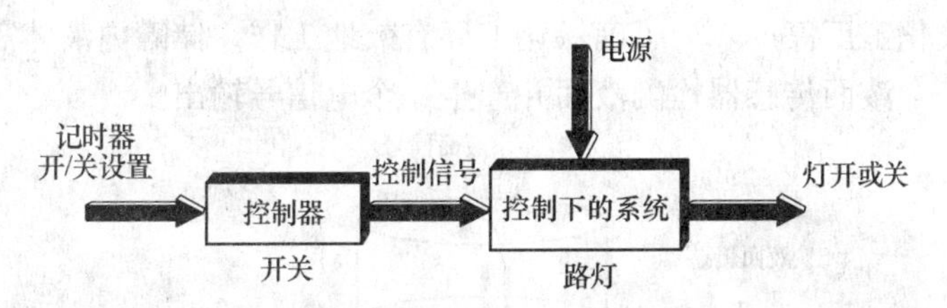

图2-8 路灯开环控制系统的流程图

在该开环系统中，没有将检测到的、实际正在发生变化的系统参数输入给系统，即对于路灯控制系统来说，它不知道天是亮还是暗。对于一个开环系统，人们不得不估算什么时间天黑和什么时间天亮，并相应地改变预设值以控制开灯和关灯时间。这些预设的时间必须根据一天内天亮和天黑的时间变化而变化。因此，它需要频繁地调整预设值。通常这种调整的次数越少，工作的效果越差，且系统不会产生任何未预期的操作。例如，阴天或多云的天气，路灯应该比晴朗的天气要早开，但这在开环系统中是无法实现的。

开环控制系统在设计和制造上通常比较简单、廉价，但其效率很低或需要不断地进行调整操作。在很多情况下，正在控制的参数也在以某种方式发生变化，从而导致预设值不准确，进而需要更新设置。要准确地设置预设值，通常需要很高的技巧和准确的判断。若控制系统的参数没有达到预期值，将会产生很严重的后果。例如，在容器里注入危险性液体，需要控制液体的满溢高度，此时如果用开环控制系统就不合适。

（3）闭环控制系统　在闭环控制系统里，输出状态会直接影响输入条件。闭环控制系统通过测量被控制系统的参数输出值并将其与期望值比较，其差值称为误差。

图2-9所示为闭环控制系统的流程图。期望值可认为是已知的，并作为信号参考值，或称为预设值，这个值与测量装置检测的测量值（称为反馈信号）进行比较。反馈信号与参考信号的差值称为误差信号。误差信号经过调制处理（如放大）以便能够调节控制系统。例如，误差信号是一种电信号，它可能需要被放大。被调制处理的误差信号称为控制信号。然后，控制信号调节系统的输出，以便尽可能使反馈信号与参考信号相一致。这将减少误差到零，并由此使系统达到期望值。

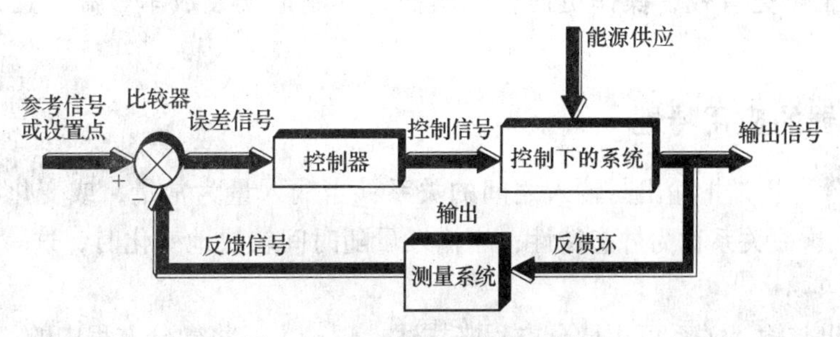

图2-9 闭环控制系统的流程图

例如，在化工厂的储罐里存放着危险性液体，它的液位闭环控制系统的示意图如图2-10所示，储罐通过泵注入该液体。当需要对液体进行进一步加工处理时，另一个系统打开卸荷阀，并按生产需要放出液体，这样，储罐内的液面降低了。如果采用开环系统将无法实现有效控制，因为预设值发生错误时后果是非常严重的，储罐内充满液体时可能会溢出危险性液体，流干液体导致化工厂停产。为了确保化工厂有效地工作，储罐内液体需要保持在一个最佳高度，可以用一个液面传感器检测液面并产生一个电信号输出。

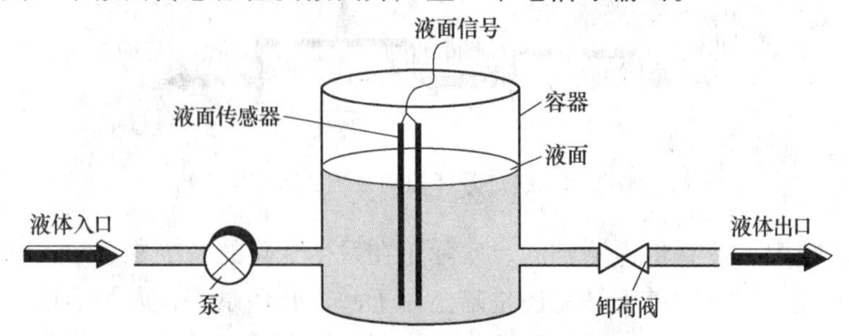

图 2-10　液位闭环控制系统的示意图

图 2-11 所示为控制储罐内液面的闭环控制系统的流程图。由液面传感器的输出（反馈信号）与理想液面（参考信号）比较，其差值就是误差信号。误差信号通过控制器被调制为控制信号。控制信号又驱动泵，并决定通过泵向储罐输入的液体流量。当误差为 0 时，液面达到了理想高度，控制信号为 0 并因此使泵停下来。利用这种方法，将与液面相关的信号变为电信号，无论它是恒定的还是变化的，通过控制泵的流量都可以始终保持安全的液面高度。

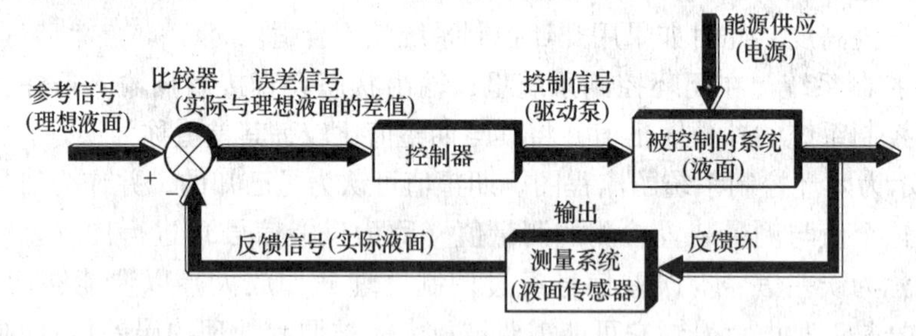

图 2-11　液面闭环控制系统的流程图

闭环系统通过自动反馈信息调整输入量达到控制输出量的目的，因此，它比开环系统误差更小，工作更有效，操作更简便。然而，其制造安装成本较高，且系统可能变得更复杂。

2.1.4　传感器的应用特性

传感器特性主要是指输出与输入之间的关系：当输入量为常量，或变化极慢时（如温度、压力等），这一关系称为静态特性；当输入量随时间较快地变化时，这一关系称为动态特性。

传感器输出与输入关系可用微分方程来描述。理论上，将微分方程中的一阶及以上的微分项取为零时，即得到静态特性。因此，传感器的静态特性只是动态特性的一个特例。

传感器的输出与输入具有确定的对应关系，最好呈线性关系。但一般情况下，输出输入不会符合所要求的线性关系，同时由于存在迟滞、蠕变、摩擦、间隙和松动，以及传感器内部储能元件（电感、电容、质量块、弹簧等）和外界条件的影响等各种因素，使输出输入对应关系的唯一确定性也不能实现。考虑了这些情况之后，传感器的输出输入作用图大致如图2-12所示。

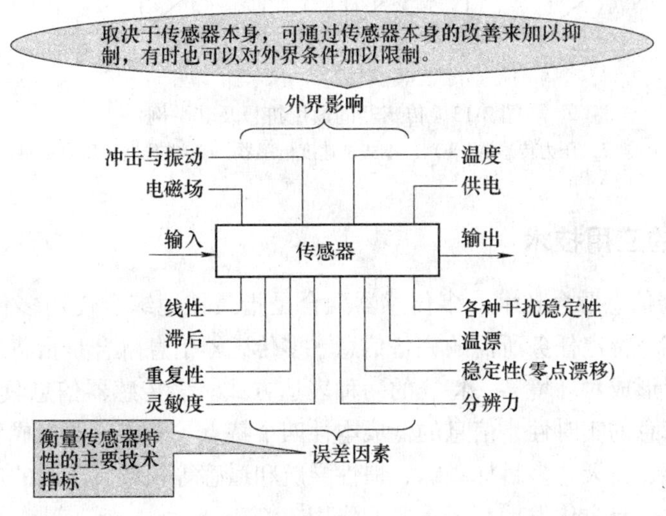

图2-12　传感器输入输出作用图

2.1.5　传感器的应用选型

传感器的应用选型见表2-1。

表2-1　传感器的应用选型

基本参数指标	1）量程指标：①量程范围；②过载能力等。 2）灵敏度指标：①灵敏度；②分辨力；③满量程输出等 3）精度有关指标：①精度；②误差；③线性；④滞后；⑤重复性；⑥灵敏度误差；⑦稳定性等 4）动态性能指标：①固定频率；②阻尼比；③时间常数；④频率响应范围；⑤频率特性；⑥临界频率、速度；⑦稳定时间等
环境参数指标	1）温度指标：①工作温度范围；②温度误差；③温度漂移；④温度系数；⑤热滞后等 2）抗冲振指标：允许各向抗冲振的频率、振幅及加速度、冲振所引入的误差 3）其他环境参数：①抗潮湿；②抗介质腐蚀能力；③抗电磁场干扰等
可靠性指标	①工作寿命；②平均无故障时间；③保险期；④疲劳性能；⑤绝缘电阻；⑥耐压及耐温等
其他指标	与使用有关的指标：①供电方式（直流、交流、频率及波形等）；②功率；③各项分布参数值、④电压范围与稳定度；⑤外形尺寸；⑥质量；⑦壳体材质；⑧结构特点；⑨安装方式；⑩馈线电缆等

2.1.6　传感器的应用符号

GB/T 14479—1993《传感器图用图形符号》表示如下：正方形表示转换元件，三角形表示敏感元件，X表示被测量符号，＊表示转换原理。

几种典型传感器的通用图形符号如图2-13所示。

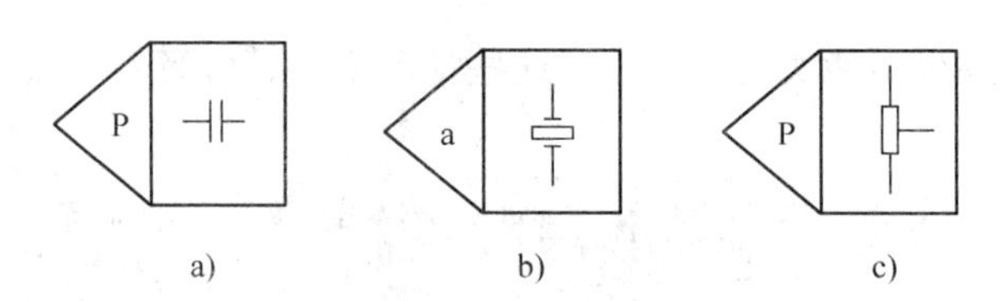

图 2-13 传感器的通用符号及其举例
a）电容式压力传感器 b）压电式加速度传感器 c）电位器式压力传感器

2.1.7 传感器的应用技术

（1）多传感器信息融合技术 多传感器融合是指最佳地综合使用多传感器信息，使智能系统具有完成某一特定任务所需的完备信息。多传感器信息融合是指将经过集成处理的多传感器信息合成，形成对环境某一特征的一种表达方式。多传感器信息具有信息的冗余性、信息的互补性、信息的实时性、信息的低成本性四个特点。多传感器集成和信息融合技术在工业机器人、军事、航天、多目标跟踪、惯性导航和遥感等领域有广泛的应用前景，对于促进机器人向智能化、自主化发展有很重要的作用。

近几年来，多传感器信息融合已从最初的军事和高技术领域拓展至工农业以及国民经济的各个方面。应用于电力、冶金、石化等复杂工业过程测控和故障诊断的多传感器信息融合技术是一个极具研究前景的方向。

（2）现场总线技术 现场总线一般是指连接测量、控制仪表和设备，如传感器、执行器和控制设备的全数字化、串行、双向式的通信系统。近年来，现场总线技术有了很大发展，尽管目前还没有形成统一的国际标准，但许多大公司依靠自身的技术实力及行业背景，开发出了不同的现场总线规范，主要有德国博世公司 CAN（Controller Area Network）总线、美国 Echelon 公司的 Lonworks 总线、德国西门子公司的 Profibus（Process Fieldbus）总线以及基金会现场总线 FF（Foundation Fieldbus）。

（3）软测量技术 软测量是根据某种最优准则，选择与被估计变量密切相关的一组可测变量，构造某种以可测变量为输入、被估计变量为输出的数学模型，用计算机软件实现对估计变量的估计。常用的有机理建模、非机理建模、统计回归建模和人工智能、神经元网络建模等。

（4）虚拟仪器技术 美国国家仪器公司（National Instruments Corporation，简称 NI）在 20 世纪 80 年代最早提出虚拟仪器（Virtual Instrument，简称 VI）的概念。虚拟仪器这种计算机操纵的模块化仪器系统在世界范围内得到了广泛的认同和应用，国内近几年的应用需求急剧上升。虚拟仪器技术使现代测控系统更灵活、紧凑、经济，功能更强。而图形编程方式使系统软件开发更省时、更省力、更容易。无论是测量、测试、计量，或是工业过程控制和分析处理，还是其他更为广泛的测控领域，虚拟仪器都是理想的高效率的解决方案。随着计算机技术的不断发展，虚拟仪器技术也会在各领域中发挥其重要作用，并表现出强大的生命力，它必然会对科技发展和工业生产产生不可估量的影响。

（5）嵌入式测控系统 随着后 PC 时代的到来，嵌入式系统已成为计算机业界的热点，信息家电、移动计算设备、网络设备、工业控制和仪器仪表、生物医学仪器、汽车、船舶、航空、航天、军事等众多领域都成了嵌入式系统的天下。通常把嵌入式系统定义为一种以应用为中心，以计算机为基础，软硬件可以剪裁，适用于系统对功能、可靠性、成本、体积、功耗有严格要求的专用计算机系统。因此，在嵌入式系统中，操作系统和应用软件常被集成于计算机硬件系统之中，使系统的应用软件与硬件一体化。

此外，传感器测试技术应用所需用到的数学分析工具：

1）统计分析理论：回归分析、关联分析、支持向量机（SVM）。

2）灰色系统理论。

3）小波分析：故障诊断、图像识别和重构。

4）模糊数学。

5）神经网络：BP、RBF、CMAC。

6）遗传算法：免疫遗传算法。

7）软测量技术。

8）数据融合（信息融合）。

2.2 智能传感器

2.2.1 智能传感器概述

（1）智能传感器的定义　智能传感器是为了代替人和生物体的感觉器官并扩大其功能而设计制作出来的一种系统。人和生物体的感觉有两个基本功能：一是检测对象的有无或检测变换对象发生的信号；二是进行判断、推理、鉴别对象的状态。前者称为“感知”，而后者称为“认知”。一般传感器只有对某一物体精确“感知”的本领，而不具有“认识”（智慧）的能力。智能传感器则可将“感知”和“认知”结合起来，起到人的“五感”功能的作用。

美国宇航局 Langleg 研究中心的 Breckenridgc 和 Husson 等人认为智能传感器需要具备下列条件：

1）由传感器本身消除异常值和例外值，提供比传统传感器更全面、更真实的信息。

2）具有信号处理（如包括温度补偿、线性化等）功能。

3）随机整定和自适应。

4）具有一定程度的存储、识别和自诊断功能。

5）内含特定算法并可根据需要改变。

这就说明了智能传感器的主要特征就是敏感技术和信息处理技术的结合。也就是说，智能传感器必须具备“感知”和“认知”的能力。如要具有信息处理能力，就必然要使用计算机技术；考虑到智能传感器体积问题，自然只能使用微处理器等。智能传感器的结构示意图如图2-14所示。

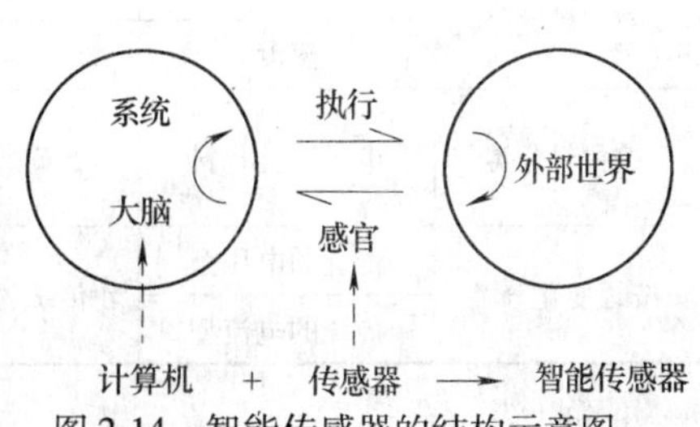

图2-14　智能传感器的结构示意图

智能传感器是一个或多个敏感元件、微处理器、外围控制及通信电路、智能软件系统相结合的产物。它内嵌了标准的通信协议和数字接口，使传感器之间或传感器与外围设备之间可轻而易举组网，如图2-15所示。

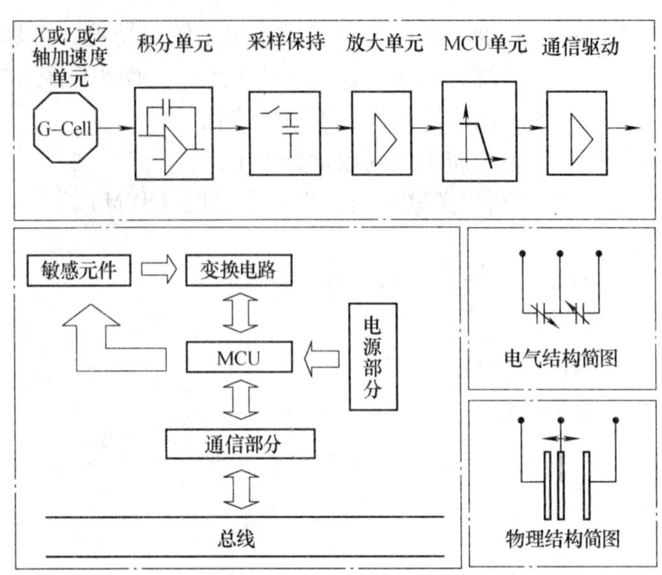

图 2-15 智能传感器举例（以智能加速度传感器为例）

（2）智能传感器产生的原因

1）技术的发展与进步。自2000年以后，随着微处理器在可靠性和超小型化等方面有了长足的进步，以及微电子技术的成熟，使得在传统传感器中嵌入智能控制单元成为现实，也为传感器的微型化提供了基础。

2）传统方式的局限性。传统的传感器技术发展主要集中在解决准确度、稳定性和可靠性等方面，所进行的研发工作主要是开发新敏感材料，改进生产工艺，改善线性、温度、稳定性补偿电路等，但这些工作的收效不大，即使能够达到更高的要求，其成本的压力也很大。另外，随着现代自动化系统发展，对传感器的精度、智能水平、远程可维护性、准确度、稳定性、可靠性和互换性等要求更高。

基于以上因素，催生了智能化传感器的出现。

（3）智能传感器的简单划分　智能传感器的简单分类见表2-2。

表 2-2 智能传感器的简单分类

<table>
<tr><td>按工作原理分类</td><td>物理型</td><td colspan="2">化学型</td><td colspan="3">生物型</td></tr>
<tr><td rowspan="2">按被测量量分类</td><td>压力</td><td>物位</td><td>浓度</td><td>加速度</td><td>速度</td><td>位移</td></tr>
<tr><td>温度</td><td>流量</td><td>转速</td><td>力矩</td><td>湿度</td><td>黏度</td></tr>
<tr><td>按材料分类</td><td>半导体硅材料</td><td>石英晶体材料</td><td>功能陶瓷材料</td><td>离子敏传感器</td><td colspan="2">生物活性物质</td></tr>
<tr><td rowspan="2">按智能化分类</td><td>传统的电压型</td><td rowspan="2">传统的电容型</td><td>传统的电阻型</td><td rowspan="2">传感器＋交换器</td><td rowspan="2" colspan="2">敏感元件＋MCU＋智能接口</td></tr>
<tr><td>传统的电流型</td><td>传统的电感型</td></tr>
</table>

2.2.2 智能传感器的系统结构

智能传感器的系统结构如图2-16所示。智能传感器系统是高集成化系统，一般包含传感器、仪表、通信接口三方面的功能，系统结构由硬件系统结构、操作系统结构、软件系统

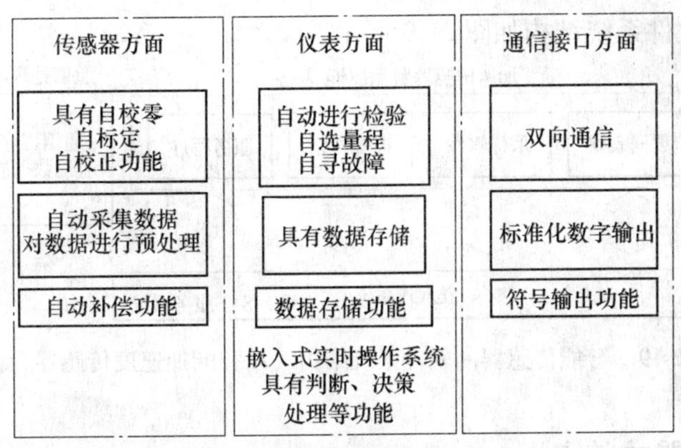

图 2-16　智能传感器的系统结构

结构组成，各部分相互独立又相互依存。相互独立是各个系统结构开发要逐层开发，相互依存是因为系统要实现智能传感器功能三个层次缺一不可。

智能传感器的硬件系统结构如图 2-17 所示。

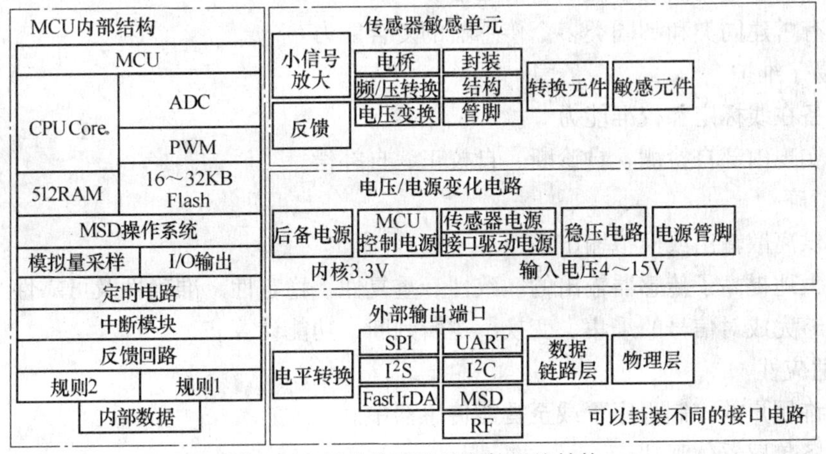

图 2-17　智能传感器的硬件系统结构

智能传感器的操作系统结构如图 2-18 所示。

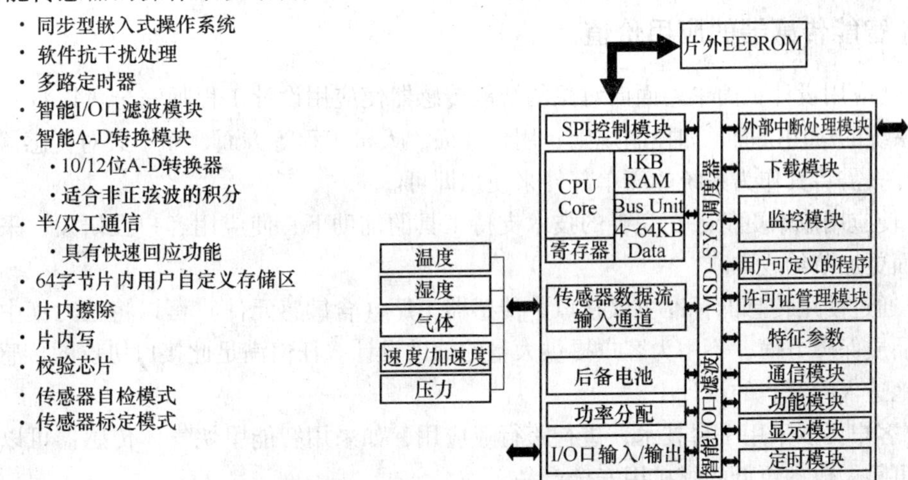

图 2-18　智能传感器的操作系统结构

智能传感器的软件系统结构如图 2-19 所示。

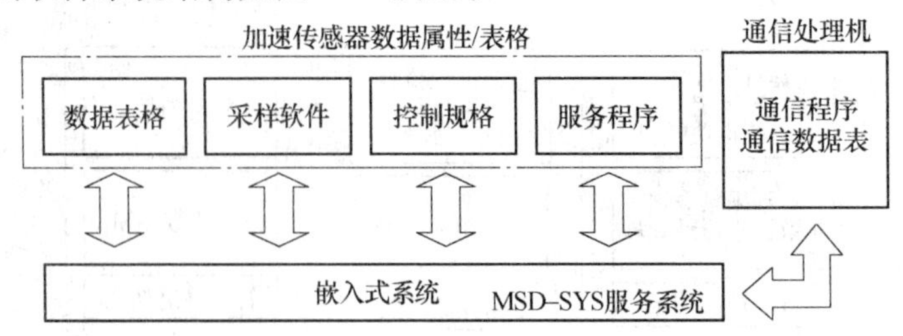

图 2-19 智能传感器的软件系统结构（以智能加速度传感器为例）

2.2.3 智能传感器的特点

（1）使用简单

1）使应用开发更简便、经济、快速，具备良好的兼容性。

2）能与其他系统实现单向或双向通信。

3）具有搭建同类和不同类多个传感器的复合能力。

（2）易于维护

1）具备在线标定和校准能力。

2）能实现内部自检测、自诊断、自校正、自补偿。

（3）精确

1）提供离散输出或模拟输出。

2）极大地提高了传感器输出的一致性、重复性、稳定性、准确性及可靠性。

3）能够完成对信号的采集、变换、逻辑判断、功能计算。

（4）适应性

1）允许用户的控制程序下载至智能传感器中。

2）具备传感器休眠功能。

3）具有自我学习功能。

2.2.4 智能传感器的应用价值

1）使应用设计更简单。面向对象的智能传感器使应用设计工程师完全可以将工作的重心放在系统的应用层面，如控制规则、用户界面、人机工程等方面，而不必对传感器本身进行研究，只需将其作为系统的简单部件来使用即可。

2）使应用成本更低。在完善的技术支持工具的辅助下，使应用客户在研发、采购、生产等方面更加节约成本。

3）通过使用传感的标准协议接口，传感器工厂（含敏感元件）可以将精力集中在传感器侧的品质保障方面，不用为客户提供大量的辅助设计。任何满足此接口协议的传感器都可以迅速地进入到客户的设计中。

4）客户可以采用平台技术，进行跨行业应用，如采用智能甲烷气体传感器可以迅速设计更加可靠、成本更低的煤矿用安全产品。

5）搭建复合传感。基于通用的接口规范，传感器工厂或应用商可以轻易地完成新型复合传感器的设计、生产和应用。

6）通用的数据接口允许第三方客户开发标准的支持设备，帮助客户或传感器工厂完成新产品的设计。

2.2.5　智能传感器的选型

智能传感器的系统选型时可以按照实际功能需要从传感器部件、仪表部件、通信部件三个方面考虑选取适合的类型。智能传感器的选型见表2-3。

表2-3　智能传感器的选型

传感器部件	通用部件	通信部件
加速度智能化传感器	4位LED显示数字表头	RS232通用接口板
温/湿度智能化传感器	LCD显示表头	RS485通用接口板
气体智能化传感器	PID控制单元	CAN通用接口板
压力智能化传感器	模拟指针式数字表头	Zigbee通用接口板
同构智能化传感器	数据记录单元	
不同构智能化传感器		

进行智能传感器选型时，还要考虑传感器的封装、传感器的管脚、传感器的应用模式，根据使用的具体环境进行选择。

1）智能传感器的典型封装如图2-20所示。

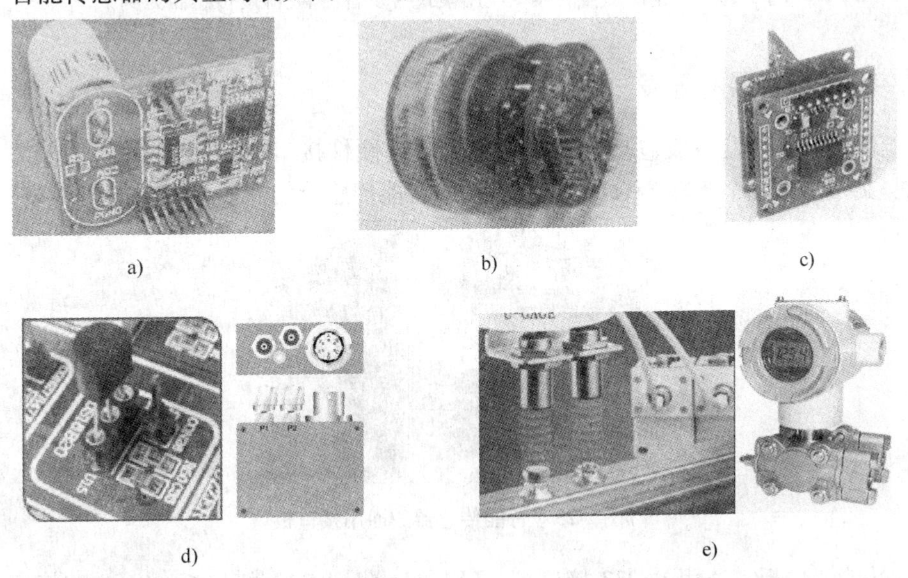

a)　b)　c)　d)　e)

图2-20　智能传感器的典型封装

a）智能气体传感器　b）智能电化学传感器　c）智能加速度传感器

d）智能温度传感器　e）智能压力传感器

2）智能传感器的典型管脚示意图如图 2-21 所示。

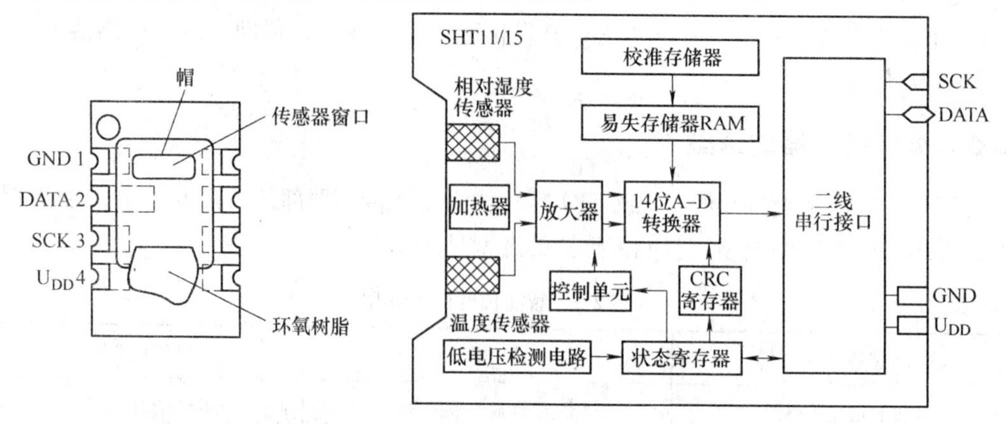

图 2-21　智能传感器的典型管脚示意图（以智能温/湿度传感器为例）

3）智能传感器的典型应用模式如图 2-22 所示。

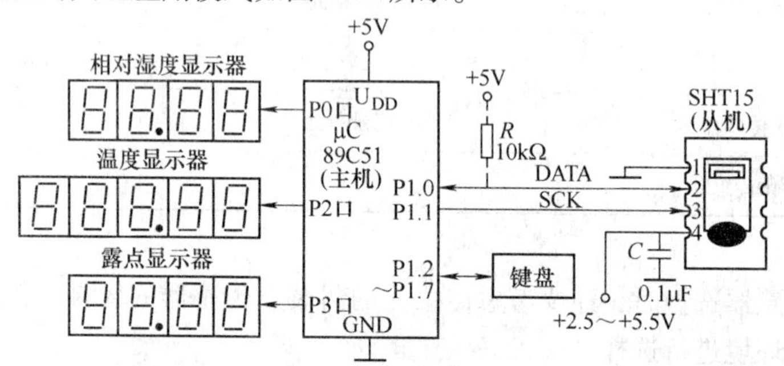

图 2-22　智能传感器的典型应用模式（以智能温/湿度传感器为例）

2.2.6 智能传感器的开发

智能传感器的开发一般包括性能评估板制作、硬件接口电路制作、程序调试、软件开发、说明文档制作五个步骤。Yahot 公司所用的智能传感器的通用接口板如图 2-23 所示。

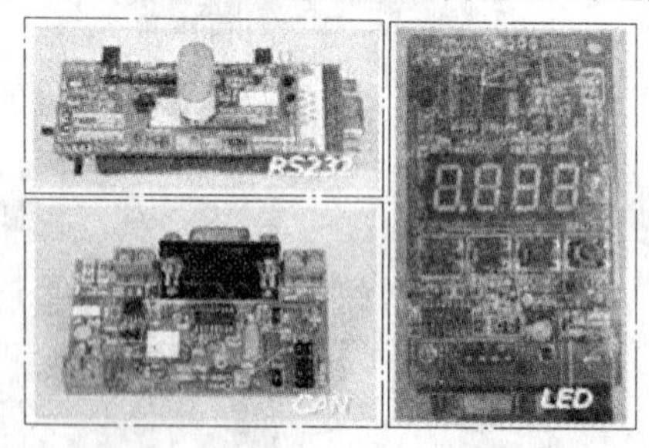

图 2-23　智能传感器的通用接口板

1）性能评估板：通用 RS232 接口板；LED 显示板；CAN 接口板；9600 波特率。

2）硬件接口电路：TTL 电平方式（传感器侧）；RS232 方式/CAN 总线方式。

3）调试程序：Windows 下的超级终端；Commaster；Yahot 自行开发的专用软件。

4）软件：Yahot MSD - SYS 嵌入式操作系统；智能化传感器检测应用程序。

5）文档：系统概述；智能加速度传感器应用手册；可以利用第三方开发工具在 P&E 和 CW 软件中仿真用户控制程序。

用户可以用中文编制二次开发程序，也可以将自己的代码下载到传感器中，从而便捷地完成智能传感器的应用开发，如图 2-24 所示。

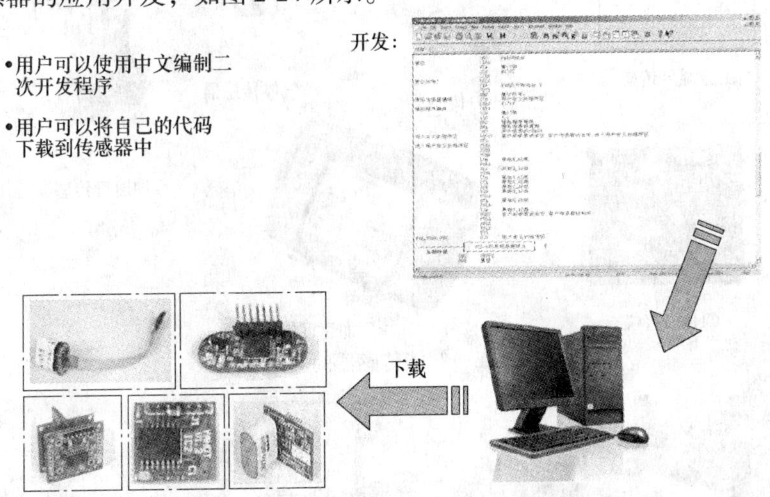

图 2-24　智能传感器的应用开发

2.2.7　智能传感器的应用

随着社会的进步、科技的发展，智能传感器在各行各业的应用日益显著。

在工业生产中，利用传统的传感器无法对某些产品的质量指标（如黏度、硬度、表面粗糙度、成分、颜色及味道等）进行快速直接测量并在线控制。而利用智能传感器可直接测量与产品质量指标有函数关系的生产过程中的某些量（如温度、压力、流量等），利用神经网络或专家系统技术建立的数学模型进行计算，可推断出产品的质量。

在医学领域中，糖尿病患者需要随时掌握血糖水平，以便调整饮食和注射胰岛素，防止其他并发症。美国 Cygnus 公司生产了一种“葡萄糖手表”，其外观像普通手表一样，戴上它就能实现无疼、无血、连续的血糖测试。

智能传感器的应用领域如图 2-25 所示。

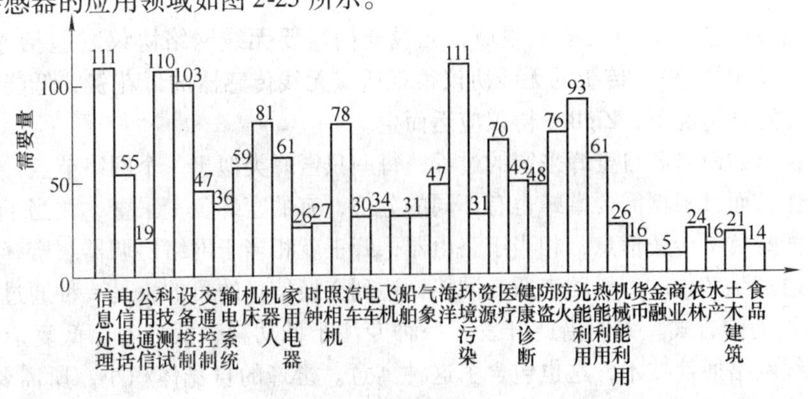

图 2-25　智能传感器的应用领域

智能传感器的商用产品及其应用实例如图 2-26 和图 2-27 所示。

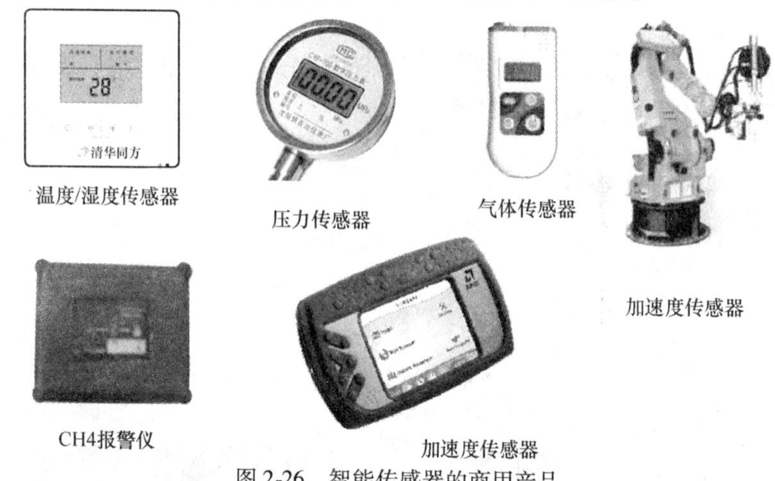

图 2-26　智能传感器的商用产品

图 2-27　中南大学立/卧式火灾模拟试验炉

2.3　无线传感器网络

2.3.1　ZigBee 无线通信协议

无线通信技术已经运用在各个领域，无线通信需要无线网络协议（包括 MAC 层、路由、网络层、应用层等），传统的无线协议很难适应无线传感器的低花费、低能量、高容错性等的要求，这种情况下，ZigBee 协议应运而生。

ZigBee 技术的命名源自蜜蜂采蜜的过程，每一只蜜蜂类似于一个网络节点，在蜂王的统一组织下工作，而且根据需要蜜蜂也有不同的分工，有的蜜蜂负责采蜜，相当于传感器网络节点，有的蜜蜂负责传送信息，相当于路由器，蜂王就相当于网络协调器。蜜蜂群在发现花粉位置时，通过跳 Zigzag 形舞蹈来通知同伴，达到交换信息的目的，是一种通过简捷方式实现“无线”沟通的方式。人们借此开发了一种专注于低功耗、低成本、低复杂度、低速率的近距离无线网络通信技术，这也包含了这种寓意。蜜蜂的自身体积小，所需要的能量少，飞行的距离也不是很远，一次采集的花粉也很少，恰好对应了 ZigBee 网络节点的特点，因此，有的译者把 ZigBee 技术称为“紫蜂”技术。ZigBee 协议体系结构见表 2-4。

表 2-4 ZigBee 协议体系结构

<table>
<tr><td colspan="2">用户应用程序</td><td rowspan="4">高级应用层</td><td rowspan="8">软件实现</td></tr>
<tr><td colspan="2">应用层规范</td></tr>
<tr><td>设备配置（ZDC）子层</td><td>设备对象（ZDO）子层</td></tr>
<tr><td colspan="2">应用支持（APS）子层</td></tr>
<tr><td colspan="2">网络（NWK）</td><td rowspan="4">中间协议层</td></tr>
<tr><td rowspan="2">IEEE 802. 15. 4 LLC 数据链路层</td><td>IEEE802. 2 LLC</td></tr>
<tr><td>SSCS</td></tr>
<tr><td colspan="2">IEEE 802. 15. 4 介质访问控制层（MAC）</td></tr>
<tr><td>IEEE 802. 15. 4
868/915MHz PHY</td><td>IEEE 802. 15. 4
2. 4GHz PHY</td><td rowspan="2">底层硬件控制层</td><td rowspan="2">硬件实现</td></tr>
<tr><td>硬件控制模块</td><td>射频收发器</td></tr>
</table>

ZigBee 协议栈是基于标准的开放系统互连参考模型（OSI）的七层结构，但是它只定义了其中的四层。IEEE802. 15. 4—2011 标准定义了 PHY 层和 MAC 层。ZigBee 联盟在此基础上定义了网络层（NWK Layer）和应用层（Application Layer-APL）。应用层包括 APS（Application Support Sub-layer，应用支持子层），ZDO（ZigBee Device Objects，设备对象）和用户定义的应用对象（Application Objects）。另外还有 SSP（Security Service Provider，安全服务提供者）以及 ACL（Access Control Lists，存取控制列表）来保证通信数据的安全性。

在 ZigBee 技术中，每一层负责完成所规定的任务，并且向上层提供服务。一个数据实体提供数据传输服务，一个管理实体提供全部其他服务。每个服务实体通过一个服务接入点（SAP）为其上层提供服务接口，并且每个 SAP 提供了一系列的基本服务指令来实现相应的功能。ZigBee 协议栈的完整体系结构如图 2-28 所示。

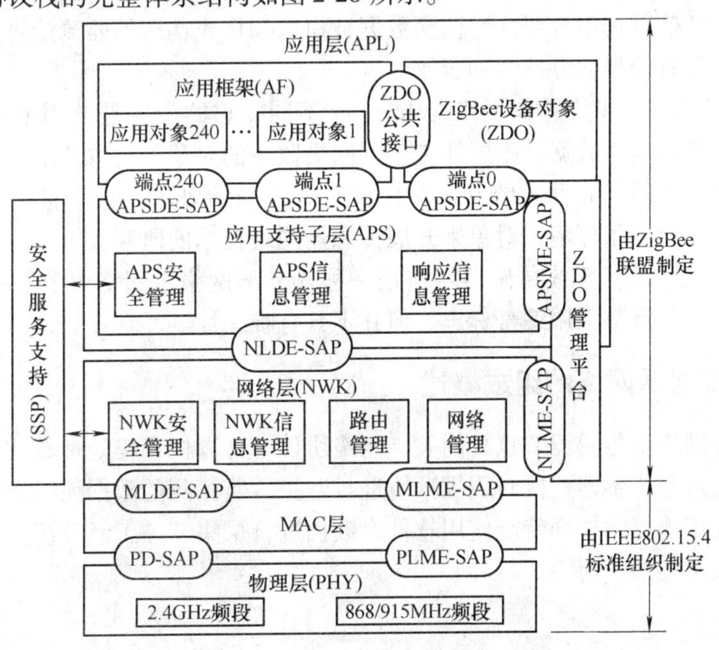

图 2-28 ZigBee 协议栈的完整体系结构

2.3.2 无线传感器网络的特点

无线传感器网络（WSN—Wireless Sensor Networks）与移动自组织网络有着许多类似的地方。在无线传感器网络的研究初期，人们一度认为只要在成熟的Internet技术上加入无线自组织网络的机制就可以完成无线传感器网络的设计，但随后的深入研究却表明无线传感器网络与无线自组织网络有着明显不同的技术要求和应用范围。无线自组织网络是以传输数据为目的，并提供高质量的数据传输服务和高效率的带宽利用；而无线传感器网络是将能源的高效利用作为首要目标，并以此为依托从外界获取有效信息数据。因此，与传统的移动自组织网络相比，无线传感器网络具有以下几方面的特点：

（1）网络规模大　为了获取监测区域内精确的数据信息，一般采用密集部署的方式将大量传感器节点布置在监测区域中，其数量可能达到成千上万。大量部署传感器节点可以获得更大的信噪比、更高的监测精度，同时由于在一定面积范围内存在大量节点可以有效地提高网络的冗余度，增强容错性能，扩大覆盖区域。

（2）自组织网络　传感器网络中的节点部署通常不依赖于任何预设的基础结构，无法预先精确设定节点位置，相邻节点之间的关系也无法知晓。这样就要求传感器节点通过分布式网络协议形成自组织网络，实现自动配置和管理，能够有效适应节点的移动、增加和减少，能量的变化以及通信范围的改变等网络拓扑结构的动态变化。

（3）动态性　传感器网络拓扑结构是一个动态结构，在网络环境中节点可以自由移动，也会因电池能量耗尽或环境因素出现故障或失效；同时由于网络需要，可在网络中增加或关闭传感器节点；节点能量的变化和休眠/工作状态的改变也时刻存在网络中。这就要求传感器网络能够适应这些变化，实现系统的动态重构。

（4）可靠性　传感器网络的使用环境多为恶劣或人类不宜到达的区域，节点可能暴露在环境中，容易遭受外部影响或破坏，所以通常要求传感器节点非常坚固，不易损坏。同时在传感器网络的通信过程中也要防止监测数据被窃取和接收伪造的监测信息。因此，传感器网络的软硬件应具备较强的鲁棒性和容错性。

（5）应用相关　无线传感器网络与Internet不同，它的产生是被用来感知客观物理世界，获取物理世界的信息数据。不同的传感器网络监测的对象和获取的信息也不同，因此应用背景的差异对节点的软硬件系统和网络协议有着不同的要求，它没有统一的通信协议平台，只有针对具体的应用环境或对象来开展传感器网络技术的研究。

（6）以数据为中心　无线传感器网络是一种任务型网络，网络中节点的存在是以整体网络为前提。每个节点都采用编号标志，但并不具有唯一性。

2.3.3 无线传感器网络的组成概述

无线传感器网络由传感器节点、网关、网络协议、计算机采集处理软件等组成。空间分布的测量节点通过与传感器连接对周围环境进行监控。监测到的数据无线发送至网关，网关可以与有线系统相连接，这样就能使用软件对数据进行采集、加工、分析和显示。无线传感器网络的组成如图2-29所示。

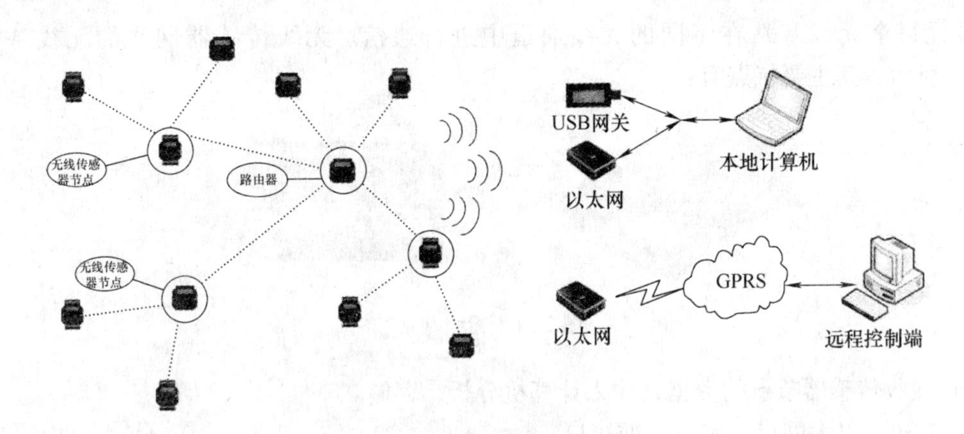

图2-29　无线传感器网络的组成

2.3.4　无线传感器网络节点

（1）分类　无线传感器网络主要组成部分是集成有传感器、数据处理单元和通信模块的节点，各节点通过协议自组成一个分布式网络，再将采集来的数据通过优化后经无线电波传输给信息处理中心。无线传感器网络主要有以下几种类型：

1）外接传感器。

2）内置传感器。

3）无线加速度节点。

4）无线应变（1/4，1/2，全桥）节点。

5）无线温度，湿度节点。

（2）原理框图　无线传感器网络节点的硬件一般包括处理单元、无线传输单元、传感采集单元、电源供应单元和其他扩展单元，如图2-30所示。处理单元负责控制传感器节点的操作以及数据的存储和处理；传感采集单元负责监测区域内信息的采集；无线传输单元负责节点间的无线通信；电源供应单元负责为节点供电。

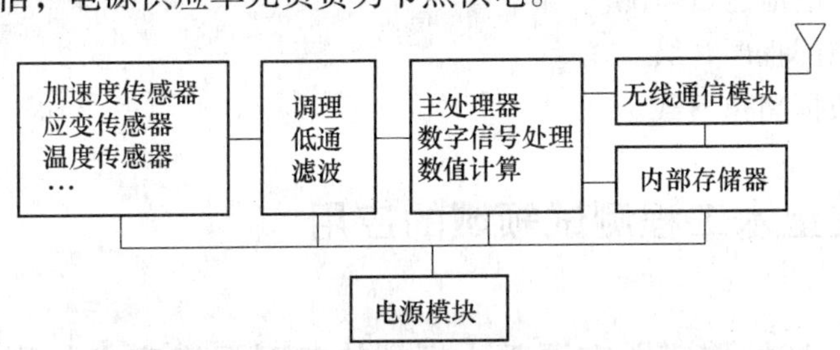

图2-30　无线传感器网络的原理框图

2.3.5　无线基站（网关）

在无线传感器网络系统中，无线基站就相当于一个网络协调员，负责管理节点认证，消息缓冲，以及在无线网络和有线以太网络之间建立桥梁。在以太网络中，可以使用软件对测量数据进行采集、加工、分析和显示。可以在无线传感器网络中使用多个无线基站，并通过软件设置每个无线基站在不同的无线通道中进行通信。无线传感器网络的无线基站如图 2-31 所示，其主要特点有：

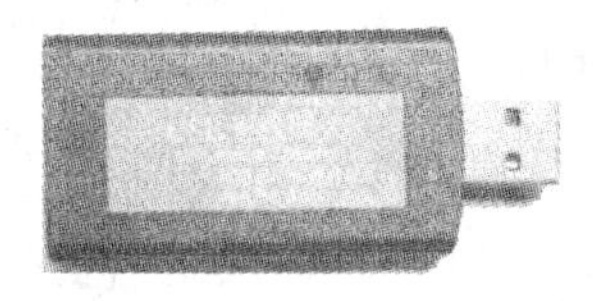

图 2-31 无线基站

1）接收传感器节点的数据，输入计算机分析，存储。
2）USB，以太网口，串口标准接口。
3）INTERNET，GPRS/CDMA 等远程传输。
4）GPS 绝对时间同步。
5）多个基站同时使用，扩展带宽。

2.3.6 无线传感器节点采集控制软件

无线传感器网络中使用多个节点，可以通过软件对各个节点进行控制。一般由无线传感器节点采集信号，然后经过无线网络在各个传感器节点及网关节点间进行通信。这些在前边硬件的基础上，都离不开软件的实现。无线传感器节点采集控制软件主要功能包括：
1）界面友好的 Windows 采集控制软件。
2）同时支持各种类型传感器节点。
3）节点采集到的数据实现实时显示，分析和存储。
4）UFF，CSV 或其他通用文件格式输出。
5）Labview 接口。
6）校准数据等信息写入传感器节点。
7）通信质量，电池能量监测。
8）无线节点内部程序升级。
9）节点内部数据高速下载。

2.4 传感器在土木工程测试领域的应用

2.4.1 DS18B20 智能传感器在混凝土桥梁施工时温度应力监测中的应用

DS18B20 温度测量原理是通过计算门开通期间低温度系数振荡器经历的时针周期个数来测量温度的。在 DS18B20 中，转换温度值是以 9 位二进制 1/2℃ LSB（最低有效位）形式表示的，而输出温度是以 16 位符号扩展的二进制补码读数形式提供。一种混凝土桥梁施工中温度应力监测装置硬件结构如图 2-32 所示。它是将多路 DS18B20 温度传感器（设计 72 或 16 路，理论上最多可达上千路）串接在一起来实现温度监测的。

1）DS18B20 温度测控子系统。本系统采集的温度信号采用 16 个 DS18B20 数字温度传

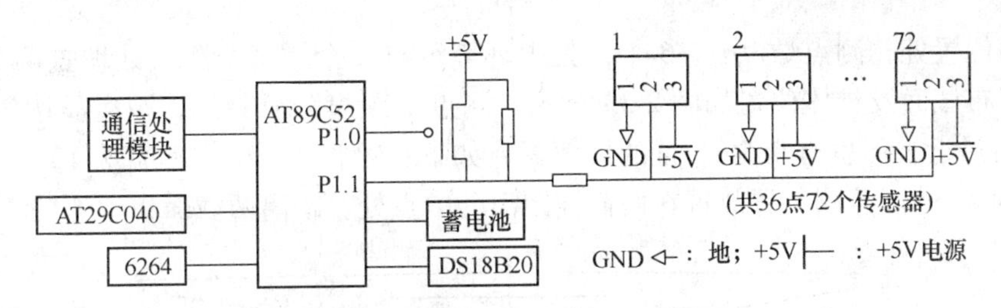

图 2-32　温度应力监测装置硬件结构

感器和 AT89C52 单片机构成的温度采集板，所有温度参数在 -10～120℃范围内变化，符合 DS18B20 对所测温度的要求。该板采用 ATMEL 公司的性价比较好的 AT89C52 单片机，图 2-32 所示为单片机与 DS18B20 的连接原理图，实际上 16 个器件均并接在一起，每一片 DS18B20 有一个自己的序列号，单片机与 DS18B20 通过单线串行通信，单片机向某一 DS18B20 写入序列号并启动转换，经转换时间约 1s 后，再将结果读入单片机，然后进行下一个 DS18B20 操作。

2）多路 DS18B20 的连接方式。对于采用多个 DS18B20 的温度采集系统，在单片机的 I/O 口线上一定要接一只上拉电阻，DALLAS 公司的推荐值为 5kΩ，在实际应用中，当连接 DS18B20 较多时，该电阻最好取 3～4kΩ，以加大驱动电流，但即使上拉电阻降至 3kΩ 以下，AT89C52 的 P1.1 也最多只能驱动 15～20 个 DS18B20，且连线长度最好不超过 15m。所以，在 AT89C52 的 P1.1 后加一片 74LS07 驱动芯片，以提高驱动电流，对于要求更多数量的 DS18B20，可以采用多台单片机并连接成温度采集网络。另外还可采用二线制的寄生电源供电方式。当 DS18B20 个数超过 6 个时，就能不采用寄生电源供电方式，可将 DS18B20 分成几组，用单片机的多根 I/O 口线来驱动它们。

3）DS18B20 温度采集软件。分温度采集模块和通信模块两个部分。温度采集模块循环采集 16 路 DS18B20 温度参数并存放在 AT89C52 的 40H～53H 单元中，每一路温度占用两个存储单元，补偿和处理后的温度值存放在 60H～73H 单元中，工控机通过 RS-232C 串口每次将此 32B 数据定时接收。具体通信方式是，首先由工控机发一通信命令，单片机接收到该命令后，通过串口中断逐一发送 32 个数据。首先离线编制一个 DS18B20 序列号读出子程序，将 16 片 DS18B20 的序列号读出并存放在单片机的温度采集模块程序后，这样在进行温度采集时，只要依序列号对各个 DS18B20 操作即可。

4）温度补偿软件。DS18B20 测的是表面温度，而实际需要的是其对应的内部温度，所以，必须进行温度处理和补偿。首先，反复地进行现场试验测试，得出各点温度的数学模型，并简化成线性公式，用表格方式存储在工控机中并由工控机在初始化时传送至单片机的 80H～FFH 单元，运行时用所测的表面温度和 2 路独立的 DS18B20 所测的环境温度查表计算出所需的内部实际温度。在空压机监测控制系统将 DS18B20 数字温度传感器贴装于机械设备和管道表面进行温度监测和控制，取代了传统的模拟温度传感器测温方式。结果证明，这一新颖的尝试性设计取得了可喜的成功。将其应用于室内环境监控及其他工业测量和控制系统的温度测量中，显示效果也很好。随着该器件成本不断下降，可以期望取得更广泛的应用。

5）现场监测情况　将该系统应用于秦沈客运专线的小凌河特大桥 32m 预应力简支箱梁中的 3 号梁和 4 号梁的温度监测中。温度传感器 DS18B20 布置在距跨中 0.5m 和距梁端 1m

的两个截面位置处，测点数共计 36 个，其中环境测点 2 个，每个测点处埋置两个传感器。温度测点分布截面及具体位置如图 2-33 所示。测点 1 距离分机最远，距离长达 25m；测点 29 距离分机最近，但也有 9.5m。梁的尺寸参数如下：梁长为 32m，梁宽为 12.5m，箱宽为 6m，梁高为 2.6m。监测装置放置在两截面距离的中点处，距离两截面 9m。

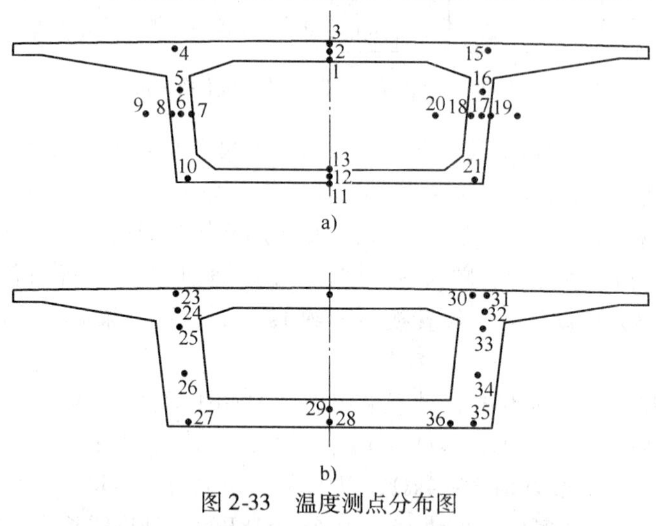

图 2-33 温度测点分布图

a）跨中温度测点布置图 b）端部温度测点布置图

2.4.2 无线传感器网络在土木工程测试领域的应用

随着建筑结构的日趋复杂化，尤其是大型建筑结构在施工过程和建成使用期间的安全性成为人们日益关心的问题。为此需要构建一些系统用于不间断地评估结构的健康状况，健康监测技术使工程人员通过监测结构的动态反应来识别结构的特性，并以此在结构使用期间对结构进行安全评估，以尽早发现潜在问题，从而采取有效的补救措施。无线传感器网络在土木工程测试领域主要有以下应用：

1）桥梁检测，如图 2-34 所示：① 检测桥梁结构的刚度、强度和整体受力性能，对结构是否满足荷载等级安全运营的要求作出综合评价；② 桥梁动态、静态荷载检测；③ 固有频率等模态参数检测；④ 安全振动级检测。

图 2-34 桥梁检测

2）水电站闸门动应变扭矩测量：用于闸门提升过程的应力变化及升降机扭矩测量，如图2-35所示。

图2-35 水电站闸门动应变扭矩测量

3）其他应用：桥梁建筑物模态振动、应变、位移、温度测量；结构静态应变、位移测量；振动常规测量（飞机落振、汽车摩托车路面试验，包装跌落试验，火炮旋转震动测量，车辆舒适度测量）；旋转机械扭矩、应变测量；混凝土浇筑温度监测；航空发动机温度、扭矩、应变测量；地震监测；建筑物结构在线监测；工业机械结构在线监测；粮仓温度、湿度监测；电力传输线温度监测；石油管道监测；运输试验等。

第 3 章　混凝土测试方法

混凝土无损检测技术是以电子学、物理学、计算机技术为基础的测试仪器，直接在材料试体或结构物上，非破损地测量与材料物理、力学、结构质量有关的物理量，运用材料学、应用力学、数理统计和信息分析处理等方法，确定和评价材料和结构的弹性、强度、均匀性与密实度等的一种新兴的测试方法。

混凝土结构无损检测技术的工程应用，主要包括混凝土结构的强度、缺陷和损伤的诊断测试，钢筋的位置、直径和保护层厚度检测，钢结构焊缝质量检测等。随着新技术的开发，结构水渗漏、气密性和保温性能、钢筋腐蚀程度的检测也日益得到重视。

无损检测技术的应用已遍及建筑、交通、水利、电力、地矿、铁道等系统的建设工程质量检测与评估。混凝土工程应用无损检测技术程度，标志着一个国家对结构工程验收和质量检测技术的高低，这也说明了发展无损检测技术的必要性和实际意义。

3.1　回弹法

3.1.1　概述

自从 1948 年瑞士施米特发明回弹仪，以及苏黎世材料试验发表了报告以来，回弹法的应用已有 60 多年的历史，是国际学术界公认的混凝土无损检测的基本方法之一。许多国家都制定了回弹法的应用技术标准。这些标准有两种类型，一类是将回弹值换算为强度值的标准，它对仪器和测试技术要求较高，使用范围较严；另一类是只用回弹值作为混凝土质量对比的标准，它的有关规定相对宽松。此外，国际材料与结构试验研究会于 1983 年又提出了一个包括回弹法在内的表面硬度法规程的建议。

我国自 20 世纪 50 年代中期开始采用回弹法测定现场混凝土抗压强度。60 年代初，我国开始自行生产回弹仪，并开始推广应用。但由于对各种影响因素研究不够，并无统一的技术标准可以遵循，因而使用混乱，误差较大。1963 年建筑科学研究院结构所召开了“回弹仪检验混凝土强度和构件试验方法技术交流会”，并于 1966 年 3 月出版了《混凝土强度的回弹仪检验技术》一书，对回弹法的推广和应用起到了促进的作用。1978 年，原国家建设委员会将混凝土无损检测技术研究列入了建筑科学发展计划，并组成了以陕西省建筑科学研究设计院为组织单位的全国性协作研究组，对回弹法的仪器性能、影响因素、测试技术、数据处理方法及强度推算方法等进行了系统研究，提出了具有我国特色的回弹仪标准状态及“回弹值—炭化深度—强度”相关关系，提高了回弹法的测试精度和适应性。1985 年我国颁布了 JGJ23—1985《回弹法评定混凝土抗压强度技术规程》，1989 年又对该规程进行修订，同时颁布了 JGJ23—1992《回弹法检测混凝土抗压强度技术规程》，最新修订版为 JGJ/T 23—2011《回弹法检测混凝土抗压强度技术规程》，可见回弹法已成为我国应用最广泛的无损检测方法之一。

3.1.2 检测原理及特点

1. 回弹法基本原理

回弹法是用一弹簧驱动的重锤，通过弹击杆（传力杆），弹击混凝土表面，并测出重锤被反弹回来的距离，以回弹值（反弹距离与弹击锤冲击长度之比）作为与强度相关的指标来推定混凝土强度的一种方法。由于测量在混凝土表面进行，所以，它应属于表面硬度法的一种。

图3-1所示为回弹法的原理示意图。当重锤被拉到冲击前的起始状态时，则这时重锤所具有的势能E为

$$E=\frac{1}{2}E_sL^2 \tag{3-1}$$

式中 E_s——拉力弹簧的刚度系数；

L——拉力弹簧工作时拉伸长度。

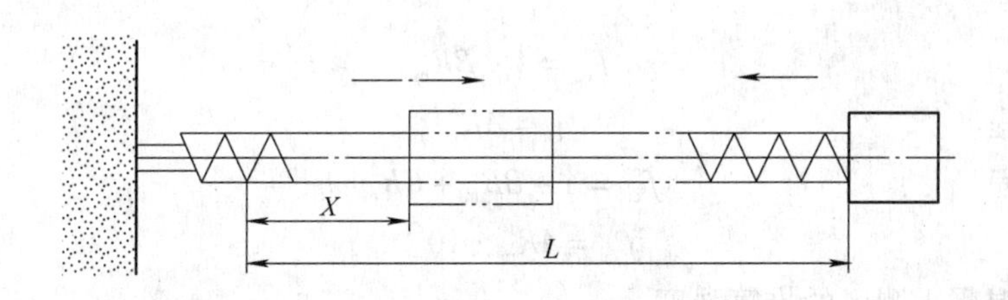

图3-1 回弹法原理示意

混凝土受冲击后产生瞬时弹性变形，其恢复力使重锤弹回，当重锤被弹回到x位置时所具有的势能E_x为

$$E_x=\frac{1}{2}E_sx^2 \tag{3-2}$$

式中 x——重锤反弹位置或重锤弹回时弹簧的拉伸长度。

所以重锤在弹击过程中，所消耗的能量ΔE为

$$\Delta E=E-E_x \tag{3-3}$$

将式（3-1）、式（3-2）代入式（3-3）得

$$\Delta E=\frac{E_sL^2}{2}-\frac{E_sx^2}{2}=E\left[1-\left(\frac{x}{L}\right)^2\right] \tag{3-4}$$

令

$$R=\frac{x}{L} \tag{3-5}$$

在回弹仪中，L为定值，所以R与x成正比，称为回弹值。将R代入式（3-4）得

$$R=\sqrt{1-\frac{\Delta E}{E}}=\sqrt{\frac{E_x}{E}} \tag{3-6}$$

从式（3-6）中可知，回弹值R等于重锤冲击混凝土表面后剩余的势能与原有势能之比的平方根。简而言之，回弹值R是重锤冲击过程中能量损失的反映。

能量主要损失有以下三个方面：

1）混凝土受冲击后产生塑性变形所吸收的能量。

2）混凝土受冲击后产生振动所消耗的能量。

3）回弹仪各机构之间的摩擦所消耗的能量。

在具体的试验中，上述2）、3）两项应尽可能使其固定于某一统一的条件。例如，试体应有足够的厚度，或对较薄的试体予以加固，以减少振动，回弹仪应进行统一的计量率定、使冲击能量与仪器内摩擦损耗尽量保持统一等。因此，第一项是主要的。

根据以上分析可以认为，回弹值通过重锤在弹击混凝土前后的能量变化，既反映了混凝土的弹性性能，也反映了混凝土的塑性性能。若联系式（3-1）来思考，回弹值 R 反映了该式中的 E_s 和 L 两项，当然与强度 f_{cu}^c 有着必然联系，但由于影响因素较多，R 与 E_s、L 的理论关系尚难推导。因此，目前均采用试验归纳法，建立混凝土强度 f_{cu}^c 与回弹值 R 之间的一元回归公式，或建立混凝土强度 f_{cu}^c 与回弹值 R 及主要影响因素（如炭化深度 L）之间的二元回归公式。这些回归的公式可采用各种不同的函数方程形式，根据大量试验数据进行回归拟合，择其相关系数较大者作为实用经验公式。目前常见的形式主要有以下几种

直线方程
$$f_{cu}^c = A + BR_m \tag{3-7}$$

幂函数方程
$$f_{cu}^c = AR_m^B \tag{3-8}$$

抛物线方程
$$f_{cu}^c = A + BR_m + CR_m^2 \tag{3-9}$$

二元方程
$$f_{cu}^c = AR_m^B \cdot 10^{Cd_m} \tag{3-10}$$

式中 f_{cu}^c——混凝土测区的推算强度；

R_m——测区平均回弹值；

d_m——测区平均炭化深度值；

A、B、C——常数项，视原材料条件等因素的不同而不同。

2. 回弹法的特点

用回弹法检测混凝土抗压强度，虽然检测精度不高，但是设备简单、操作方便、测试迅速，检测费用低廉，且不破坏混凝土的正常使用，故在现场直接测定中使用较多。

影响回弹法准确度的因素较多，如操作方法、仪器性能、气候条件等。为此，必须掌握正确的操作方法，注意回弹仪的保养和校正。

JGJ/T 23—2011《回弹法检测混凝土抗压强度技术规程》中规定：回弹法检测混凝土的龄期为7~1000d，不适用于表层及内部质量有明显差异或内部存在缺陷的混凝土构件和特种成型工艺制作的混凝土的检测，这大大限制了回弹法的检测范围。

另外，由于高强混凝土的强度基数较大，即使只有15%的相对误差，其绝对误差也会很大而使检测结果失去意义。

3.1.3 回弹仪

测量回弹值使用的仪器为回弹仪。回弹仪的质量及其稳定性是保证回弹法检测精度的技术关键。回弹仪的分类见表3-1。

表3-1 回弹仪分类

类别	名称	冲击能量	主要用途	备注
L型（小型）	L型	0.735J	小型构件及刚度稍差的混凝土或胶凝制品	
	LR型	0.735J	小型构件及刚度稍差的混凝土或胶凝制品	回弹值自动画线
	LB型	0.735J	烧结材料和陶瓷	
N型（中型）	N型	2.207J	普通混凝土构件	
	NA型	2.207J	水下混凝土构件	
	NR型	2.207J	普通混凝土构件	回弹值自动画线
	ND-740	2.207J	普通混凝土构件	高精度数显
	NP-750	2.207J	普通混凝土构件	数字处理式
	MTC-850	2.207J	普通混凝土构件	自动处理、记录数字
N型（中型）	WS-200	2.207J	普通混凝土构件	远程自动显示、记录
P型（摆式）	P型	0.883J	轻质建筑材料、砂浆、饰面等	
	PT型	0.883J	用于0.5~5.0MPa的低强胶凝制品	冲击面较大
M型（大型）	M型	29.40J	大型实心块体、机场跑道及公路面得混凝土	

影响回弹仪检测性能的主要因素有：

1）回弹仪机芯主要配件的装配尺寸，包括弹击拉簧的工作长度、弹击锤的冲击长度以及弹击锤的起跳位置等。

2）主要配件的质量，包括弹击拉簧刚度、弹击杆前端的球面半径、指针长度和摩擦力、影响弹击锤起跳的有关配件。

3）机芯装配质量，如调零螺钉、固定弹击拉簧和机芯同轴度等。

3.1.4 检测方法

采用回弹法检测混凝土抗压强度，首先要满足技术规程中所规定的条件，同时必须注意回弹法使用的前提是被检测混凝土的内外质量基本一致，被检测构件表面光洁、平整、干燥。当测试部位表层与内部质量有明显差异或内部存在缺陷，或是特种成型工艺制作的混凝土等，均不能直接采用回弹法检测混凝土强度。

1. 数据采集

1）工程资料。用回弹法检测前，应全面、正确了解被测结构的情况，如混凝土的设计参数、混凝土实际所用拌合物材料、结构名称、结构形式等。

2）测区回弹值。测区的选定采用抽检的方法，在0.2m×0.2m范围内测点均匀分布。所选测区相对平整和清洁，不存在蜂窝和麻面，也没有裂缝、裂纹、剥落，层裂等现象。按照利用回弹仪进行无损检测的规范，即根据JGJ/T 23—2011《回弹法检测混凝土抗压强度技术规范》的规定，在每一个检测区测取16个回弹值。每一读数都精确到1。测点间距不小于20mm，测点距构件边缘不小于30mm。在检测时，回弹仪的轴线始终垂直于检测区的测点所在面。

3）炭化深度。在有代表性的测区进行炭化深度测定。当炭化深度大于2.0mm时，应在每个测区进行炭化深度测定。

2. 强度计算

1）回弹值计算。从每一个测区所得的16个回弹值中，剔除3个最大值和3个最小值后，将余下的10个回弹值按下式计算平均值。

$$R_c = \frac{\sum_{i=1}^{10} R_i}{10} \tag{3-11}$$

式中　R_c——测区平均回弹值，精确至0.1；

R_i——第i个测点的回弹值。

2）回弹值修正。对于回弹仪非水平方向检测混凝土浇筑侧面时，回弹值按下式校正

$$R_m = R_{m\alpha} + R_{a\alpha} \tag{3-12}$$

式中　R_m——非水平方向检测时测区的平均回弹值，精确至0.1；

$R_{m\alpha}$——回弹仪与水平方向成α角测试时测区的平均回弹值，精确至0.1；

$R_{a\alpha}$——非水平方向检测时测区的平均回弹值的修正值，按JGJ/T 23—2011《回弹法检测混凝土抗压强度技术规程》取值，部分修正值见表3-2。

表3-2　回弹仪非水平方向检测修正值

$R_{m\alpha}$	检测角度/（°）							
	向上				向下			
	90	60	45	30	-30	-45	-60	-90
20	-6	-5	-4.0	-3.0	2.5	3.0	3.5	4.0
30	-5	-4	-3.5	-2.5	2.0	2.5	3.0	3.5
40	-3	-3.5	-3.0	-2.0	1.5	2.0	2.5	3.0
50	-3	-3	-2.5	-1.5	1.0	1.5	2.0	2.5

将回弹仪水平方向检测混凝土浇筑表面时得的回弹值，或相当于水平方向检测混凝土浇筑面时的回弹值，按下式修正

$$R_m = R_m^t + R_a^t,\ R_m = R_m^b + R_a^b \tag{3-13}$$

式中　R_m^t，R_m^b——水平方向（或相当于水平方向）检测混凝土浇筑表面、底面，测区的平均回弹值，精确至0.1；

R_a^t，R_a^b——混凝土浇筑表面、底面回弹值的修正值，按JGJ/T 23—2011《回弹法检测混凝土抗压强度技术规程》取值，部分修正值如表3-3所示。

表3-3　回弹仪非水平方向检测修正值

R_m^t 或 R_m^b	表面修正值（R_a^t）	底面修正值（R_a^b）
20	2.5	-3.0
25	2.0	-2.5

（续）

R_m^t 或 R_m^b	表面修正值（R_a^t）	底面修正值（R_a^b）
30	1.5	-2.0
35	1.0	-1.5
40	0.5	-1.0
45	0	-0.5
50	0	0

3）炭化深度计算。对于抽检炭化深度的计算，采用数理统计方法计算，以平均值作为测区炭化深度。

4）测强曲线应用。对于没有可以利用的地区和专用混凝土回弹测强曲线，测区混凝土强度可以按 JGJ/T 23—2011《回弹法检测混凝土抗压强度技术规程》附录中所提供的“测区混凝土强度换算表”换算。

3. 异常数据分析

混凝土强度不是定值，它服从正态分布。混凝土强度无损检测属于多次测量的试验，可能会遇到个别误差不合理的可疑数据，应予以剔除。根据统计理论，绝对值越大的误差，出现的概率越小，当划定了超越概率或保证率时，其数据合理范围也相应确定。因此，可以选择一个“判定值”去和测量数据比较，超出判定值者则认为包含过失误差而应剔除。

4. 强度推定

1）当该结构或构件测区数少于 10 个时

$$f_{cu,e}=f_{cu,min}^c \tag{3-14}$$

式中 $f_{cu,e}$——结构或构件的混凝土强度推定值；

$f_{cu,min}^c$——构件中最小的测区混凝土强度换算值。

2）当该结构或构件的测区强度值中出现小于 10.0MPa 时

$$f_{cu,e}<10.0\text{MPa} \tag{3-15}$$

3）当该结构或构件测区数不少于 10 个或按批量检测时应按下式计算

$$f_{cu,e}=m_{f_{cu}^c}-1.645s_{f_{cu}^c} \tag{3-16}$$

式中 $m_{f_{cu}^c}$——结构或构件测区混凝土强度换算值的平均值（MPa），精确至 0.1MPa；

$s_{f_{cu}^c}$——结构或构件测区混凝土强度换算值的标准差（MPa），精确至 0.01MPa。

结构或构件的混凝土强度推定值是指相应于强度换算值总体分布中保证率不低于 95% 的结构或构件中的混凝土抗压强度值。

对于按批量检测的构件，当该批构件混凝土强度标准差出现下列情况之一时，则该批构件应该全部按单个构件进行检测：

1）当该批构件混凝土强度平均值小于 25MPa 时

$$s_{f_{cu}^c}>4.5\text{MPa}$$

2）当该批构件混凝土强度平均值不小于 25MPa 时

$$s_{f_{cu}^c}>5.5\text{MPa}$$

3.1.5 回弹法检测强度值的影响因素

回弹法是根据混凝土结构表面约 6mm 厚度范围的弹塑性能，间接推定混凝土的表面强度，并把构件竖向侧面的混凝土表面强度与内部看做一致。因此，混凝土构件的表面状态直接影响推定值的准确性和合理性。

（1）原材料的影响

1）水泥。水泥品种对回弹法检测混凝土强度值的影响，还存在争议。一种观点认为，只要考虑了炭化深度的影响，可以不考虑水泥品种的影响。

2）细集料。已有的研究表明，只要普通混凝土用细集料的品种和粒径符合 JGJ 52—2006《普通混凝土用砂、石质量及检验方法标准》的规定，对回弹法检测混凝土强度值的影响不显著。

3）粗集料。目前，人们对粗集料品种的影响还没有一致的认识。一般在制定地方测强曲线时，应结合具体情况予以考虑。

4）外加剂。在普通混凝土中，外加剂对回弹法检测混凝土强度值的影响不显著。掺有外加剂的混凝土测强曲线比不掺者的强度偏高 1.5 ~ 5MPa。这对于采用统一测强曲线进行的回弹法检测，所得混凝土强度的安全性是可以接受的。

（2）成型方法　总体上，不同强度等级、不同用途的混凝土拌合物，应有各自相应的最佳成型工艺。但是只要混凝土密实，其影响一般较小。喷射混凝土和表面通过特殊物理方法、化学方法成型的混凝土，统一测强曲线的应用要慎重。

（3）养护方法及温度　混凝土在潮湿的环境或水中养护时，由于水化作用较好，早期和后期强度均比在干燥条件下养护的高，但表面硬度由于被水软化而降低。不同的养护方法产生不同的温度，这对混凝土强度及回弹值都有很大的影响。标准养护与自然养护的混凝土含水量不同，强度发展不同，则表面强度也不同。在早期，这种差异更明显。温度对混凝土的强度影响较大，但随强度的增加，温度的影响逐渐减小。

（4）炭化及龄期　由于回弹值是以反映表面硬度的回弹值来确定混凝土的强度，因此需考虑影响表面硬度炭化层的因素。水泥一经水化游离出大约 35% 的氢氧化钙，在硬化过程中，表面的氢氧化钙与空气中的二氧化碳起化学作用，形成硬度较高的碳酸钙，即发生混凝土的炭化现象，它对回弹法测强有显著影响。不同的炭化深度对其影响不一样。对不同强度等级的混凝土，同一炭化深度的影响也有差异。当混凝土的强度等级相同时，炭化深度与混凝土的龄期成正比。虽然回弹值随炭化深度的增加而增大，但炭化深度达到 6mm，这种影响基本不再增长。因此，在回弹检测时要进行炭化深度的测试，并对回弹值加以修正。

国外消除炭化影响的方法是磨去混凝土炭化层或不允许对龄期较长的混凝土进行测试。我国是用炭化深度作为一个测强参数来反映炭化的影响。

（5）模板　使用吸水性模板（如木模）时，会改变混凝土表层的水胶比，使混凝土表面硬度增大，但对混凝土强度并无显著影响。据国内外资料介绍，模板的影响如木模与钢模对比，有的是木模成型的混凝土表面硬度高，有的则相反。试验结果表明，只要木模不是吸水性类型且符合 GB 50204——2002《混凝土结构工程施工质量验收规范》（2011 版）的要求时，它对回弹法测强没有显著影响。

（6）泵送混凝土　非泵送混凝土中很少掺加外加剂或仅掺加非引气型外加剂，而泵送混凝土掺加了加气型泵送剂，砂率增加、粗集料粒径减小、坍落度明显增大。根据福建省建筑科学研究院的试验研究，对于泵送混凝土用测区混凝土强度换算得出的换算强度值普遍低于混凝土的实际抗压强度（试件强度）值。换算强度值越低，误差越大，且正偏差居多。故有必要对回弹法检测泵送混凝土抗压强度进行修正。当换算强度值在50MPa以上时影响减小。误差修正可以按表3-4执行。

表3-4 泵送混凝土测区混凝土强度换算值的修正值

<table>
<tr><td>炭化深度值/mm</td><td colspan="13">换算强度值/MPa</td></tr>
<tr><td rowspan="2">d_m=0，0.5，1.0</td><td>f^c_{cu}/MPa</td><td colspan="3">≤40.0</td><td colspan="3">45.0</td><td colspan="3">50.0</td><td colspan="3">55.0~60.0</td></tr>
<tr><td>K/MPa</td><td colspan="3">+4.5</td><td colspan="3">+3.0</td><td colspan="3">+1.5</td><td colspan="3">0.0</td></tr>
<tr><td rowspan="2">d_m=1.5，2.0</td><td>f^c_{cu}/MPa</td><td colspan="4">≤30.0</td><td colspan="4">35.0</td><td colspan="4">40.0~60.0</td></tr>
<tr><td>K/MPa</td><td colspan="4">+3.0</td><td colspan="4">+1.5</td><td colspan="4">0.0</td></tr>
</table>

（7）混凝土表面缺陷　根据检测经验，混凝土构件局部表面偶尔出现异常状态（强度异常低），在分析排除施工或材料异常的情况下，应考虑存在混凝土表面与内部强度差异较大的可能。造成表面强度局部异常的常见原因有施工振捣过甚，表面离析，砂浆层太厚，局部混凝土表面潮湿软化，构件表面粗糙，检测前未按要求认真打磨等操作失误或测区划分错误。混凝土表层强度几乎不影响构件的承载力和刚度，因此，若仍按规程以测区强度最小值来推定，必然过于保守，可能导致错误决策，故有必要先进行异常值的判断，当判定属于数据异常时，有条件的可采取钻芯法进一步检测。

（8）混凝土结构中表层钢筋对回弹值的影响　采用回弹仪所测得的回弹值只代表混凝土表面层2~3cm的质量。因此，在实际工作中，钢筋对回弹值的影响要视钢筋混凝土保护层厚度、钢筋直径及疏密程度而定。如果在工程施工中，按规定混凝土中钢筋保护层厚度普遍大于20mm，用回弹仪进行对比回弹，混凝土回弹值波动幅度不大，可视为没有影响。在通常的情况下，混凝土保护层厚度基本大于规范规定值，在回弹检测混凝土强度过程中，对钢筋的影响可忽略不计。

3.1.6 回弹法测强曲线的建立

回弹法测定混凝土的抗压强度，是建立在混凝土的抗压强度与回弹值之间具有一定的相关性的基础上，这种相关性可用f_{cu}-R相关曲线（或公式）来表示。相关曲线应在满足测定精度要求的前提下，尽量简单、方便、实用且适用范围广。我国南北气候差异大，材料品种多，在建立相关曲线时应根据不同的条件及要求，选择适合自己实际工作需要的类型。

1. 分类及形式

我国的回弹法测强相关曲线，根据曲线制定的条件及使用范围分为三类（见表3-5）。相关曲线一般可用回归方程式来表示。对于无炭化混凝土或在一定条件下养护成型的混凝土，可用回归方程式表示

$$f_{cu}=f(R) \tag{3-17}$$

式中　f_{cu}——回弹法测区混凝土强度值。

表 3-5 回弹法测强相关曲线

名称	统一曲线	地区曲线	专用曲线
定义	由全国有代表性的材料，成型、养护工艺配制的混凝土试块，通过大量的破损与非破损试验所建立的曲线	由本地区常用的材料，成型、养护工艺配制的混凝土试块，通过较多的破损与非破损试验所建立的曲线	由与结构或构件混凝土相同的材料，成型、养护工艺配制的混凝土试块，通过一定数量的破损与非破损试验所建立的曲线
适用范围	适用于无地区曲线或专用曲线时检测符合规定条件的构建或结构混凝土强度	适用于无专用曲线时检测符合规定的结构或构件混凝土强度	适用于检测与该结构或构件相同条件的混凝土强度
误差	测强曲线的平均相对误差≤±15%，相对标准差≤18%	测强曲线的平均相对误差≤±14%，相对标准差≤17%	测强曲线的平均相对误差≤±12%，相对标准差≤14%

对于已经炭化的混凝土或龄期较长的混凝土，可由下列函数关系表示

$$f_{cu}^{c}=f(R,\ l) \tag{3-18}$$

$$f_{cu}^{c}=f(R,\ l,\ d) \tag{3-19}$$

式中 l——混凝土的炭化深度；

d——混凝土的龄期。

如果定量测出已硬化的混凝土构件或结构的含水量，可采用下式

$$f_{cu}^{c}=f(R,\ l,\ d,\ w) \tag{3-20}$$

式中 w——混凝土的含水量。

必须指出，在建立相关曲线时，混凝土试块的养护条件应与被测构件的养护条件相一致或基本相符，不能采用标准养护的试块。因为回弹法测强，往往是在缺乏标养试块或对标养试块强度有怀疑的情况下进行的，并且通过直接在结构或构件下测定的回弹值、炭化深度值推定该构件在测试龄期时的实际抗压强度值。因此，作为制定回归方程式的混凝土试块，必须与施工现场或加工厂浇筑的构件在材料质量、成型、养护、龄期等条件基本相符的情况下制作。

2. 专用测强曲线

用于表达每一龄期的专用测强曲线的回归方程式，应采用 30 个试块中每一试块成对的 f_{cu}、m_R 数据，按最小二乘法的原理求得。

1）专用测强曲线仅适用于在它建立时用以试验的试块的材料是龄期等包含的区间内，不得外推。为方便起见，可制成表格使用。

2）应定期取一定数量的同条件试块对专用测强曲线进行校核，发现有显著差异时，应查明原因并采取措施，否则不得继续使用。

3. 统一测强曲线

JGJ/T 23—2011《回弹法检测混凝土抗压强度技术规程》中的统一测强曲线，是在统一了中型回弹仪的标准状态、测试方法及数据处理的基础上制定的。虽然它的测试精度比专用曲线和地区曲线稍差，但仍能满足一般建筑工程的要求且适用范围较广。我国大部分地区尚未建立本地区的测强曲线，因此，集中力量建立一条统一测强曲线是需要的。

统一曲线采用了全国十二个省、市、区共 2000 余组基本数据（每组数据为 f_{cu}，R_m，d_m），计算了 300 多个回归方程，按照既满足测定精度要求，又方便使用、适应性强的原则

进行选定。

1）方程形式及误差。统一曲线的回归方程形式为

$$f_{cu}=AR_m^B\,10^{Cd_m} \tag{3-21}$$

它能满足一般建筑工程对混凝土强度质量非破损检测平均相对误差不大于±15%的要求。其相对误差基本呈正态分布，如图3-2所示。

2）与国内外部分测强曲线比较。《回弹法检测混凝土抗压强度规程》颁布以前，在我国长期沿用的是原天津建筑仪器厂说明书所附测强曲线。

图3-3所示为北京、陕西、杭州、合肥、重庆等地区测强曲线与统一测强曲线的比较。由图看出，统一曲线与部分地区曲线比较相近，但在20MPa以下仍有差距。近几年建立的马鞍山地区曲线、广州市地区曲线，与统一曲线十分相近。为了提高测试精度，有条件建立地区曲线或已建立地区曲线的，最好使用本地区曲线。

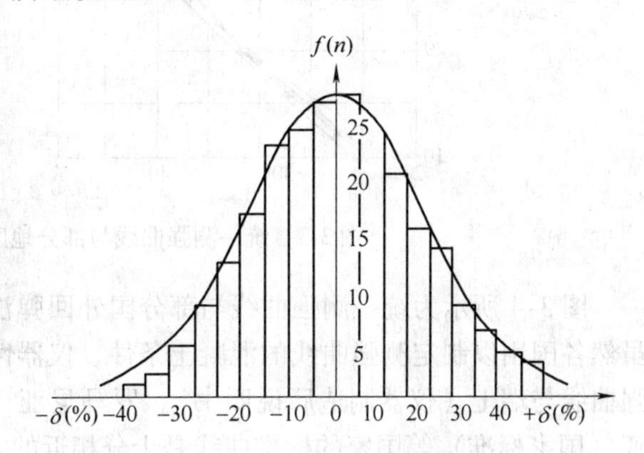

图3-2 统一测强曲线的误差分布图

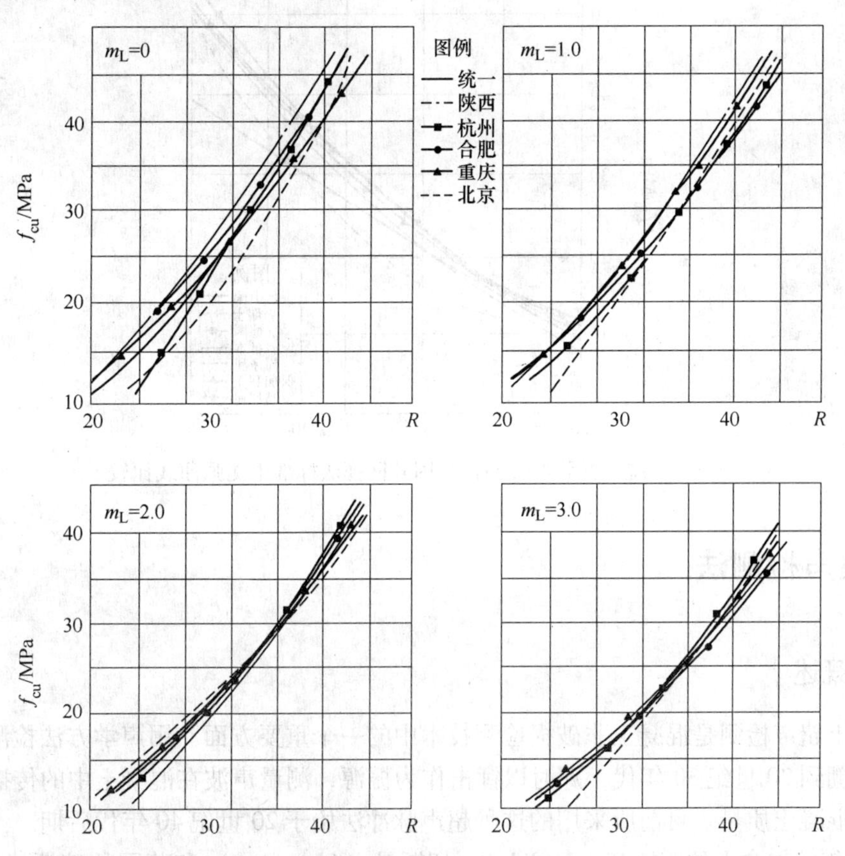

图3-3 统一测强曲线与部分地区测强曲线的比较

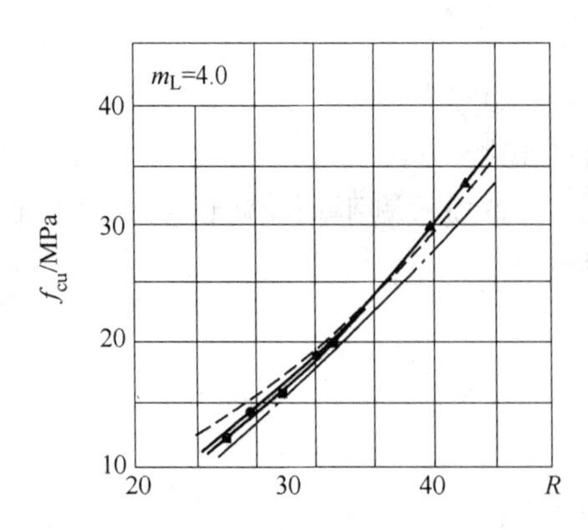

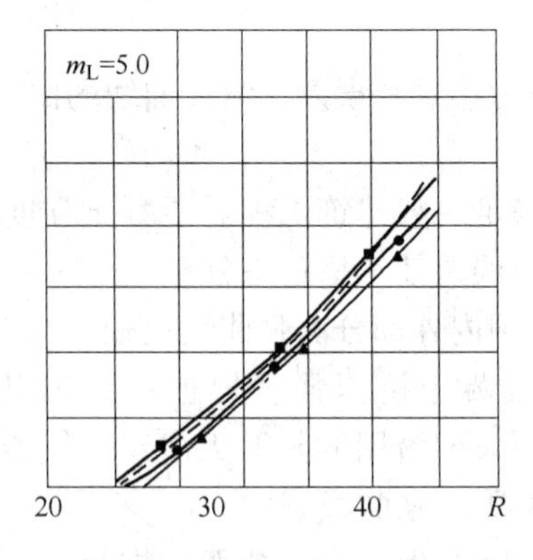

图 3-3　统一测强曲线与部分地区测强曲线的比较（续）

图 3-4 所示为统一测强曲线与部分国外回弹法标准中的测强曲线对比情况。由图看出，虽然各国用以制定测强曲线的混凝土条件、仪器性能和测强技术存在着差异，但我国统一测强曲线与瑞士（仪器制造厂说明书）、罗马尼亚（国家标准）、德国（国家标准）、保加利亚（国家标准）等国家的标准曲线是十分相近的。

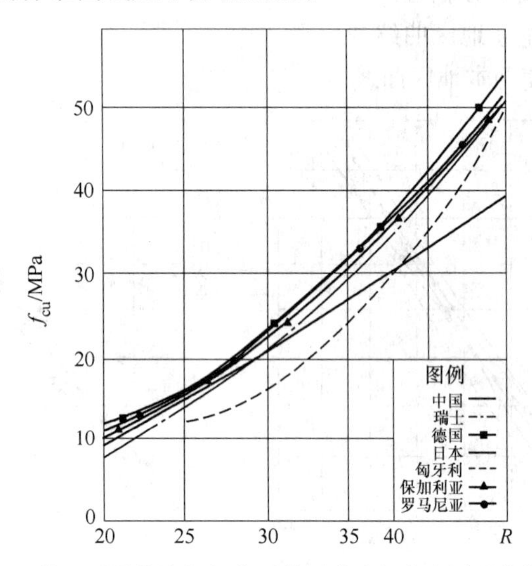

图 3-4　统一测强曲线与部分国外回弹法标准中测强曲线比较

3.2　超声检测法

3.2.1　概述

混凝土超声检测是混凝土非破损检测技术中的一个重要方面。用声学方法检测结构混凝土可以追溯到 20 世纪 30 年代，那时以锤击作为振源，测量声波在混凝土中的传播速度，粗略地判断混凝土质量。目前所采用的这种超声脉冲法始于 20 世纪 40 年代后期。

1949 年，加拿大的莱斯利（Leslide）、切斯曼（Cheesman）和英国的琼斯（Dons）、加特费尔德（Gatfield）把脉冲检测技术用于结构混凝土的检测，开创了混凝土检测这一新领域。随着测试技术的深入发展、仪器设备的不断改进和完善，这项测试技术在世界各国得到普遍推广和应用。目前，世界许多国家及国际学术团体都先后制定了混凝土超声检测的规程、方法或建议。

我国自20世纪50年代开始开展这项技术的研究，在60年代初即已应用于工程检测，随后生产了国产超声仪，近年来发展迅速。混凝土超声检测技术已应用到建筑、水电、交通、铁道等各类工程中。检测的应用范围和应用深度也不断扩大，从地面上部结构的检测发展到地下结构的检测；从一般小构件的检测发展到大体积混凝土的检测；从单一测强发展到测强、测裂缝、缺陷、破坏层厚度、弹性参数等的全面检测。目前，一些混凝土超声检测方法已正式编入相关部门的规程。一些地区已建立了地区或专用测强曲线，计算机技术也应用到混凝土超声检测的自动化及数据处理、分析及判断中，提高了检测技术的准确性和可靠性。

3.2.2 基本原理

1. 波的概念

波动是物质运动的一种形式。波动可分为两大类：一类是机械波，它是由于机械振动在弹性介质中引起的波动过程，如水波、声波、超声波等；另一类是电磁波，它是由于电磁振荡所产生的变化电场和变化磁场在空间的传播过程，如无线电波、红外线、紫外线、可见光等。

2. 声波测试频率范围

声波是弹性介质中的机械波。人们所能听到声波频率范围是20～20000Hz，这叫可闻声波。当声波频率超过20000Hz时，人耳就听不到了，这种声波叫超声波。频率低于20Hz的叫次声波，人耳也听不到。各种声波的频率范围见表3-6。声波频率界限如图3-5所示。

表3-6 各种声波的频率范围

声波	次声波	可闻声波	超声波	特超声波
频率/Hz	0～20	$20 \sim 2\times10^4$	$2\times10^4 \sim 1\times10^{10}$	$>10^{10}$

声波频率界限如图3-5所示。

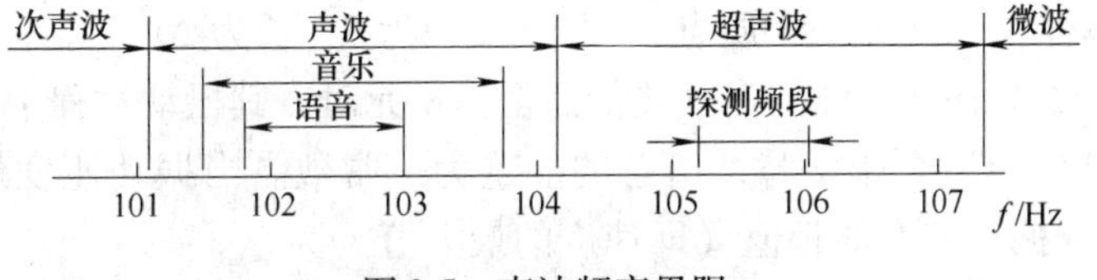

图3-5 声波频率界限

3. 超声场特征参数

充满声波的空间叫声场。声压、声强、声阻抗率是表征声场特征的几个重要物理量，即声场的特征量。

(1) 声压 声波的传播实际上是媒质内质点稠密和稀疏的交替过程。显然这样的变化过程可以用体积元内压强、密度、温度以及质点速度等的变化量来描述。

设体积元受声波扰动后压强由 p_0 改变为 p_1，则由声波扰动产生的逾量压强（简称为逾

压）

$$p = p_1 - p_0 \tag{3-22}$$

就称为声压。因为声波传播过程中，在同一时刻，不同体积元内的压强 p 都不同；对同一体积元，其压强 p 又随时间而变化，所以，声压 p 是空间和时间的函数，即$p = p(x, y, z, t)$。同样，由声波扰动引起的密度的变化量$\rho' = \rho - \rho_0$，也是空间和时间的函数，即$\rho' = \rho'(x, y, z, t)$。

此外，既然声波是媒质质点振动的传播，那么媒质质点的振动速度自然也是描述声波的合适物理量之一。但由于声压的测量比较容易实现，通过声压的测量也可以间接求得质点速度等其他物理量。所以，声压已成为目前人们普遍用于描述声波性质的物理量。

存在声压的空间称为声场。声场中某一瞬时的声压值称为瞬间声压。在已定时间间隔中最大的瞬间声压值称为峰值声压。如果声压随时间是按简谐规律变化的，则峰值声压即为声压的振幅。在一定时间间隔中，瞬时声压对时间取均方根值称为有效声压

$$p_e = \sqrt{\frac{1}{T}\int_0^T p^2 \mathrm{d}t} \tag{3-23}$$

式中，下角符号“e”代表有效值，T 代表取平均的时间间隔，它可以是一个周期或比周期大得多的时间间隔。一般用电子仪表测得的往往是有效声压，因而人们习惯上指的声压，也往往是有效声压。

声压的大小反映了声波的强弱。声压的单位为 Pa（帕）：$1\mathrm{Pa} = 1\mathrm{N/m^2}$，有时也用 bar（巴）作单位，$1\mathrm{bar} = 100\mathrm{kPa}$。

为了使读者对声压的大小有一个直观的概念，下面举出声压大小的典型例子：人耳对1kHz 声音的可听阈（即刚刚能觉察到它存在时的声压）约 $2\times10^{-5}\mathrm{Pa}$；微风轻轻吹动树叶的声音约 $2\times10^{-4}\mathrm{Pa}$；在房间中的高声谈话声（相距 1m 处）为 0.05 ~ 0.1Pa；交响乐演奏声（相距 5 ~ 10m 处）约 0.3Pa；飞机的强力发动机发出的声音（相距 5m 处）约 200Pa。

（2）声强　在垂直于声波传播方向上单位面积、单位时间内通过的声能量称为声强。当声波传播到介质中的某处时，该处原来静止的质点开始振动，因而具有能量。同时，该处的介质也将产生形变，因而也具有位能。声波传播时，介质由远及近逐层振动，能量就逐层传播下去。下面以纵波在均匀的各向同性的固体介质中传播为例，近似地计算声强。

考虑固体中一体积元（即一个质点），其截面积为 S，长为 Δx，其体积 $\Delta V = S\Delta x$。设固体密度为ρ，则其质量 $\Delta m = \rho\Delta V$。当纵波传播至体积元时，其振动过程中具有的能量形式是动能、位能（弹性位能）互相交替，但总的能量为一常数。当振动速度最大时，其动能即等于总的能量 ΔE。振动速度的幅值（即速度的最大值）为

$$v_{\max} = A\omega \tag{3-24}$$

故有

$$\Delta E = \frac{1}{2}mv_{\max}^2 = \frac{1}{2}m\omega^2A^2 \tag{3-25}$$

单位体积质点具有的能量（能量密度）为 E，则

$$E = \sum_{V=1}\Delta E = \frac{1}{2}A^2\omega^2\sum_{V=1}\rho\Delta V = \frac{1}{2}\rho A^2\omega^2 \tag{3-26}$$

对于垂直于声传播方向的一单位面积来说，在单位时间内声波由此向前传播一段距离 v（数值上等于声速），也就是说在单位时间内使体积为 $1\times v$ 的介质具有声能量，其大小为

Ev。根据声强的定义，该能量在数值上等于声强 J，所以

$$J = Ev = \frac{1}{2}\rho v A^2 \omega^2 \tag{3-27}$$

（3）声阻抗率　声场中某位置的有效声压 p 与该位置的质点速度 v 的比值为该位置的声阻抗率，即

$$Z_S = \frac{p}{v} \tag{3-28}$$

声场中某位置的声阻抗率 Z_S 一般讲来可能是复数，像电阻抗一样，其实数部分反映了能量的损耗。在理想媒质中，实数的声阻也具有“损耗”的意思，不过它代表的不是能量转化成热，而是代表着能量从一处向另一处的转移，即“传播损耗”。

根据式（3-28），对平面声波情况，可求得平面前进声波的声阻抗率为

$$Z_S = \rho_0 c_0 \tag{3-29}$$

对沿负 X 方向传播的反射波情形，通过类似的讨论可求得

$$Z_S = -\rho_0 c_0 \tag{3-30}$$

由此可见，在平面声场中，各位置的声阻抗率在数值上是相同的，且为一个实数。这反映了在平面声场中各位置上都无能量的存储，在前一个位置上的能量可以完全传播到后一个位置上去。

注意到乘积 $\rho_0 c_0$ 是媒质固有的一个常数，它的数值对声传播的影响比起 ρ_0 或 c_0 单独的作用还要大。所以这个量在声学中具有特殊的地位，又考虑到它具有声阻抗率的量纲，所以称 $\rho_0 c_0$ 为媒质的特性阻抗，单位为 $N \cdot s/m^3$ 或 $Pa \cdot s/m$。

对空气，当温度为0℃、压强为标准大气压 $p_0 = 1.013 \times 10^5 Pa$ 时，$\rho_0 = 1.293 kg/m^3$，$c_0 = 331.6 m/s$，$\rho_0 c_0 = 428 N \cdot s/m^3$；当温度为20℃时，$\rho_0 = 1.21 kg/m^3$，$c_0 = 344 m/s$，$\rho_0 c_0 = 415 N \cdot s/m^3$。对于水，当温度为20℃时，$\rho_0 = 998 kg/m^3$，$c_0 = 1480 m/s$，$\rho_0 c_0 = 1.48 \times 10^6 N \cdot s/m^3$。

由式（3-29）及式（3-30）可见，平面声波的声阻抗率数值上恰好等于媒质的特性阻抗，如果借用电路中的语言来形象地描述此时的传播特性，平面声波处处与媒质的特性阻抗相匹配。

4. 超声波在传播中的衰减

声波在介质中传播的过程中，其振幅将随传播距离的增大而逐渐减小，这种现象称为衰减。在以上关于声波传播的讨论中，为使问题简化，假定声波是在无吸收的均匀介质中传播，也就是说声波在传播过程中无衰减。事实上，声波在任何介质中传播都有衰减存在。声波衰减的大小及其变化不仅取决于所使用的超声频率及传播距离，也取决于被检测材料的内部结构及性能。因此，研究声波在介质中的衰减情况将有助于探测介质的内部结构及性能。

（1）衰减系数　当平面波通过某介质后，其声压将随距离 x 的增加而衰减。衰减按指数规律变化

$$p = p_0 e^{-\alpha x} \tag{3-31}$$

式中　p_0——$x = 0$ 处的声压，即声源的声压；

p——距声源为 x 处的声压；

e——自然对数的底，e = 2.71828；

α——衰减系数。

如果不考虑声波的扩散，则衰减系数取决于介质的性质。它的大小表征介质对声波衰减的强弱。

对式（3-31）取自然对数，可得

$$\alpha = \frac{1}{x}\ln\frac{p_0}{p} \tag{3-32}$$

α 的量纲应是长度单位的倒数与 $\ln\frac{p_0}{p}$ 量纲的乘积。而两声压比值（无量纲）的自然对数的单位是奈培（N_p），故衰减系数的单位为 N_p/cm，即单位长度的奈培数。

现在的单位制规定对衰减的度量用另一单位：分贝（dB）。分贝是两个同量纲的比值取常用对数再乘 20。这样，衰减系数的计算式为

$$\alpha = \frac{1}{x}\cdot 20\cdot \lg\frac{p_0}{p} \tag{3-33}$$

由于声波的声压与介质质点的振动位移幅值成正比，所以式（3-33）中的 p、p_0 可以用相应的振动位移 A、A_0 代替，衰减系数为

$$\alpha = \frac{1}{x}\cdot 20\cdot \lg\frac{A_0}{A} \tag{3-34}$$

实际检测中，衰减系数通常是以示波屏上接收波的振幅值来度量计算的。这是因为示波屏上的波形振幅与接收换能器处介质的声压及振动位移值是相对应的。

（2）固体材料中声波衰减的原因

1）吸收衰减。声波在固体介质中传播时，由于介质的黏滞性而造成质点之间的内摩擦，从而使一部分声能转化为热能；同时，由于介质的热传导，介质的稠密和稀疏部分之间进行热交换，从而导致声能的损耗，这就是介质的吸收现象。介质的这种衰减称为吸收衰减，以吸收衰减系数 α_a 来表征。通常认为，吸收衰减系数 α_a 与声波频率的一次方，频率的平方成正比。

2）散射衰减。当介质中存在颗粒状结构（如液体中的悬浮粒子、气泡，固体介质中的颗粒状结构、缺陷、掺杂物等）而导致声波的衰减成散射衰减，以散射衰减系数 α_s 来表征。对于混凝土来说，一方面是因为其中大的颗粒（粗集料）构成许多声学界面，使声波在这些界面上产生多层反射、折射和波型转换，另一方面是微小颗粒对声波的散射。同时，这些微小颗粒在相应频率的超声波作用下产生共振现象，其本身成为新的振源，向四周发射声波，使声波能量的扩散达到最大。散射衰减与散射粒子的形状、尺寸、数量和性质有关，其过程是很复杂的。通常认为，当颗粒的尺寸远小于波长时，散射衰减系数与频率的四次方成正比；当颗粒尺寸与波长相近时，散射衰减系数与频率平方成正比。

吸收衰减系数与散射衰减系数都取决于介质本身的性质。若介质本身引起的衰减系数为 α，它由吸收衰减系数与散射衰减两部分组成，即 $\alpha = \alpha_a + \alpha_s$。

综合上述衰减系数与频率的关系，对于固体介质来说，总的衰减系数与频率的关系通常可表示为

$$\alpha = af + bf^2 + cf^4 \tag{3-35}$$

式中 a、b、c——由介质性质和散射物特性所决定的比例系数。

3）扩散衰减。通常的声波辐射器（发射换能器）发出的超声波束都有一定的扩散角。因波束的扩散，声波能量逐渐分散，从而使单位面积的能量随传播距离的增加而减弱。声波的声压与声强均随其传播距离的增加而减弱。在混凝土超声检测中所采用的低频超声波，其扩散角很大。当超声波传播一定距离后，在混凝土中的超声波已近于球面波。远离声源的球面波的声压与其距声源的距离 r 成反比，即 r 越大，声压越小。这种因声波的扩散而引起的衰减称为扩散衰减。扩散衰减的大小仅取决于声辐射器的扩散性能及波的几何形状，而与传播介质的性质无关。因此，在计算介质的衰减系数时总是希望将该项衰减修正消除或在测量时选取相同距离，使扩散衰减成为一恒量，使其不影响将所测得的衰减系数结果，这样可以对比得出介质的衰减特性规律。

3.2.3 超声换能器

1. 超声波的产生和接收

应用超声波检测混凝土，首先要解决的问题是如何产生超声波和接收经混凝土传播后的超声波，然后进行测量。解决这类问题通常采用能量转化法，即运用最方便的能量——电能，将其转化为超声能量，即产生超声波。当超声波在混凝土中传播后，为了度量超声波的各声学参数，又将超声能量转化为最容易量测的量——电量，然后经放大、处理，对电信号进行测量。这种将声能与电能相互转化的器具称为换能器。

2. 压电效应

某些电介质在沿一定方向上受到外力的作用而变形时，其内部会产生极化现象，同时在它的两个相对表面上出现正负相反的电荷，当作用力的方向改变时，电荷的极性也随之改变，当外力去掉后，它又会恢复到不带电的状态，这种现象称为正压电效应。相反，当在电介质的极化方向上施加电场，这些电介质也会发生变形，电场去掉后，电介质的变形随之消失，这种现象称为逆压电效应，或称为电致伸缩现象。依据电介质压电效应研制的一类传感器称为压电传感器。

某些固体物质，在压力（或拉力）的作用下产生形变，从而使物质本身极化，在物体相对的表面出现正、负束缚电荷，这一效应称为压电效应。石英压电效应的原理如图3-6所示。通常具有压电效应的物质同时也具有逆压电效应，即当对它施加电压后会发生变形。超声波探头利用逆压电效应产生超声波，利用压电效应接收超声波。

3. 脉冲超声波的产生及其特点

用于产生和接收超声波的材料一般被制成片状（晶片），并在其正反两面镀上导电层（如镀银层）作为正负电极。如果在电极两端施加一脉冲电压，则晶片发生弹性形变，随后发生自由振动，并在晶片厚度方向形成驻波。如果晶片的两侧存在其他弹性介质，则会向两侧发射弹性波，波的频率与晶片的材料和厚度有关。选择适当的晶片厚度，使其产生弹性波的频率在超声波频率范围内，则该晶片即可产生超声波。在晶片的振动过程中，由于能量的减少，其振幅也逐渐减小，因此，它发射出的是一个超声波波包，称为脉冲波，如图3-7所示。

4. 超声换能器的构造和性能

常用超声换能器按波形不同分为纵波换能器与横波换能器，分别用于纵波与横波的测量。目前，一般检测中所用的多是纵波换能器。

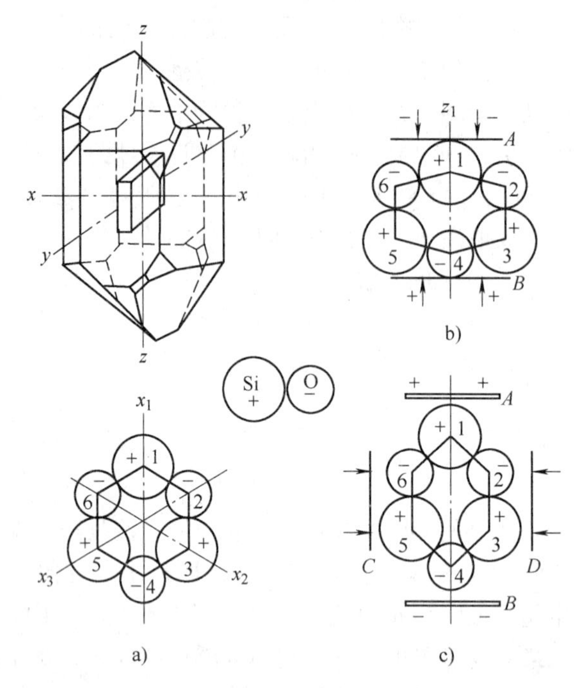

图 3-6　石英压电效应的原理

图 3-7　脉冲波

（1）纵波换能器　以发射和接收纵波为目的的换能器，又分平面换能器、径向换能器以及一发多收换能器。

1）平面换能器。平面换能器是指声辐射面是平面，其压电振动模式大多为厚度振动。这里又包括普通平面换能器及夹心平面换能器。

① 普通平面换能器。普通平面换能器的构造如图 3-8 所示。

它由压电片（压电陶瓷）、外壳、绝缘圈、吸收块（背衬）、压簧等组成。外壳起保护支撑作用，其紧贴压电体的底壳厚度应按薄层介质反射及透射公式计算，以获得较大的透射率。晶片应该根据要求发射及接收的超声频率选择适当的压电材料及厚度。压电片的两面镀银作电极。一个电极面直接与外壳相连而接地；另一电极面上压一铜板并以引线与插接线的芯线相连。压电片与外壳一般用环氧树脂、502 胶等黏结。为了消除压电体的反向辐射，使发射脉冲宽度变窄（频带变宽），可以加一吸声块，即所谓背衬。吸声块采用阻尼较大且其特性阻抗与压电片接近的材料（如钨粉加环氧树脂或有机玻璃）制成，表面车成螺纹并制作成楔形，使压电片振动产生的反向辐射多次反射后在吸收块中被衰减，而且使压电片自振阻尼加大。混凝土一般检测中目前多以首波为主，对后续波研究不多，对发射脉冲宽度要求不高，而且换能器多是低频率，吸收块作用不明显，因而普通窄带换能器中常省去吸收块。混凝土检测中，50kHz 以上频率的换

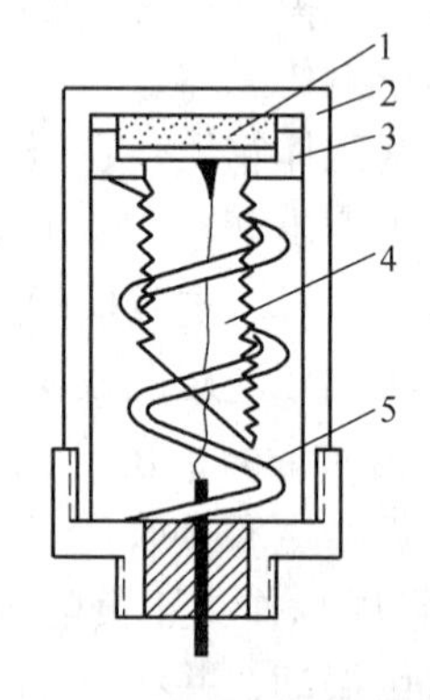

图 3-8　普通平面换能器的构造
1—压电片　2—外壳　3—绝缘圈
4—吸收块　5—压簧

能器一般均为上述结构。当超声仪发射器传来一个电脉冲加到压电片上时，压电片即因电压效应而变形振动。振动模式为厚度振动，产生的纵波脉冲从壳体平面辐射出去。

② 夹心式平面换能器。在探测大体积或尚未完全硬化的混凝土时，需要产生和接收低频率的超声波，即需要低频率的超声换能器（如：20～30kHz）。为此，要求制作较厚的电陶瓷片（80mm 左右）。这样厚的压电陶瓷片无论成型、烧结和极化均很困难。而且太厚的压电片阻抗太高，仪器难于匹配，散热也困难。于是，出现了夹心式换能器，其原理如图 3-9 所示。

一片或多片不厚的压电陶瓷片被夹紧在两金属块之间。上金属块称为配重块，常用钢制作；下金属块称为辐射体，常用轻金属（硬铝）制作。上、下金属块用螺栓与陶瓷片拧紧成为一个整体。在电脉冲激励下，上下金属块与压电片一起振动，其振动时的半波等于换能器总长，大大降低了振子频率。改变上、下金属块的长度即可获得不同频率的换能器。辐射体和配重块分别采用轻重两种金属的目的是使辐射体端面处振幅最大，大部分产生能量向辐射体方向传播，即实现单向辐射。图 3-10 所示为实用的夹心式换能器结构。

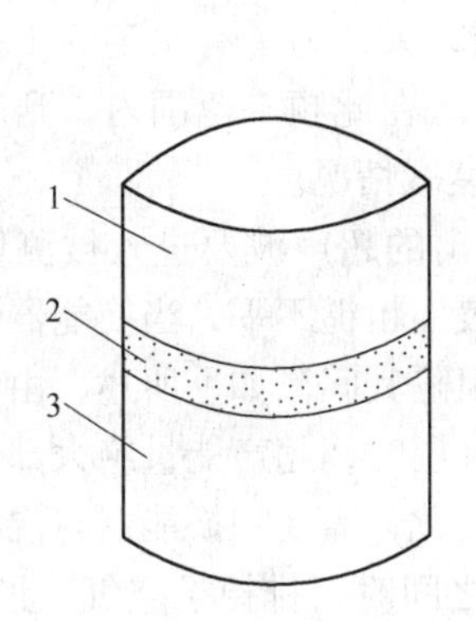

图 3-9　夹心式换能器原理

1—配重块　2—压电片　3—辐射体

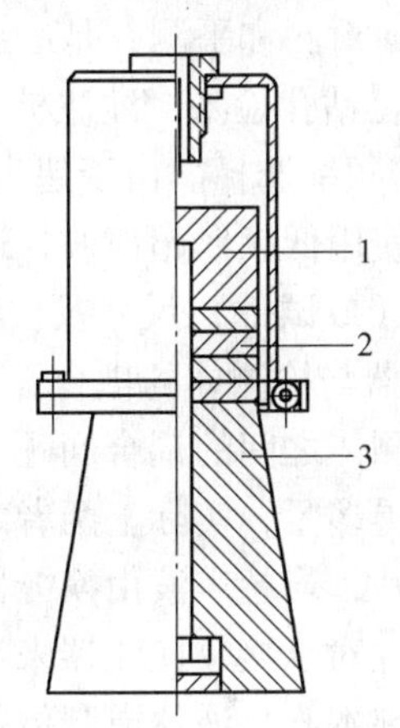

图 3-10　夹心式换能器结构

1—配重块　2—压电体　3—辐射体

2）径向换能器。径向换能器是利用压电陶瓷（圆片、圆环或球体）的径向振动模式来产生和接收超声波，其辐射面是曲面。这类换能器通常被置于结构物的钻孔或导管中进行检测。目前常用的换能器有增压式与圆环式。

① 增压式换能器。增压式换能器的构造原理如图 3-11 所示。在一薄壁金属管内侧紧贴若干等距离排列的压电陶瓷圆片。根据需要，各压电片相互之间用串联、并联或串并联混合等方式连接。当激励电脉冲加在各压电片上时，各圆片同时作径向振动。单片压电片换能效率低，但增压式换能器的这种结构可以提高换能效率。这是因为整个圆管表面所承受的声压加到圆片周边，使圆片周边所受到的声压提高，故名增压式。反过来，在电脉冲激励下，各压电片作径向振动，共同工作，并将振动传给金属圆管，它比单片陶瓷片的发射效率高。为了使金属管能将所承受的声压尽可能多的传到陶瓷片上，特将金属管剖成 2 片或 4 片，再黏结起来。整个换

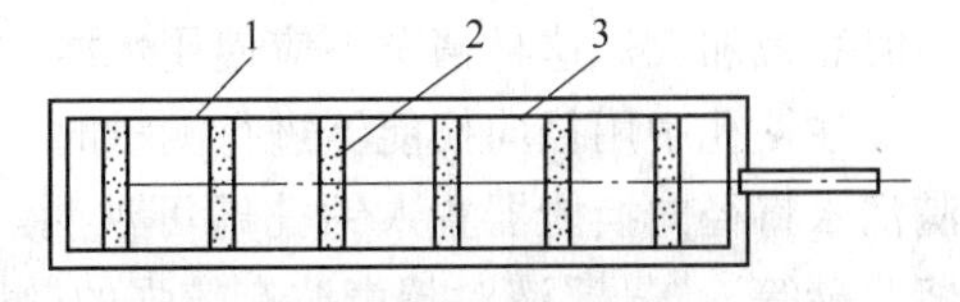

图 3-11　增压式换能器的构造原理

1—绝缘层　2—压电陶瓷片　3—金属管

能器以及连接电缆使用聚胺树脂或橡胶密封，以供水中使用。增压式换能器频率为30～40kHz。

② 圆环式换能器。增压式换能器由于系多片压电陶瓷片组成，其尺寸难免较大，在钻孔与声测管中提升、下降不便，容易卡住。由于圆环振动时机电耦合系数大，保证了测试需要的灵敏度，但长度却大大缩减。

（2）横波换能器　在混凝土的超声检测中，目前主要利用纵波在混凝土中的传播来对混凝土质量及内部情况作出判断。但在某些特殊场合，如为了测量材料的动力弹性参数（弹性模量、泊松比），往往需要测量横波在介质中的传播速度。在岩体声波检测中，正在研究各种测量基岩横波声速的方法。根据混凝土超声检测的实际情况，目前可采用专门的横波换能器来测量。横波换能器有斜入射式横波换能器；直入式横波换能器两种。

（3）换能器的选配　在混凝土检测中，应根据结构的尺寸及检测目的来选择换能器。由于目前主要使用纵波检测，故只介绍纵波换能器的选配。

1）换能器种类选择。纵波换能器有平面换能器、径向换能器。平面换能器用于一般结构、试件的表面对测和平测，是必备的换能器。径向换能器（圆环式、增压式、一发双收换能器）则用在钻孔检测、灌注桩声测管检测以及水下检测等场合。

2）换能器频率选择。由于超声波在混凝土中衰减较大，为了有一定的传播距离，混凝土超声检测都使用低频率超声波，通常在200kHz以下。在此频率范围内，到底采用何种频率取决于结构（或试件）尺寸及被测混凝土对超声波衰减情况。

（4）换能器与检测体的耦合　从换能器辐射面发出的超声波要进入被测体，还必须解决换能器与被测体之间的耦合问题。由于被测混凝土表面粗糙不平，当换能器辐射面与之接触时，不论压得多紧，实际上两者之间仍有空气夹层阻隔其间。如上所述，由于固体与空气的特性阻抗悬殊，当超声波由换能器外壳传播到空气夹层时，超声能量绝大部分被反射而难于进入混凝土。对于接收换能器来说，情况也一样。因此，需要在换能器与混凝土之间加上耦合剂。耦合剂本身是液体或膏体，它们充填于二者之间时，排掉了空气，形成耦合剂层。虽然液体或膏体的特性阻抗与换能器外壳或混凝土相比仍小很多，但却比空气大很多，这样绝大部分超声波就不致被反射，而是有相当一部分进入混凝土，实现声耦合的目的。

平面换能器的耦合剂一般采用较廉价的膏体，如黄油、凡士林、石膏浆等。若希望被测体表面不被油污，也可用浆糊代替黄油。因浆糊是由悬浮液浓缩的，对声波的衰减略大于黄油。当混凝土表面潮湿时，用黄油作耦合剂效果很差。其原因是黄油与水相互分离，声波通过时衰减加大。这种情况下应使用水溶性膏状物作耦合剂。

在钻孔中用径向换能器进行测量时，通常用水作耦合剂。当孔钻好后，应冲洗钻孔，注满清水将径向换能器置入钻孔即可观测。值得注意的是，孔中水应尽量不含悬浮物（如泥浆、砂等）。悬浮液对超声波有较强的散射衰减，影响振幅的测量。当钻孔方向向上时，需解决封孔灌水和换能器在孔内上下移动的问题。为此，需制作专门的封孔止水器及换能器接杆。

3.2.4　超声波检测仪器

检测仪器有C61非金属超声波检测仪、混凝土超声波检测分析仪、超声波无损检测。超声波检测仪如图3-12所示。

(1) 用途

1) 声波透射法检测基桩完整性。

2) 超声法检测混凝土内部缺陷，如不密实区域、蜂窝空洞、结合面质量、表面损伤层厚度等。

3) 超声-回弹综合法检测混凝土抗压强度。

4) 超声法检测混凝土裂缝深度。

5) 地质勘查、岩体、混凝土等非金属材料力学性能检测。

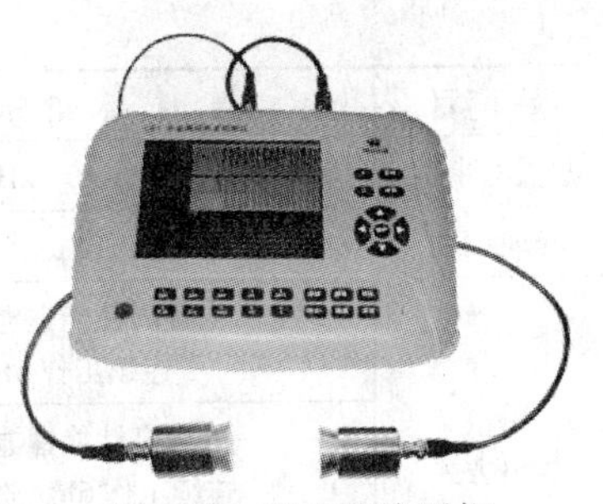

图3-12　超声波检测仪

(2) 依据规范　JGJ 106—2003《建筑基桩检测技术规程》、JTG/T F81-01—2004《公路工程基桩动测技术规程》、CECS 21—2000《超声法检测混凝土缺陷技术规程》、CECS 02—2005《超声回弹综合法检测混凝土强度技术规程》。

(3) 性能特点

1) 快速、准确的声参量自动判读。实时动态波形显示，保证了检测的效率。

2) 人性化的软件设计。仪器测试界面直接面向用户和工程测试现场，并且有帮助信息，用户可以方便地使用。

3) 图形化显示测试结果。测试以后可以分析结果、可以图形化显示，用户可以直观地观察分析结果。

4) 可测试回弹值。C61非金属超声波检测仪可直接外接回弹仪进行超声回弹综合法测试，并分析及算得混凝土的推定强度。

5) 信号接收能力强。在无缺陷混凝土中对测穿透距离可达10m。

6) 主机直接为径向换能器供电，无需外接电源，性能可靠稳定。

7) 标准USB存储设备。大容量移动存储器（U盘1G）。

8) 内置电池供电。内置锂电池，供电时间达6h，如选配外置电池，供电时间可长达12h，完全可满足客户野外长时间测试需求。

9) 仪器便携。体积小、质量小（约1.75kg），携带方便。

10) 具备扩展功能。C61非金属超声波检测仪可扩展冲击回波法测厚功能（可用于单面测量混凝土厚度）。

11) 功能强大的专业Windows数据分析处理软件。机外数据分析软件界面友好，性能可靠，可以分析处理直接生成报告，也可把分析结果导入Word、Excel中，方便用户进行后期的数据处理。

(4) 技术指标　超声波检测仪技术指标见表3-7。

表3-7　超声波检测仪技术指标

项　目	技术指标	项　目	技术指标
主控单元	高性能嵌入式工控机	显示单元	640×480高亮TFT真彩液晶屏
操作方式	键盘	存储器	1G（内置）+1G（U盘）
通用接口	USB口		
通道数	单通道	最大采样长度	64k
触发方式	连续发射、外触发	发射电压/V	65、125、250、500、1000可选
接收灵敏度	≤30μV	放大器增益	82dB

（续）

项　　目	技术指标	项　　目	技术指标
放大器带宽	5Hz ~ 500 kHz	采样间隔（周期）	0.05 ~ 6.4μs，8 挡可调
声时精度	0.05μs	幅度分辨率	0.39%
供电方式	内置高性能锂电池，连续工作 6h	可外接回弹仪	是
	外置高性能锂电池，连续工作 6h（选配）	主机尺寸（长宽高）	260mm × 185mm × 60mm
	12V 直流接口	主机质量	1.75 kg（含内置电池）
	交流 100 ~ 240V、50/60Hz	工作温度	-10 ~ +40℃

3.2.5 超声法检测混凝土强度的依据

混凝土材料是弹黏塑性的复合体，各组分的比例变化、制造工艺条件不同，以及硬化混凝土结构随机性等，十分错综复杂地影响了凝聚体的性质，采用一种普通的数学模型，严密定量地描述结构混凝土强度是比较困难的。工程上，为了解燃眉之急，国内外专业人员都十分注重检测和评价结构混凝土的性能，超声法检测结构混凝土的强度便是内容之一。

超声法检测混凝土强度的基本依据是超声波传播速度与混凝土的弹性性质的密切关系。在实际检测中，超声波的传播速度又通过混凝土弹性模量与其力学强度的内在联系，与混凝土抗压强度建立相关关系并推定混凝土的强度。

超声测强以混凝土立方试块 28d 龄期抗压强度为基准，将其视为弹性体，而原材料品种规格、配合比、施工工艺等影响着超声检测参数，所以采用预先校正方法建立超声测强的经验公式。

3.2.6 超声法检测混凝土强度的技术途径

混凝土超声测强曲线因混凝土原材料的品种规格和含量、配合比和工艺条件的不同而有不同的试验结果。因此，按常用的原材料品种规格，采用不同的技术条件和测强范围进行试验；试验数据经适当的数学拟合和效果分析，建立超声波传播速度与混凝土抗压强度的相关关系；取参量的相关性好、统计误差小的曲线作为基准校正曲线；并经验证试验，测强误差小的经验公式作为超声测强之用。

超声测强有专用的校正曲线、地区曲线和统一曲线。校正曲线和地区曲线在试验设计中一般均考虑了影响因素，而校正试验的技术条件与工程检测的技术条件基本相同，曲线使用时，一般不要特殊的修正，因此，建议优先使用。在没有专用或地区曲线的情况下，如果应用统一曲线，则需验证，按不同的技术条件提出修正系数，使推算的结构混凝土强度的精度在允许范围内。这些修正系数也可根据各种不同的影响因素分项建立，以扩大适用范围。

由于超声法测强精度受许多因素的影响，测强曲线的适应范围受到较大限制。为了消除影响，扩大测强曲线的适应性，除采用修正系数法外还可采用水泥净浆声速换算法和水泥砂浆声速换算法，再由匀质的砂浆或水泥净浆声速与混凝土强度建立相关关系，以便消除集料的影响，扩大所建立的相关关系的适用范围，并提高测强精度。

3.2.7 混凝土声学参数测量技术

混凝土超声检测目前主要是采用所谓“穿透法”，即用一发射换能器重复发射超声脉冲波，让超声波在所检测的混凝土中传播，然后由接收换能器接收。被接收到的超声波转化为电信号后再经超声仪放大显示在示波屏上，用超声仪测量直接收到的超声信号的声学参数。当超声波经混凝土传播后，它将携带有关混凝土材料性能、内部结构及其组成的信息。准确测定这些声学参数的大小及变化，可以推断混凝土的性能、内部结构及其组成情况。

目前在混凝土检测中所常用的声学参数为声速、振幅、频率以及波形、衰减系数。

3.2.8 混凝土超声法测强的特点与技术稳定性

(1) 超声法的特点

1) 检测过程无损于材料、结构的组织和使用性能。

2) 直接在构筑物上检测试验并推定其实际的强度。

3) 重复或复核检测方便，重复性良好。

4) 超声法具有检测混凝土质地均匀性的功能，有利于测强、测缺的结合，保证检测混凝土强度建立在无缺陷、均匀的基础上合理地评定混凝土的强度。

5) 超声法采用单一声速参数推定混凝土强度。当有关影响因素控制不严时，精度不如多因素综合法，但在某些无法测量回弹值及其他参数的结构或构件（如基桩、钢管混凝土等）中，超声法仍有其特殊的适应性。

(2) 技术稳定性　混凝土超声测强技术稳定性是一个综合性的技术指标。为了保证技术稳定性，除继续深入开展技术完善和评价方法的研究之外，就广泛研究证实和工程检测的经验，归纳起来有如下方面需加以控制：

1) 理解超声仪器设备的工作原理，熟悉仪器设备的操作规程和使用方法。

2) 正确掌握超声声速测量技术和精度误差的分析。

3) 建立校正曲线务必精确，技术条件和状况尽可能与实际检测的接近。

4) 从混凝土材质组分和组织构造上理解影响超声声速及测量的原因，并在实际中加以排除或作必要的修正。

5) 研究和确定超声检测“坏值”（指混凝土缺陷的指标）区别处理方法，以保证在混凝土材质均匀基础上推定强度值。

3.2.9 超声检测混凝土强度的主要影响因素

超声法检测混凝土强度，主要是通过测量在测距内超声传播的平均声速来推定混凝土的强度。“测强”精度高低与超声声速读取值的准确与否是密切相关的，所以，应正确运用超声声速推定混凝土强度和评价混凝土质量。从事检测工作的技术人员必须熟悉影响声速测量的因素，在检测中自觉地排除这些影响。

超声声速可能受到与混凝土性能无关的某些因素的影响，且不可避免地要受到混凝土材料组分与结构状况差异等许多因素的影响。根据国内外科学研究和实际检测的经验总结，这些影响大致归纳如下：

(1) 横向尺寸效应　关于试件横向尺寸的影响，在测量声速时必须予以注意。通常，纵波速度是在无限大介质中测得，随着试件横向尺寸减小，纵波速度可能向杆、板中传播的声速或表面波速度转变，即声速比无限大介质中纵波声速小。

（2）温度和湿度的影响　混凝土处于环境温度为5～30℃情况下，因温度升高引起的速度减小值不大；当环境在40～60℃范围内，脉冲速度值约降低5%，这可能是由于混凝土内部的微裂缝增多所致。温度在0℃以下时，由于混凝土中的自由水结冰，使脉冲速度增加（自由水中 $v=1.45km/s$，冰中 $v=3.45km/s$）。

（3）结构混凝土中钢筋的影响　钢筋中超声波传播速度比普通混凝土的高1.2～1.9倍。因此测量钢筋混凝土中的声速，在超声波通过的路径上存在钢筋，测读的“声时”可能是部分或全部通过钢筋的传播“声时”，使混凝土声速计算偏高，这在推算混凝土的实际强度时可能出现较大的偏差。

（4）粗集料品种、粒径和含量的影响　每立方米混凝土中集料用量的变化、颗粒组成的改变对混凝土强度的影响要比水胶比、水泥用量及强度等级的影响小得多。但是，粗集料的数量、品种及颗粒组成对超声波传播速度的影响却十分显著。比较水泥石、砂浆和混凝土三种试体的超声检测，在强度值相同的情况下，混凝土的超声脉冲声速最高，砂浆次之，水泥石最低。主要原因是超声脉冲在集料中的传播速度比混凝土中的传播速度快。声通路上粗集料多，声速则高；反之，通路上粗集料少，声速则低。

（5）水胶比及水泥用量的影响　混凝土的抗压强度取决于水胶比，随着水胶比降低，混凝土的强度、密实度以及弹性性质则相应提高，超声脉冲在混凝土中的传播速度也相应增大；反之，超声脉冲速度随着水胶比的提高而降低。水泥用量的变化，实际上改变了骨胶比的组分。在相同的混凝土强度情况下，当粗集料用量不变时，水泥用量越多，则超声声速越低。

（6）混凝土龄期和养护方法的影响　试验证明，在硬化早期或低强度时，混凝土的强度 f_{cu} 的增长小于声速 v 的增长，即曲线斜率 $\frac{df_{cu}}{dv}$ 很小，声速对强度的变化十分敏感。随着硬化进行，或对强度较高的混凝土，$\frac{df_{cu}}{dv}$ 值迅速增大，即 f_{cu} 值迅速增长大于 v 值的增长，甚至在强度达到一定值后，超声传播速度增长极慢，因而采用超声声速来推算混凝土的强度，必须十分注意声速测量的准确性。

不同龄期混凝土的 f_{cu}-v 关系曲线是不同，当声速相同时，长龄期混凝土的强度较高。混凝土试体养护条件不同，所建立的 f_{cu}-v 关系曲线也是不同的。通常，当混凝土相同时，在空气中养护的试件，其声速比水中养护的试件的声速要低得多，主要原因为：在水中养护的混凝土水化较完善，以及混凝土空隙充满了水，水的声速比空气声速大4.67倍，所以相同强度的试件，饱水状态的声速比干燥状态的声速大。此外，干燥状态中养护的混凝土因干缩等原因而造成的微裂缝也将使声速降低。

（7）混凝土缺陷与损伤对测强的影响　采用超声波检测和推定混凝土的强度时，只有混凝土强度波动符合正态分布的条件下，才能进行混凝土强度的推定。这就要求混凝土内部不应存在明显缺陷和损伤。如果把混凝土缺陷或损伤的超声参数参与强度的评定，有可能使检测结果不真实或承担削弱安全度的风险。

3.2.10 建立超声测强曲线的方法

混凝土中超声波的传播速度 v 与混凝土的抗压强度 f_{cu} 之间有着良好的相关性，即混凝土的强度越高，相应的超声波声速也越高。一般说来，以非线性的数学模型拟合其间的相关性更能反映关系的规律。

混凝土强度与超声波传播速度之间相关规律是随着技术条件变化而异，即定量关系是受混凝土的组分及技术条件如水胶比、水泥用量、集料粒径和用量、养护条件、含水量等因素影响而异的。因此，各类混凝土没有统一的f_{cu}-v的关系曲线，即尚不能根据超声声速推算预选无f_{cu}-v关系的某种混凝土强度。目前，国内外在超声波检测混凝土强度的规程、方法、建议中都规定，必须以一定数量的相同技术条件的混凝土试件进行校正试验，预先建立f_{cu}校正曲线，然后用超声声速推算混凝土的强度，这样推算的强度值才能达到比较满意的精度。

根据相关曲线的制定和使用条件可分为三种：

（1）校正曲线　校正曲线是采用与工程、工厂的构件混凝土相同的原材料、配合比和成型养护工艺配制的混凝土试块，对于技术管理健全、混凝土质量比较稳定的工程或工厂，也可以从生产过程中随机而又均匀地直接取料（混凝土拌合物）制作混凝土试块，通过一定数量的破损与非破损试验所建立的曲线。它适用于检测与该试块相同技术条件的混凝土制品的强度，测强精度高。由于混凝土结构与制定曲线的混凝土试块的组成、养护条件和试验状态等基本上一致，推算混凝土强度时，不存在影响因素，故无须修正。

（2）地区曲线　地区曲线是采用公司、地区常用的原材料、成型养护工艺配制的混凝土试块，通过较多的破损与非破损所建立的曲线。它适用于无校正曲线时检测相同技术条件的该公司、该地区混凝土制品的强度，具有较高的测量精度。选用地区曲线推算混凝土强度时，由于试块的组成、养护条件基本相同，所以，只考虑试验状态影响因素的修正系数。

（3）统一曲线　统一曲线是采用统一规定的标准混凝土制作试块，在标准养护条件下，通过大量的破损试验与非破损试验所建立的曲线。它适用于无校正曲线和地区曲线时检测符合规定使用条件的混凝土构件的强度，测量精度稍低。选用统一曲线推算混凝土强度时，由于现场结构与标准条件（组成、养护条件和试验状态）的差异，需要建立影响因素的修正系数，以提高测量精度和曲线的适用性。

比较上述三种曲线，不难看出，当使用校正曲线推算混凝土强度时，避免了多种因素的复杂影响，无须修正，从而使测试精度高于其他两种曲线。在我国的专业技术规程中也规定优先应用地区专用测强曲线，对于不具备地区专用曲线，要事先做校正试验，以便确定修正系数借用统一的曲线推算混凝土的强度。

3.2.11 结构混凝土强度检测与推定

（1）测区选择　如果把一个混凝土构件作为一个检测总体，要求在构件上均布画出不少于10个200mm ×200mm方格网，以每一个方格网视为一个测区。选取同批构件（指混凝土强度、原材料、配合比、成型工艺、养护条件相同）数的30%，且不少于4个作为检测对象，同样，每个构件测区数不少于10个。

每个测区应满足下列要求：① 测区布置在构件混凝土浇注方向的侧面；② 测区与测区的间距不宜大于2m；③ 测区宜避开钢筋密集区和预埋钢件；④ 测试面应清洁和平整，如应清除杂物粉尘；⑤ 测区应标明编号。

（2）测点布置　为了使构件混凝土测试条件和方法尽可能与校正曲线时的条件、方法一致，在每个测区网格内布置三对或五对超声波的测点。构件相对面布置测点应力求方位对等，使每对测点的测距最短。如果一对测点在任一测试面上布在蜂窝、麻面或模板泥浆缝上，可适当改变该对测点的位置，使各对测点表面平整、声耦合良好。

（3）结构混凝土强度的推定　根据各测区超声声速检测值，按回归方程计算或查表取得对应测区的混凝土强度值。最后按下列情况推定结构混凝土的强度。

1）按单个构件检测时，单个构件的混凝土强度推定值取该构件各测区中最小的混凝土强度计算值。

2）按批抽样检测时，该批构件的混凝土强度推定值按下式计算。

$$f_{cu,e}^{c} = m_{f_{cu}^{c}} - 1.645 S_{f_{cu}^{c}} \tag{3-36}$$

$$m_{f_{cu}^{c}} = \frac{1}{n}\sum_{i=1}^{n} f_{cu}^{c} \tag{3-37}$$

$$S_{f_{cu}^{c}} = \sqrt{\frac{1}{n-1}(f_{cu}^{c})^2 - n\ (m_{f_{cu}^{c}})^2} \tag{3-38}$$

3）当同批测区混凝土强度换算值的标准差过大时，同批构件的混凝土强度推定值可按下式计算

$$f_{cu}^{c} = m_{f_{cu,min}^{c}} = \frac{1}{m}\sum_{i=1}^{n} f_{cu,min,i}^{c} \tag{3-39}$$

式中　$m_{f_{cu,min}^{c}}$——同批中各构件中最小的测区强度换算值的平均值（MPa）；

$f_{cu,min,i}^{c}$——第 i 个构件中的最小测区混凝土强度换算值（MPa）；

m——批中抽取的构件数。

4）按批抽样检测时，若全部测区强度的标准差出现下列情况时，则该批构件应全部按单个构件检测和推定强度：

当混凝土强度等级低于或等于 C20 时

$$S_{f_{cu}^{c}} > 4.5\text{MPa}$$

当混凝土强度等级高于 C20 时

$$S_{f_{cu}^{c}} > 5.5\text{MPa}$$

3.3　钻芯法

3.3.1　概述

钻芯法是利用专用钻机和人造金刚石空心薄壁钻头，在结构混凝土上直接钻取芯样，然后进行抗压试验，并以芯样抗压强度值换算成立方抗压强度值，以检测混凝土强度和缺陷的一种检测方法。它可用于检测混凝土的强度，混凝土受冻、火灾损伤的深度，混凝土接缝及分层处的质量状况，混凝土裂缝的深度、离析、孔洞等缺陷。该法直观、准确、可靠，是其他无损检测方法不可取代的一种有效方法。但钻芯法检测混凝土费用较高，费时较长，且对混凝土造成局部损伤，是一种半破损的现场检测手段。因此，大量的钻芯取样往往受到限制，可利用其他无损检测方法如超声法与钻芯法结合使用，以减少钻芯数量。另外钻芯法的检测结果又可验证其他无损检测方法如超声法的检测结果，以提高其检测的可靠性。

用钻芯法检测混凝土的强度、裂缝、接缝、分层、孔洞或离析等缺陷，具有直观、精度

高等特点，因而广泛应用于工业与民用建筑、水工大坝、桥梁、公路、机场跑道等混凝土结构或构筑物的质量检测。

3.3.2　钻芯法的局限性

1）钻芯时会对结构造成局部损伤，因而对于钻芯位置及钻芯数量等的选择均受到一定的限制，而且它所代表的区域也是有限的。

2）与非破损测试仪器相比，钻芯机及芯样加工配套机具比较笨重，移动不够方便，测试成本也较高。

3）钻芯后的孔洞需要修补，尤其当钻断钢筋时更增加了修补工作的困难。

3.3.3　检测方法

1. 芯样钻取

1）采用钻芯法检测结构混凝土强度前，宜具备下列资料：① 工程名称（或代号）及设计、施工、监理、建设单位名称；② 结构或构件种类、外形尺寸及数量；③ 设计混凝土强度等级；④ 成型日期，原材料（水泥品种、粗集料粒径等）和混凝土试块抗压强度试验报告；⑤ 结构或构件质量状况和施工中存在问题的记录；⑥ 有关的结构设计图和施工图等。

2）芯样宜在结构或构件的下列部位钻取：① 结构或构件受力较小的部位；② 混凝土强度质量具有代表性的部位；③ 便于钻芯机安放与操作的部位；④ 避开主筋、预埋件和管线的位置，并尽量避开其他钢筋；⑤ 当采用钻芯法修正无损检测方法时，钻芯位置应与无损检测方法相应的测区重合。

3）钻取的芯样数量应符合下列规定：① 钻芯确定单个构件的混凝土强度推定值时，有效芯样试件的数量不应少于 3 个，对于较小构件，有效芯样试件的数量不得少于 2 个；② 对构件的局部区域进行检测时，应由要求检测的单位提出钻芯位置及芯样数量；③ 按批量检测时，芯样试件的数量应根据检测批的容量确定。标准芯样试件的最小样本量不宜小于 15 个，小直径芯样试件的最小样本量应适当增加。芯样应从检测批的结构构件中随机抽取，每个芯样应取自一个构件或结构的局部部位。

4）钻取的芯样直径一般不宜小于集料最大粒径的 3 倍，在任何情况下不得小于集料最大粒径的 2 倍，且公称直径不应小于 70mm。

5）钻芯机就位并安放平稳后，应将钻机固定，以便工作时不致产生位置偏移。固定的方法应根据钻芯机构造和施工现场的具体情况，可分别采用顶杆支撑、配重、真空吸附或膨胀螺栓等方法。

6）采用三相电动机的钻芯机在未安装钻头之前，就应先通电检查主轴旋转方向。当旋转方向为顺时针时，方可安装钻头。钻芯机主轴的旋转轴线，应调整到与被钻取芯样的混凝土表面相垂直。

7）钻芯机接通水源、电源后，拨动变速钮调到所需转速。正向转动操作手柄使钻头慢慢接触混凝土表面，待钻头刃部入槽稳定后方可加压。进钻到预定深度后，反向转动操作手柄，将钻头提升到接近混凝土表面，然后停电、停水。

8）钻芯时用于冷却钻头和排除混凝土料屑的冷却水流量宜为 3～15L/min，出口水温不宜超过30℃。

9）从钻孔中取出的芯样在稍微晾干后，应标上清晰的标记。若所取芯样的高度及质量不能满足规程的要求，则应重新钻取芯样。

10）芯样在运送前应仔细包装，避免损坏。

11）结构或构件钻芯后所留下的孔洞应及时进行修补，以保证其正常工作。

12）工作完毕后，应及时对钻芯机和芯样加工设备进行维修保养。

2. 芯样加工及技术要求

1）芯样抗压试件的高度和直径之比应为0.95～1.05。

2）采用锯切机加工芯样试件时，应将芯样固定，并使锯切平面垂直于芯样轴线。锯切过程中应冷却人造金刚石圆锯片和芯样。

3）芯样试件内不应含有钢筋。如不能满足此项要求，每个试件内最多只允许有2根直径小于10mm的钢筋；公称直径小于100mm的芯样试件，每个试件内最多只允许有一根直径小于10mm的钢筋；芯样内的钢筋应与芯样试件的轴线基本垂直并离开端面10mm以上。

4）锯切后的芯样，当不能满足平整度及垂直度要求时，宜采用以下方法进行端面加工：① 在磨平机上磨平；② 用环氧胶泥或聚合物水泥砂浆补平。对于抗压强度低于40MPa的芯样试件，也可采用水泥砂浆、水泥净浆或聚合物水泥砂浆补平，补平层厚度不宜大于5mm；也可采用硫黄胶泥补平，补平层厚度不宜大于1.5mm。补平层应与芯样结合牢固，以使受压时补平层与芯样的结合面不提前破坏。

5）芯样在试验前应对其几何尺寸作下列测量：① 平均直径：用游标卡尺测量芯样中部，在相互垂直的两个位置上，取其二次测量的算术平均值，精确至0.5mm；② 芯样高度：用钢卷尺或钢板尺进行测量，精确至1mm；③ 垂直度：用游标量角器测量两个端面与母线的夹角，精确至0.1°；④ 平整度：用钢板尺或角尺紧靠在芯样端面上，一面转动钢板尺，一面用塞尺测量与芯样端面之间的缝隙，也可采用其他专用设备测量。

6）芯样尺寸偏差及外观质量超过下列数值时，相应测试数据无效：① 经端面补平后的芯样高度小于0.95d（d为芯样试件平均直径），或大于1.05d；② 沿芯样高度任一直径与平均直径相差达2mm以上；③ 芯样端面的不平整度在100mm长度内超过0.1mm；④ 芯样端面与轴线的不垂直度超过1°；⑤ 芯样有裂缝或有其他较大缺陷。

3. 芯样混凝土强度试验与计算

（1）芯样混凝土强度换算值的确定

1）芯样试件的抗压试验应按GB/T 50081—2002《普通混凝土力学性能试验方法》中对立方体试块抗压试验的规定进行。

2）芯样试件一般在自然干燥状态下进行试验；如结构工作条件比较潮湿，芯样试件应以潮湿状态进行试验。

3）按自然干燥状态进行试验时，芯样试件在受压前应在室内自然干燥3d（天）；按潮湿状态进行试验时，芯样试件应在20±5℃的清水中浸泡40～48h，从水中取出后应立即进行抗压试验。

4）芯样试件的混凝土强度换算值系指用钻芯法测得的芯样强度，换算成相应于测试龄期的、边长为150mm的立方体试块的抗压强度值。

（2）芯样试件的混凝土强度抗压强度计算

$$f_{cu,cor}=\frac{F_c}{A} \tag{3-40}$$

式中　$f_{cu,cor}$——芯样试件的混凝土抗压强度值（MPa）；

F_c——芯样试件抗压试验测得的最大压力（N）；

A——芯样试件抗压截面面积（mm^2）。

单个构件的混凝土强度推定值不再进行数据的舍弃，而应按有效芯样试件混凝土抗压强度值中的最小值确定。

钻芯确定单个构件的混凝土强度推定值时，有效芯样试件的数量不应少于3个；对于较小构件，有效芯样试件的数量不得少于2个。

3.3.4　混凝土轴心抗拉强度测试方法

1）承受轴向拉力的芯样试件，可用建筑结构胶在试件两个端面黏贴特制的钢卡具，两个钢卡具的平面板部分应平行，拉杆部分应与芯样试件的轴线重合。

2）芯样试件的轴心抗拉强度试验应符合下列规定：① 拉杆与抗拉垫板之间宜为铰接，或采取其他措施消除拉杆与试件轴线不垂直带来的影响；② 轴线与芯样试件形心点的偏差不应大于1mm；③ 加荷速度可参照《普通混凝土力学性能试验方法标准》中其他试验方法的相关规定进行。

3）承受轴向拉力芯样试件的混凝土轴心抗拉强度可按下式计算

$$f_{t,cor}=\frac{F_t}{A_t} \tag{3-41}$$

式中　F_t——芯样试件抗拉试验测得的最大拉力（N）；

A_t——芯样试件抗拉破坏截面面积（mm^2）。

3.3.5　劈裂抗拉强度

1）芯样试件劈裂抗拉强度试验的操作应符合《普通混凝土力学性能试验方法标准》中对立方体试块劈裂试验的规定，劈裂荷载可按图3-13所示的方式施加。

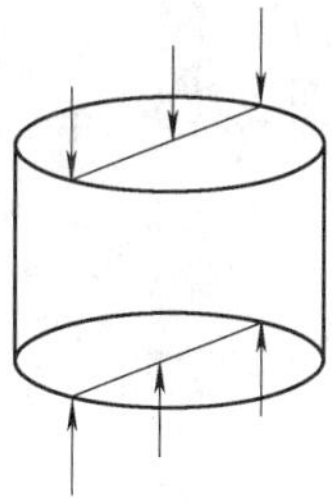

2）芯样试件混凝土的劈裂抗拉强度可按下式计算

$$f_{cts}=0.637\frac{F_{spl,cor}}{A_{ts}} \tag{3-42}$$

式中　$F_{spl,cor}$——芯样试件劈裂抗拉试验测得的最大劈裂力（N）；

A_{ts}——芯样试件劈裂抗拉破坏截面面积（mm^2）。

图3-13　芯样试件劈裂荷载施加方法

3.4　超声回弹综合法

3.4.1　超声回弹综合法的基本依据

超声法和回弹法都是以材料的应力应变行为与强度的关系为依据的。超声法主要反映材料的弹性性质，同时，由于它穿过材料，因而也反映材料内部构造的某些信息。回弹法反映了材料的弹性性质，同时，在一定程度上也反映了材料的塑性性质，但它只能确切反映混凝土表层（约3cm）的状态。因此，超声法与回弹法综合，既能反映混凝土的弹性，又能反映混凝土的塑性；既能反映表层的状态，又能反映内部的构造，自然能较确切地反映混凝土的强度。

实践证明，将声速 c 和回弹值 N 合理综合后，能消除原来影响 R-c 与 R-N 关系的许多因素。例如，水泥品种的影响，试件含水量的影响及炭化影响等，都不再像原来单一指标所造成的影响那么显著。这就使综合的 R-N-c 关系有更广的适应性和更高的精度，而且使不同条件的修正大为简化。

3.4.2 影响 *R-N-c* 关系的主要因素

近年来，我国有关部门对用超声回弹综合法测定混凝土强度的影响因素进行了全面综合性研究，针对我国施工特点及原材料的具体条件，得出了切合我国实际的分析结论。

1. 水泥品种及水泥用量的影响

用普通硅酸盐水泥、矿渣硅酸盐水泥及粉煤灰硅酸盐水泥所配制的强度等级为C10、C20、C30、C40、C50的混凝土试件所进行的对比试验证明，上述水泥品种对 R-N-c 关系无显著影响（见图3-14），可以不予修正。

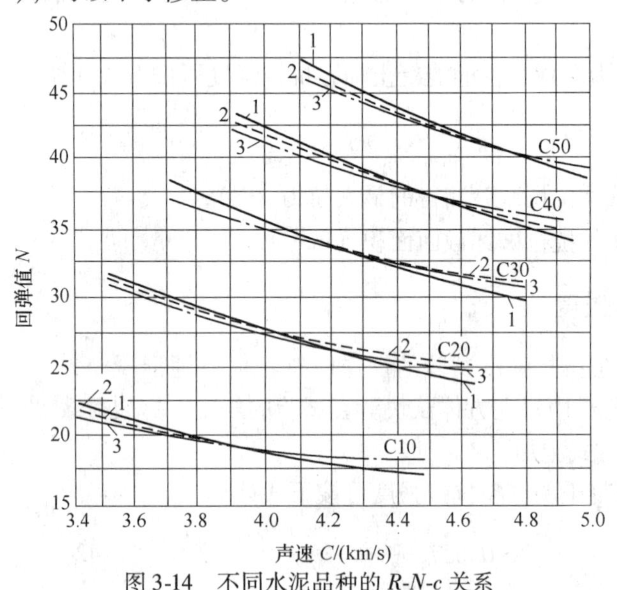

图3-14 不同水泥品种的 *R-N-c* 关系

1—普通水泥 2—矿渣水泥 3—粉煤灰水泥

一般认为，水泥品种对声速 c 及回弹值 N 的影响主要有两点：① 由于各种水泥密度不同，导致混凝土中水泥体积含量存在差异；② 由于各种水泥的强度发展规律不同，硅酸盐水泥及普通硅酸盐水泥中硅酸三钙（C_3S）的含量较高，强度发展较快，而掺混合材水泥则因硅酸三钙（C_3S）的相对含量较低，早期强度发展较慢，这样导致配合比相同的混凝土，由于水泥品种不同而造成在某一龄期区间内（28d以前）强度不同。但就检测中的实际情况进行分析可知，水泥密度不同所引起的混凝土中水泥体积含量的变化是很小的，不会引起声速和回弹值的明显波动。各种水泥强度存在不同的发展规律，但其影响主要在早期，据试验，在早期若以普通水泥混凝土的推算强度为基准，则矿渣水泥混凝土实际强度可能低

10%，即推算强度应乘以0.9的修正系数。但是28d以后这一影响已不明显，两者的强度发展逐渐趋向一致。而实际工程检测一般都在28d以后，所以在超声回弹综合法中，水泥品种的影响可不予修正是合理的。

试验还证明，当每立方米混凝土中，水泥用量在200kg、250kg、300kg、350kg、400kg、450kg范围内变化时，对*R-N-c*综合关系也没有显著影响。但当水泥用量超出上述范围时，应另外设计专用曲线。

2. 炭化深度的影响

在回弹法测强中，炭化对回弹值有显著影响，因而必须把炭化深度作为一个重要参量。但是，试验证明，在综合法中炭化深度每增加1mm，用*R-N-c*关系推算的混凝土强度仅比实际强度高0.6%左右。为了简化修正项，在实际检测中基本上可不予考虑炭化因素。

在综合法中炭化因素可不予修正的原因，是炭化仅对回弹值产生影响，而回弹值*N*在整个综合关系中的加权比单一采用回弹法时要小得多。同时，一般来说，炭化深度较大的混凝土含水量相应降低，导致声速稍有下降，在综合关系中也抵消因回弹值上升所造成的影响。

3. 砂子品种及砂率的影响

用山砂、特细砂及中河砂所配制的混凝土进行对比试验，结果证明，砂的品种对*R-N-c*综合关系无明显影响，而且当砂率在常用的30%上下波动时，对*R-N-c*综合关系也无明显影响。其主要原因是，在混凝土中常用砂率的波动范围有限，同时砂的粒度远小于超声波长，对超声波在混凝土中的传播状态不会造成很大影响。但当砂率明显超出混凝土常用砂率范围（如小于28%或大于44%）时，也不可忽视，而应另外设计专用曲线。

4. 石子品种、用量及石子粒径的影响

若以卵石和碎石进行比较，试验证明，石子品种对*R-N-c*关系有十分明显的影响。由于碎石和卵石的表面情况完全不同，使混凝土内部界面的粘结情况也不同。在配合比相同时，碎石因表面粗糙，与砂浆的界面粘结较好，因而混凝土的强度较高，卵石则因表面光滑而影响粘结，混凝土强度较低。但超声速度和回弹值对混凝土内部的界面粘结状态并不敏感，所以若以碎石混凝土为基础，则卵石混凝土的推算强度平均约偏高25%左右（见图3-15）。而且许多单位所得出的修正值并不一样，为此，一般来说，当石子品种不同时，应分别建立*R-N-c*关系。

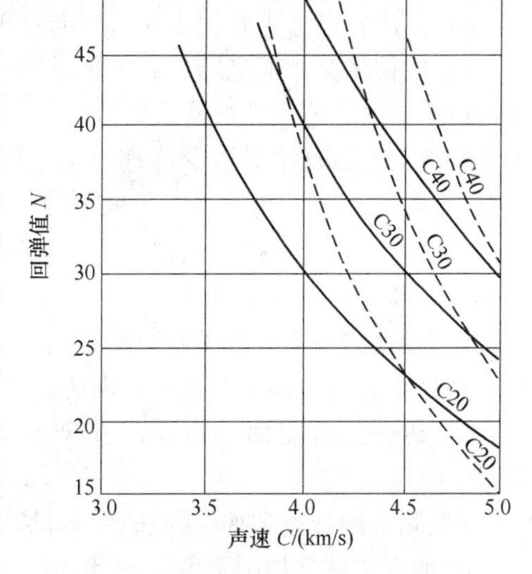

图3-15 石子品种对*R-N-c*关系的影响

———卵石 - - - - -碎石

当石子用量变化时，声速将随含石量的增加而增加，回弹值也随含石量的增加而增加。

当石子最大粒径为2～4cm范围内变化时，对*R-N-c*的影响不明显，但超过4cm后，其影响也不可忽视。

所以，在超声回弹综合法测强中，石子的影响必须予以重视。

5. 测试面的位置及表面平整度的影响

当采用钢模或木模施工时，混凝土的表面平整度明显不同，采用木模浇筑的混凝土表面不平整，往往影响探头的耦合，因而使声速偏低，回弹值也偏低。但这一影响与木模的平整程度有关，很难用一个统一的系数来修正，因此一般应对不平整表面进行磨光处理。

当在混凝土上表面或底面测试时，由于石子离析下沉及表面泌水、浮浆等因素的影响，其声速与回弹值均与侧面测量时不同。若以侧面测量为准，上表面或底面测量时对声速及回弹值均应乘以修正系数。

从以上分析来看，声速回弹综合法的影响因素，比声速或回弹单一参数法的要少得多，有关影响因素见表3-8。

表3-8 “声速回弹”综合法的影响因素

因素	试验验证范围	影响程度	修正方法
水泥品种及用量	普通水泥、矿渣水泥、粉煤灰水泥	不显著	不修正
炭化深度		不显著	不修正
砂子品种及砂率	山砂、特细砂、中砂28%～40%	不显著	不修正
石子品种、含石量	卵石、碎石、骨胶比1:4.5～1:5.5	显 著	必须修正或制定不同的曲线
石子粒径	0.5～2cm，0.5～4cm，0.5～3.2cm	不显著	>4cm应修正
测试面	浇筑侧面与浇筑上表面及底面比较	有影响	对c，N分别进行修正

3.4.3 超声回弹综合法检测的若干规定

（1）应用范围　只有在下列情况下才能应用超声回弹综合法：

1）对原有预留试块的抗压强度有怀疑，或没有预留试块时。

2）因原材料、配合比以及成型与养护不良而发生质量问题时。

3）已使用多年的老结构，为了维修进行加固处理，需取得混凝土实际强度值，而且有将结构上钻取的芯样进行校核的情况。

超声回弹综合法对遭受冻伤、化学腐蚀、火灾、高温损伤的混凝土，及环境温度低于-4℃或高于60℃的情况下，一般不宜使用，若必须使用时，应作为特殊问题研究解决。总之，凡是不宜进行回弹法或超声法单一参数检测的工程，综合法也不宜使用。

（2）检测前的现场准备

1）在检测前应详细了解待测结构的施工情况，以及混凝土原材料、配合比及混凝土质量可能存在的问题和原因，了解现场测试的条件、测试范围及电源情况等。

2）综合法所使用的仪器应完全满足回弹法及超声法单一参数检测时对仪器的各项要求。

3）测区的布置和抽样办法。综合法所推算的强度相当于结构或构件混凝土制成边长为150mm的立方体试块的强度。因此，一个测区仍然相当于一个试块。在构件上测区应均匀分布，测试面宜布置在浇筑的对侧面，避开钢筋密集区及预埋件处，测试面应清洁、平整、干燥、无蜂窝、麻面和饰面层，必要时可用砂轮片清除浮浆、油污等杂物，或磨去不平整的模板印痕。

测区的构件检测分为按单个检测或按批检测两种情况：按单个构件检测时，测区数不少于10个。若构件长度不足2m，测区数可适当减少，但最少不得少于3个；按批检测时，可将构件种类和施工状态相同，强度等级相同，原材料、配合比、施工工艺及龄期相同的构件或施工流程中同一施工段的构件作为一批。同一批的构件抽样数量应不少于同批构件总数的30%，而且不少于4个，每个构件上测区数不少于10个。按批抽检的构件，当全部测区推算的强度值标准差S出现下列情况时：① 混凝土强度等级≤C20，$S>4.5\text{N/mm}^2$。② 混凝土强度等级≥C25，$S<5.5\text{N/mm}^2$，则该批构件应全部按单个构件的规定逐个检测。测区的尺寸为200mm×200mm，每一个构件上相邻测区的间距不大于2m。

（3）回弹值的测量与计算　在测区内回弹值的测量、计算及其修正。

（4）超声值的测量与计算　超声的测试点应布置在同一个测区的回弹值测试面上，但探头安放位置不宜与弹击点重叠。每个测区内应在相对测试面上对应地布置3个测点，相对面上的收、发探头应在同一轴线上。只有在同一个测区内所测得的回弹值和声速值才能作为推算强度的综合参数，不同测区的测值不可混淆。

声时和声程的测量应完全按规定进行，然后按下式计算

$$c_i = \frac{L}{\bar{t}_i} \cdot k \tag{3-43}$$

式中　c_i——测区的声速，精确至0.01km/s；

L——声程，精确至0.001m，测量误差不大于±1%；

$\bar{t}_i$——测区内的平均声时（s），按下式计算

$$\bar{t}_i = \frac{t_1 + t_2 + t_3}{3} \times 10^{-6} \tag{3-44}$$

式中　t_1，t_2，t_3——测区中3个测点的声时值（μs），精确至0.1μs；

k——声速测试面的修正系数，在浇筑侧面时取1，在浇筑上表或底面时取1.034。

3.4.4 *R-N-c* 关系曲线

在综合法测试中，结构或构件上每一个测区的混凝土强度，是根据该测区实测的并经必要修正的超声波声速值及回弹值，按事先建立的关系曲线推算出来的，因此，必须建立可靠的关系曲线。

1. *R-N-c* 关系曲线的制定方法

R-N-c 关系曲线可分为专用曲线、地区曲线、通用曲线三种。所谓专用曲线，是指针对某一工程或企业的原材料条件和施工特点所制定的曲线。由于它针对性强，与实际情况较为吻合，因此推算误差也较小。地区曲线则是针对某一地区（省、市、县等）的具体情况所制定的曲线，它的覆盖面较宽，涉及的影响因素必然较多，因此推算误差较高。通用曲线是收集我国大量试验数据的回归结果，由于影响因素复杂，误差较大，因此使用时必须慎重，一般应按规定验证后才能使用。

曲线的制定方法是：采用本工程或本企业（专用曲线）或本地区（地区曲线）常用的水泥、粗集料、细集料按最佳配合比配制强度等级为C10～C50的混凝土，并制成边长为150mm的立方体试块，按龄期7d、14d、28d、60d、90d、180d、365d进行回弹、超声及抗压强度测试。每一龄期每组试块需3个（或6个），每种强度等级的试块不少于30块，并应

在同一天内成型。

试件的制作均应按《普通混凝土力学性能试验方法》的有关规定进行。试件进行标准养护或与构件进行同条件养护后，按规定的龄期进行测试。测定声时值时，试块上测点的布置如图3-16所示，测定方法按有关规定进行。测定回弹值时，应将试块放在压力机上，用30~50kN压力固定，然后在两相对面上各弹击8个点，并按规定计算回弹平均值，然后加荷至使之破坏，得强度值。

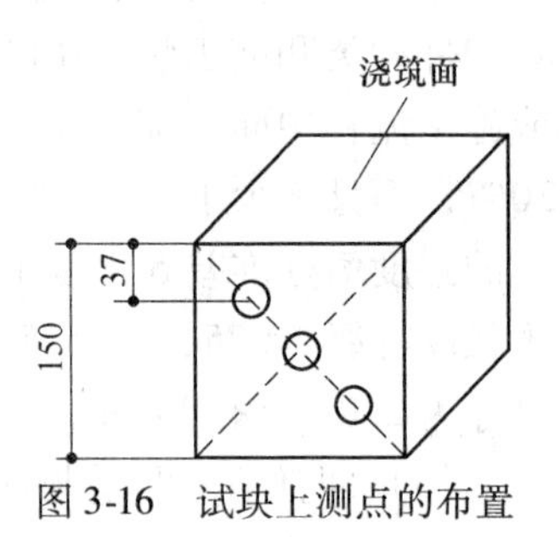

图3-16 试块上测点的布置

将此测得的声速 c、回弹值 N 及强度 R 汇总后进行回归分析，并计算其标准差。在进行回归分析时，应选择多种方程进行拟合计算，选择其相关系数最大者作为曲线方程，试验证明下式为最常见的方程形式

$$R = Ac^{B}N^{D} \tag{3-45}$$

式中 R——推算强度；

c——声速；

N——回弹值；

A、B、D——系数。

按下式计算相对标准误差

$$S_{\mathrm{r}} = \left[\frac{\sum_{i=1}^{n}\left(\frac{R_i - R_{ci}}{R_{ci}}\right)^2}{n-1}\right]^{\frac{1}{2}} \tag{3-46}$$

式中 S_{r}——相对标准误差；

R_i——试块的实测强度；

R_{ci}——同一试块按回归方程的推算强度；

n——试块数。

所制定的曲线的相对标准误差 S_{r} 应满足下列要求：地区测强曲线，$S_{\mathrm{r}} \leqslant 14.0\%$；专用测强曲线，$S_{\mathrm{r}} \leqslant 12.0\%$。

曲线经专门机构审定后才能应用于工程现场检测。

R-N-c 关系可用公式表达，也可用表格形式表达，为了清晰明了，还可用图形表示。由于式（3-46）是一个三元方程，可用三维直角坐标系作图，该图形应是一个曲面。为了方便，可将一组等强度平面与曲面相交，其交线为一组等强度曲线，然后将这些等强度曲线投影在 N-c 平面上，形成一组等强度曲线，使立体图形变为平面图形，便于查阅。

2. 通用曲线的应用

我国建筑科学研究院收集了29个单位所提供的资料，共8096个试块的声速值、回弹值、炭化深度值及抗压强度值。这些试块的制作条件与各地现场条件基本相同，或根据地区曲线的要求制作。回弹仪进行标准率定，超声仪虽然型号不同，但均采用经统一率定的标准棒扣除 t_0，测试技术基本统一。因此，所得试验数据的测试条件基本统一。然后，将这批数据进行统计分析，选用10种综合法回归方程式33种组合，最后选定了按卵石、碎石两种回归方程式作为通用基准曲线。

1）对于卵石混凝土，有

$$R = 0.0038c^{1.23}N^{1.95} \tag{3-47}$$

式中 R——某测区混凝土强度的推算值（MPa），精确至0.1MPa；

c——该测区混凝土的声速（km/s），精确至0.01km/s；

N——该测区回弹值，精确至小数点后一位数。

该式参与统计的试块数量为2164块，相关系数为0.9118，相对标准差为15.6%，平均相对误差为13.2%。

代入式中计算的c和N值，当需要进行测试面修正及回弹角度修正时，应代入修正后的数值，c和N必须是同一测区的测试值，然后推算该测区的强度值，各测区的数值不应混淆。

2）对于碎石混凝土，有

$$R = 0.0080c^{1.72}N^{1.57} \tag{3-48}$$

该式参与统计的试块数量为3124块，相关系数为0.9153，相对标准差为15.6%，平均相对误差为13.1%。其他要求同式（3-47）。

式（3-47）、式（3-48）也可制成表格形式或曲线形式，通用R-N-c曲线如图3-17所示。

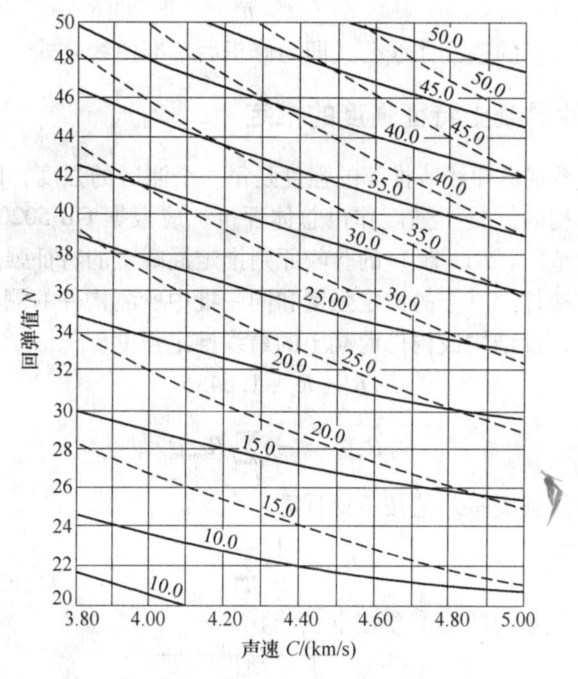

图3-17 通用R-N-c曲线

（图中实线为卵石混凝土等强线，虚线为碎石混凝土等强线）

制定通用曲线时，广泛收集了全国大部分省、市的资料，因此覆盖面较广，具有一定的代表性。但是我国地域辽阔，原材料复杂，施工条件各异，很难用一个统一的经验的公式解决所有的问题。因此，各地使用通用曲线时应持谨慎态度。

一般来说，应优先使用专用曲线或地区曲线。若还未制定专用曲线或地区曲线，可使用通用曲线，但必须经过验证和修正。

3. 基准曲线的现场修正

现场混凝土的原材料、配合比以及施工条件不可能与 R-N-c 基准曲线的制作条件完全一致，因此，强度推算值往往偏差较大。为了提高结果的可靠性，可结合现场情况对基准曲线作适当修正。

修正的方法是利用现场预留的同条件试块或从结构或构件上综合法测区处钻取的芯样，一般试块或芯样数不少于6个，用标准方法测定这些试样的超声值、回弹值、抗压强度值，并用基准曲线（该现场准备采用的专用曲线、地区曲线或通用曲线）推算出试块的计算强度，然后按下式求出修正系数。

1）预留的同条件试块校正的修正系数为

$$\eta = \frac{\sum_{i=1}^{n} \frac{R_i}{R_{ci}}}{n} \tag{3-49}$$

2）测区钻芯试样校正的修正系数为

$$\eta' = \frac{\sum_{i=1}^{n} \frac{R_{cori}}{R_i}}{n} \tag{3-50}$$

修正系数置入拟修正的基准曲线公式即为修正后基准曲线公式。

3.4.5 结构或构件混凝土特征强度的推定

以上用 R-N-c 关系基准曲线所推算的强度是每一个测区的强度，即相当于一个试块的强度。为了对构件或结构的混凝土强度作出总体评价，应根据 GB 50204—2002《混凝土结构工程施工质量验收规范》（2011 版）的验收原则推定混凝土的特征强度。其推定方法如下：

首先算出结构或构件混凝土的推定强度和同一批中所测构件的测区最小强度平均值，然后取其中较大值作为该批结构或构件混凝土的最终推定强度。

$$R' = \overline{R}_c - 1.645S$$

$$\overline{R}_{cmin} = \frac{1}{J}\sum_{j=1}^{J} R_{cminj} \tag{3-51}$$

各测区混凝土推算强度平均值按下式计算

$$\overline{R}_c = \frac{1}{n}\sum_{i=1}^{n} R_{ci} \tag{3-52}$$

各测区混凝土推算强度的标准差按下式计算

$$S = \sqrt{\frac{\sum_{i=1}^{n} R_{ci} - n\overline{R}_c^2}{n-1}} \tag{3-53}$$

一种意见认为上述推定方法基本上套用《混凝土结构工程施工质量验收规范》中“按预留试块评定结构中混凝土特征强度的方法”。因此，就以上公式而言，其中 S 值是指各试块测定结果的标准差。但在综合法测强中，当测距超过一个试块的厚度时，所测声速实际上是若干个试块的平均值，因而导致推算强度 S 值降低，推定值偏高，偏于不安全值。因此，必须乘一个测距系数予以修正。

另一种意见则认为，在一个测区内，测量声速时整个声通路上的混凝土应是同一盘混凝土，当采用预留试块法评定强度时，应是同一个取样点，而同一个取样点的混凝土被认为是匀质的，这是采样制作预留试块时的基本假定。因此，采用超声法或综合法测强时，整个声通路虽然超过了一个试块的厚度，但它仍然代表一个试块所对应的那一批混凝土。因此，不必对 S 值进行修正。

一般认为，超声回弹综合法、超声法、回弹法等用物理量间接推算强度的方法所推算的强度的标准差 S 包含两个部分：一部分来自混凝土本身因质量变异所带来的标准差，它可能造成推定强度偏离；另一部分来自用物理量间接推算强度时，基准曲线所固有的误差它可能造成推定强度偏低。这两种因素对 S 值影响的定量关系还无法确定。我国 CECS 02—2005《超声回弹综合法检测混凝土抗压强度技术规程》采用上述方法推定 S 值，该 S 值应比预留试块所计算的 S 值偏大，也就是说推定强度偏低，偏于安全值，如何修正还需研究。

3.5 其他测试方法

1. 雷达法

雷达法检测混凝土多采用1GHz及以上的电磁波，可探测结构及构件混凝土中钢筋的位置、保护层的厚度以及孔洞、酥松层、裂缝等缺陷。它首先向混凝土发射电磁波，当遇到电磁性质不同的缺陷或钢筋时，将产生反射电磁波，接收此反射电磁波可得到波形图，根据波形图确定混凝土内部缺陷的状况及钢筋的位置等。雷达法主要是根据混凝土内部介质电磁性质的差异来工作的，差异越大，反射波信号越强。雷达法检测混凝土的探测深度较浅，一般为20cm以内，探地雷达使用较低频率电磁波，探测深度可稍大些。此外，该法受钢筋低阻屏蔽作用影响较大，且仪器本身价格昂贵，故实际工程中应用并不多。

2. 冲击回波法

冲击回波法是用钢珠冲击结构混凝土的表面，从而在混凝土内产生应力波，当应力波在混凝土内遇到波阻抗差异界面（即混凝土内部缺陷或混凝土底面）时，将产生反射波，接收这种反射波并进行快速傅里叶变换（FFT）可得到其频谱图，频谱图上突出的峰值就是应力波在混凝土内部缺陷或混凝土底面的反射形成的，根据其峰值频率可计算出混凝土缺陷的位置或混凝土的厚度。由于该法采用单面测试，特别适合于只有一个测试面（如路面、护坡、底板、跑道等）的混凝土检测。

3. 红外成像法

自然界中任何高于绝对零度（$-273℃$）的物体都是红外线的辐射源，它们都向外界不断地辐射出红外线。红外线是介于可见光与微波之间的电磁波，其波长为 $0.76 \sim 1000\mu m$，频率为 $3\times10^{11} \sim 4\times10^{14}$Hz。混凝土红外线无损检测是通过测量混凝土的热量及热流来判断其质量的一种方法。当混凝土内部存在某种缺陷时，将改变混凝土的热传导，使混凝土表面的温度场分布产生异常，用红外成像仪测出表示这种异常的热像图，由热像图中异常的特征可判断出混凝土缺陷的类型及位置特征等。这种方法属非接触无损检测方法，可对检测物进行上下、左右的连续扫测，且白天、黑夜均可进行，可检测的温度为 $-50 \sim 2000℃$，分辨率可达 $0.1 \sim 0.02℃$，是一种检测精度较高、使用较方便的无损检测方法，并具有快速、直观、适合大面积扫测的特点，可用于检测混凝土遭受冻害或火灾等损伤的程度以及建筑物墙体的剥离、渗漏等。

4. 超声波 CT 法

超声波具有穿透能力强，检测设备简单，操作方便等优点，特别适合于对混凝土的检测，尤其适合对大体积混凝土如大坝、桥墩、承台及混凝土灌注桩的检测。常规的超声波对测法及斜测法可检测混凝土内部的缺陷，但这需要操作人员具有一定的工作经验，且检测精度也不够高，仅能得到某些测线上而非全断面的混凝土质量信息。将计算机层析成像（Computerized Tomography，简称 CT）技术用于混凝土超声波检测，即为混凝土超声波层析成像检测方法。

5. 拔出法

拔出法是通过拔出仪检测实体结构混凝土抗拔力（即主拔力）来确定混凝土抗压强度的方法。它是在混凝土中预埋或钻孔装入一个钢质锚固件，然后用拉拔装置拉拔，拉下一锥台形混凝土块。混凝土抗拔力与其抗压强度之间具有密切的线性相关关系。因此，只要建立这种对应的关系，就可得到混凝土的抗压强度。拔出法不仅可检验普通混凝土强度，也可用来检验其他混凝土的强度。检测方法又分为钻孔锚具法和预埋锚具法。钻孔锚具法即在硬化混凝土上钻孔后，锚入锚具随即拔出。预埋锚具法是在浇筑混凝土时埋入锚具，待混凝土达到要求龄期时，进行拔出检测。预埋锚具法一般用于结构或构件的拆模、出池、出厂、张拉或放张等短龄期的混凝土强度检测，以及低强度等级（C10）的混凝土强度检测，其技术和钻孔锚具法基本相同。

在混凝土浇筑时预埋拉拔元件的方法，又称劳克试验（LOK test）。在硬化混凝土上钻孔安装拉拔元件的方法，称后装法拔出试验，又称凯普试验（CAPO test）。

还有一种与上述拉拔试验相类似的方法，称为拔脱试验，该法是在混凝土表面上用环氧树脂或其他适当的胶黏剂黏接一个带连接杆的钢质圆盘（见图 3-18a），然后用专用拉拔机沿图示方向拉拔连杆，圆盘下部粘结的混凝土被拉脱，以最大拉脱力除以圆盘面积的值作为混凝土强度的指标，称为拔脱抗拉强度。为了限制拉拔面积及混凝土表面层偏差的影响，可预先在混凝土表面上钻切一个环形浅槽，圆盘及连杆黏接在环形槽的中心（见图 3-18b）。

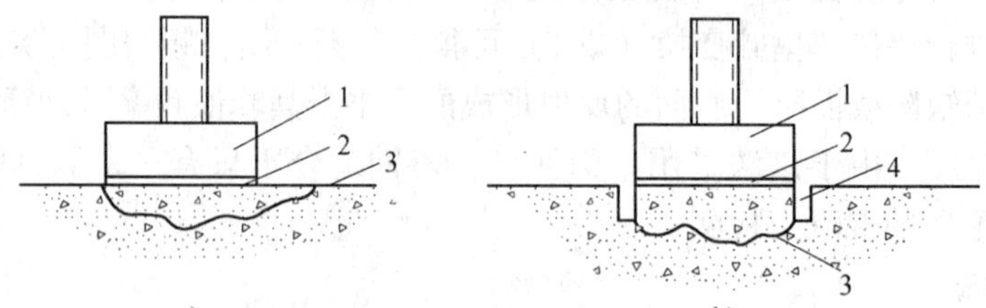

图 3-18 拔脱试验示意图

a）直接试验 b）切槽试验

1—金属块 2—胶黏层 3—拔脱线 4—切槽

据试验，混凝土的拔脱抗拉强度与混凝土抗压强度之间有良好的相关性，因此，可用以推算混凝土的抗压强度。但必须指出，进行拔出试验或拔脱试验时，混凝土的受力状态并不完全一致，因此，它们推算标准抗压强度的经验关系也不可能一样。

我国采用 CECS 69—2011《拔出法检测混凝土强度技术规程》进行拔脱试验。

6. 射入阻力法

该法是将一探针，用一定的发射速度射向待测混凝土的表面，探针的射击动能造成混凝土局部破坏，探针的射击动能被混凝土在破坏过程中所吸收，探针被植入混凝土体内，然后根据探针植入的深度作为混凝土质量的量度。若将探针规格、发射枪的射击动能及具体操作等均予以严格规定，则探针植入深度与混凝土强度之间，也可建立一种经验关系。美国已将射入阻力试验列为试行标准，即 ASTM 803-75T《硬化混凝土射入阻力试行方法》。该法规定使用一种标准的炸药发射枪，将一个标准的硬质合金探针射入混凝土中。其发射能量的大小，则以探针从发射枪射出 2m 处的飞行速度来控制。不同密度的混凝土采用不同规格的探针。对于密度小于 $2000kg/m^3$ 的混凝土，探针为一直径为 7.94mm，长度为 79.4mm 的圆柱体；对于密度大于 $2000kg/m^3$ 的混凝土，探针的头部做成圆台形，即端头的直径为 6.35mm，圆台长度为 14.29mm，底部直径为 7.94mm，后部仍为圆柱形，探针总长度仍为 79.4mm。

这一方法已被用于混凝土早期强度的测定，以便确定适当的拆模时间。该法设备轻巧，所造成的破损区极小，无需修补，有一定精度，但射击器有如枪弹，使用时应采取适当的安全措施。

7. 构件边角咬切法

该法用一专用夹钳，在构件边角混凝土上进行咬切，当咬切面积及咬切方式固定时，咬切力与混凝土强度有相关性。由于咬切部位必须在边角处，一般在主筋保护层上，因此不影响构件的承载能力，但咬切区的粗集料对结果影响极大，使混凝土强度的推算精度较差。

8. 扳折法

在混凝土上用薄壁钻头钻切一环形狭槽，留下钻芯圆柱体，然后用施力系统对留下的钻芯圆柱体施加水平推力，使柱体被扳折脱落，扳折力与混凝土的抗折强度及抗压强度有一定的相关性。在钻切环形狭槽时，必须注意不影响粗集料与砂浆的粘结，否则离散性较大。也有人采用预留狭槽的方法来避免钻切时的影响。但大部分现场检测都是由于对质量有疑虑时才采用的，不可能预留，而且预留狭槽往往影响集料的分布，造成与母体混凝土的差异，产生明显误差。

9. “超声射线”综合法

前苏联克雷洛夫曾提出用超声和 γ 射线综合法。他认为混凝土强度不但与应变性质有关，而且还与密度有密切关系，因此，建议用动弹性模量和密度相结合，与抗弹性模量用声速压强度建立关系，密度则以射线穿过材料时的射线强度减小程度来间接反映。

10. “回弹-砂浆声速-炭化”综合法

我国陕西省建筑科学研究所提出了“回弹-砂浆声速-炭化”综合法。试验证明，这种方法对于消除混凝土的湿度和粗集料对测强的影响，具有明显的效果。其测试精度也显著提高。

11. “声速-衰减系数”综合法

为了寻找与混凝土强度密切相关，而又能在现场用非破损方法测量的物理量，往往采用两种方法，一种称为归纳法，另一种称为演绎法。超声回弹综合法即采用归纳法研究其影响因素，并用归纳法在大量试验数据的基础上建立 R-N-c 关系的典型方法。而“声速-衰减系数”综合法则采用演绎法确定检测物理量，首先运用现有的理论知识推导出 R-c-α 之间的函数关系，然后通过试验验证，并确定其常数项的具体数值。

第4章　混凝土缺陷的超声探伤及声发射诊断

4.1　概述

1. 混凝土缺陷超声检测技术的发展

超声技术是一门以物理、电子、机械及材料为基础的、各行各业都要遇到的通用技术之一。超声技术是通过超声波产生、传播及接收的物理过程完成的。超声波具有聚束、定向及反射、透射等特性。按超声振动辐射大小不同大致可作如下分类：用超声波使物体或物性变化的功率应用，称为功率超声；用超声波得到的若干信息，获得通信应用，称为检测超声。通常，从超声的功率来衡量，前者比后者要高出一个数量级以上，两者有本质的差别。超声检测技术是利用超声波在媒质中的传播特性（声速、衰减、反射、声阻抗等）来实现对非声学量（如密度、含量、强度、弹性、硬度、黏度、温度、流速、流量、液位、厚度、缺陷等）的测定。与传统超声技术完全不同，新的超声技术具有以下特点：在不破坏媒质特性的情况下实现非接触性测量，环境适应能力强，可实现在线测量。近二三十年，特别是近十年来，由于电子技术及压电陶瓷材料的发展，使超声检测技术得到了迅速发展。在无损探伤、测温、测距、流量测量、液体成分测量、岩体检测等方面，新的超声检测仪表不断出现，应用领域也不断扩大。

混凝土超声检测是混凝土非破损检测技术中的一个重要方面。目前所采用的这种超声脉冲法始于20世纪40年代末50年代初，加拿大、德国、英国和美国的学者相继进行了简单的模拟试验，当时由于受仪器灵敏度低，分辨率差的限制，加上混凝土超声检测的影响因素尚未弄清楚，因此难以普遍用于工程实测。自20世纪70年代末期以来，随着电子技术的发展，超声波仪器性能的不断改进，测试技术培训的不断提高，混凝土质量超声检测技术发展很快。检测仪器由笨重的电子管单示波显示型，发展到半导体集成化、数字化进而到智能化的多功能型；测量参数由单一的声速发展到声速、波幅和频率的多参数；缺陷检测范围由单一的大空洞或浅裂缝检测发展到多种性质的缺陷检测；缺陷的判定由大致定性发展到半定量或定量的程度。不少国家已将超声脉冲法检测混凝土缺陷列入结构混凝土质量检测标准。目前，超声脉冲检测技术已成为检测工程结构物质量的重要手段之一。

在我国，自20世纪50年代开始这一领域的研究以来，已取得丰硕成果。60年代初期便有单位采用超声脉冲波检测混凝土表面裂缝的尝试，到60年代中期全国不少单位开展了超声法检测混凝土缺陷的研究和应用。随后开始研制混凝土超声检测仪，60年代初就研制成功了多种型号的超声检测仪，随着我国电子工业的发展，已基本形成该类仪器的生产体系。近年来仪器的研究工作已向小型化、自动化和智能化的方向发展；尤其是1976年以来，原建设部组织了全国性协作组，对混凝土超声检测技术进行了较系统、深入地研究，并逐步应用于工程实践中。特别是近十多年来，发展尤为快速。混凝土超声检测技术已应用到建筑、水电、交通、铁道各类工程中，检测的应用范围和应用深度也不断扩大，从地面上部结构的检测发展到地下结构的检测，从一般小构件的检测发展到大体积混凝土的检测，从单一测强发展到测强、测裂缝、测缺陷、测破坏层厚度、弹性参数的全面检测，检测距离从50年代的1m发展到能探测20m的混凝土。1982—1983年，原水电部、原建设部先后组织了对超声脉冲法检测混凝土缺陷科研成果鉴定，使这项检测技术进入实用阶段，并于1990年颁布了《超声法检测混凝土缺陷技术规程》，使这项检测技术实现规范化，更有利于推广应用。该规程实施以来，在消除工程隐患、确保工程质量、加快工程进度等方面取得显著的社会经济效益。根据该规程的实施现状及我国建设工程质量控制和检验的实际需要，1998—1999年对该规程进行了修订和补充，并由中国工程建设标准化协会批准为CECS 21—2000《超声法检测混凝土缺陷技术规程》。修订后的规程吸收了国内外超声检测设备最新成果和检测技术最新经验，使其适应范围更宽，检测精度更高，可操作性更好，更有利于超声法检测技术的推广应用。

混凝土缺陷超声检测技术分两类：① 机械波法，如超声脉冲波、冲击脉冲波和声发射等；② 穿透辐射法，如X射线、γ射线和中子流等。

2. 超声波检测混凝土缺陷的原理

采用超声脉冲波检测结构混凝土缺陷的基本依据是，利用脉冲波在技术条件相同（指混凝土的原材料、配合比、龄期和测试距离一致）的混凝土中传播的时间（或速度）、接收波的振幅和频率等声学参数的相对变化，来判定混凝土的缺陷。这些声学参数为什么可以作为判定混凝土缺陷的依据，是大家比较关心的问题。

因为超声脉冲波传播速度的快慢，与混凝土的密实程度有直接关系，对于原材料，配合比龄期及测试距离一定的混凝土来说，声速高则混凝土密实，相反则混凝土不密实。当有空洞或裂缝存在时，便破坏了混凝土的整体性，超声脉冲波只能绕过空洞或裂缝传播到接收换能器，在缺陷界面反射和散射，使得声能衰减，因此传播的路程增大，接收信号波幅降低测得的声时必然偏长或声速降低。

3. 超声波检测混凝土缺陷的方法

由于混凝土非匀质性，一般不能像金属探伤那样，利用脉冲波在缺陷界面反射的信号作为判别缺陷状态的依据，而是利用超声脉波透过混凝土的信号来判别缺陷状况。一般根据被测结构或构件的形状、尺寸及所处环境，确定具体测试方法，常有的测试方法大致分为以下几种：

（1）平面测试（用厚度振动式换能器）

1）对测法。该方法适用于被测部位具有两对相互平行表面的构件。将一对发射（T）、接收（R）换能器分别置于被测结构相互平行的两个表面，且两个换能器的轴线位于同一直线上。

2）斜测法。该方法适用于被测部位具有一对相互平行表面的构件。将一对T、R换能器分别置于被测结构的两个表面，但两个换能器的轴线不在同一直线上。

3）单面平测法。该方法适用于被测部位只有一个表面可供测试的结构。将一对T、R换能器置于被测结构同一个表面上进行测试。

（2）钻孔或预埋管测试（采用径向振动式换能器）

1）孔中对测：一对T、R换能器分别置于两个对应钻孔中，位于同一高度进行测试。

2）孔中斜测：一对T、R换能器分别置于两个对应钻孔中，但不在同一高度而是在保持一定高程差的条件下进行测试。

3）孔中平测：一对 T、R 换能器置于同一钻孔中，以一定的高程差同步移动进行测试。

（3）平面和钻孔混合测试（采用一个厚度振动和一个径向振动式换能器）厚度振动式换能器置于结构表面，径向振动式换能器置于钻孔中进行对测和斜测。

4. 超声波检测混凝土缺陷的主要影响因素

同超声法检测混凝土强度一样，超声法检测混凝土缺陷也受多种因素影响，如不采取适当措施避免或减小其影响，必然给测试结果带来很大误差。试验和实践表明，影响超声测缺的主要因素有

（1）耦合状态的影响　由于脉冲波接收信号的波幅值，对混凝土缺陷反应最敏感，所以测得的波幅值（A_i）是否可靠，将直接影响混凝土缺陷检测结果的准确性和可靠性。对于测距一定的混凝土，测试面的平整程度和耦合剂的厚薄，是影响波幅测值的主要原因，如果测试面凹凸不平或粘附泥砂，便保证不了换能器整个辐射面与混凝土测试面的接触，发射和接收换能器与测试面之间只能通过局部接触点传递脉冲波，使其大部分声能被损耗，造成波幅降低。另外，如果作用在换能器上的压力不均衡，使其耦合层半边厚半边薄或者时厚时薄，耦合状态不一致造成波幅不稳定。这些原因都使测试结果不能反映混凝土的真实情况，使波幅测值失去可比性。因此，要求超声测试必须具备良好的耦合状态。

（2）钢筋的影响　由于脉冲波在钢筋中的传播速度比混凝土中的传播速度快，在发射和接收换能器的连线上或其附近存在主钢筋时，必然影响混凝土声速测量值，其影响程度取决于钢筋相对于测试方向的位置及钢筋的数量和直径。不少研究者的试验结果表明，当钢筋轴线垂直于超声测试方向，其影响程度取决于接收波通过各钢筋声程之和 l_s 与测试距离 l 之比，对于声速 $v \geqslant 4.00$km/s的混凝土来说，$l_s \leqslant 1/12$ 时，钢筋对混凝土声速的影响较小，一般为1% ~3%。当钢筋轴线平行于超声测试方向，对混凝土声速测值的影响较大。为避免其影响，必须使发射和接收换能器的连线离开钢筋一定距离或与钢筋轴线形成一定夹角。

（3）水分的影响　由于水的声速和声阻抗率比空气的声速和声阻抗率大许多倍，如果混凝土缺陷中的空气被水取代，则脉冲波的绝大部分在缺陷界面不再反射和绕射，而是通过水耦合层穿过缺陷直接传播至接收换能器，使得有无缺陷的混凝土声速、波幅和频率测量值的差异不明显，给缺陷测试和判断带来困难。为此，在进行缺陷检测时，要力求混凝土处于自然干燥状态。

4.2　混凝土裂缝深度的检测

混凝土出现裂缝十分普遍，不少钢筋混凝土结构的破坏都是从裂缝开始的。因此，必须重视混凝土裂缝检查、分析与处理。混凝土除了荷载造成的裂缝外，更多的是混凝土收缩和温度变形导致的开裂，还有地基不均匀沉降引起的混凝土裂缝。无论何种原因引起的混凝土裂缝，一般都需要进行观察、描绘、测量和分析，并根据裂缝性质、原因、尺寸及对结构危害情况作适当处理。其中裂缝分布、走向、长度、宽度等外观特征容易检查和测量，而裂缝深度以及是否在结构或构件截面上贯穿，无法用简单方法检查，只能采用无破损或局部破损的方法检测。过去传统方法多用注入渗透性较强的带色液体，再局部凿开观测，也有用跨缝钻取芯样进行裂缝深度观测。这些传统方法既费事又对混凝土造成局部破坏，而且检测的裂

缝的深度很有限。采用超声脉冲检测混凝土裂缝深度，既方便省事，又不受裂缝深度限制，而且可以进行重复检测，以便观察裂缝发展情况。

超声法检测混凝土裂缝深度，一般根据被测裂缝所处部位的具体情况，采用单面平测法、穿透斜测法或钻孔法。

4.2.1 平测法

当结构的被测部位只具有一个表面可供超声检测时，可采用平测法进行裂缝深度检测，如混凝土路面、飞机跑道、洞穴建筑及其他大体积结构的浅裂缝检测。

1. 不跨缝声时测量

首先将发射换能器T和接收换能器R置于裂缝同一侧，并将T耦合好保持不动，以T、R两个换能器内边缘间距 l_i' 为100mm、150mm、200mm…，依次移动R并读取相应的声时值 t_i。以 l_i' 为纵轴、t 为横轴绘制 l_i'-t 坐标图。也可以用统计法求 t 与 l_i' 之间的回归直线式

$$l_i' = a + bt \tag{4-1}$$

式中 a、b——待求的回归系数。

每一个测点的超声实际传播距离 $l = l' + |a|$，考虑 a 是因为声时读取过程存在一个与对测法不完全一样的声时初读数 t_0 及首波信号的传播距离，并非T、R换能器内边缘的距离，也不等于T、R换能器的中心距离，所以 a 是一个 t_0 和声程的综合修正值。

2. 跨缝声时测量

将T、R换能器分别置于以裂缝为中心的两侧，如图4-1所示，以 l' 为100mm、150mm、200mm…，分别读取声时值 t_{ci}。该声时值便是脉冲波绕过裂缝末端传播的时间，根据几何原理，可推算出如下关系式

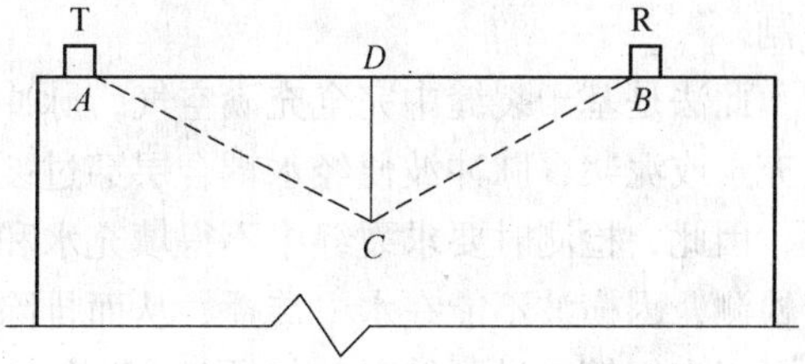

$$\overline{DC}^2 = \overline{AC}^2 - \frac{1}{4}\overline{AB}^2 \tag{4-2}$$

图4-1 换能器跨缝布置

$$\overline{AC} = \frac{1}{2}vt_c = \frac{1}{2}\frac{lt_c}{t} \tag{4-3}$$

式中 $\overline{DC}$——裂缝深度 h；

v——无缺陷处混凝土的声速；

t_c——脉冲波绕过裂缝传播的时间；

l——无缺陷混凝土的超声传播距离（l）；

t——无缺陷的声时。

直线的斜率便是混凝土的声速（v），则 $v = (l_n - l_1)/(t_n - t_1)$ 或 v 等于回归直线式的系数 b。于是可将式（4-2）改写成

$$h_{ci} = \frac{l_i}{2}\sqrt{\left(\frac{t_{ci}}{t_i}\right)^2 - 1} \tag{4-4}$$

该式便是目前国内外广泛用于单面平测法计算裂缝深度的公式。

推导该式考虑的基本原理：跨缝与不跨缝测试的混凝土声速基本一致，在同一测距下，跨缝测试的声波绕过裂缝末端形成折线传播，不跨缝测试的声波是沿混凝土表面直线传播到

接收换能器，即在裂缝同一测试部位，各测距计算裂缝深度时，是按同一个混凝土声速来考虑的，但由于测试误差的影响，各测距不跨缝测得的声速值存在一定差异。为消除该因素影响，《超声法检测混凝土缺陷技术规程》将式（4-4）改为

$$h_{ci}=\frac{l_i}{2}\sqrt{\left(\frac{t_{ci}v}{t_i}\right)^2-1} \tag{4-5}$$

近年来不少研究人员在工程检测和模拟试验中发现，跨缝测量时经常出现接收信号首波反相现象，而且首波反相时的测距 l_i 与被测裂缝深度存在一定关系，但有时受跨缝钢筋或裂缝中局部“连通”的影响，难以发现反相首波。因此，《超声法检测混凝土缺陷技术规程》中提出了两种确定裂缝深度的方法：

1）当某测距出现首波反向时，可取该测距及两个相邻测距计算裂缝的深度 h_{ci} 的平均值作为该裂缝深度 h_c。

2）难以发现反向首波时，则先求各测距的计算裂缝深度 h_{ci} 的平均值 m_{hc}，再将各测距 l_i' 与 $3m_{hc}$ 相比较，凡是测距 l_i' 小于 m_{hc} 和大于 $3m_{hc}$，则剔除这些测距的 h_{ci}，然后取余下 h_{ci} 的平均值作为该裂缝深度值。这里舍弃 l_i' 小于 m_{hc} 和大于 $3m_{hc}$ 的数据，是因为从大量检测数据和模拟试验结果看出，按式（5-4）计算的裂缝深度有随着 T、R 换能器距离增大而增大的趋势，当 l_i' 与裂缝深度相近时，测得的裂缝深度较准确，l_i' 过小或远大于裂缝深度，声时测读误差较大，对计算裂缝深度影响较大，所以要对 T、R 换能器的测距加以限制。

此法是基于裂缝中完全充满空气，脉冲波只能绕过裂缝末端到达接收换能器，当裂缝中填充水或泥浆，脉冲波便经水耦合层穿过裂缝直接到达接收换能器，不能反映裂缝的真实深度。因此，检测时要求裂缝中不得填充水和泥浆。若裂缝中的水无法排除，可采用横波换能器检测，因横波不能在水中传播，从而排除了水的干扰。

当有钢筋穿过裂缝时，如果 T、R 换能器的连线靠近该钢筋，则沿钢筋传播的脉冲波首先到达接收换能器，测试结果也不能反映裂缝的真实深度。

试验证明，当钢筋穿过裂缝时，换能器必须离开钢筋一定距离，方能避免钢筋的影响。若换能器附近无钢筋影响，则脉冲波绕过裂缝所需的声时 t_c 为

$$t_c=\frac{1}{v}\sqrt{4h^2+l^2} \tag{4-6}$$

当有钢筋时，脉冲波通过钢筋所需要的声时 t_s 可按下式计算

$$t_s=2a\sqrt{\frac{v_s^2-v^2}{v_s^2\cdot v^2}}\,\frac{1}{v_s} \tag{4-7}$$

欲使钢筋对裂缝深度检测不造成影响，必须使 $t_s \geqslant t_c$，所以应有

$$2a\sqrt{\frac{v_s^2-v^2}{v_s^2\cdot v^2}}\,\frac{1}{v_s}+\frac{1}{v_s}\geqslant\frac{1}{v}\cdot\sqrt{4h^2+l^2} \tag{4-8}$$

式（4-8）经简化得

$$a\geqslant\frac{v_s\sqrt{4h^2+l^2-v\cdot l}}{2\sqrt{v_s^2-v^2}} \tag{4-9}$$

式中　v_s——钢筋声速；

v——混凝土声速；

l——两换能器之间的距离；

h——裂缝深度；

a——为避免钢筋影响，换能器距离钢筋的最小距离。

由于混凝土的声速不是固定值，钢筋的声速又受其直径及周围混凝土质量的影响，也并非固定值，所以 a 是随钢筋直径及混凝土质量而变化的一个数。因此，在实际工程检测中，布置测点时将 T、R 换能器连线与钢筋轴线形成一定角度（40°～50°）即可避免钢筋的影响。

4.2.2　斜测法

由于实际裂缝中不可能被空气完全隔开，总是存在个别连通的地方，因此单面平测时，脉冲波的一部分绕过裂缝末端，另一部分穿过裂缝中的连通部位，以不同声程到达接收换能器。在仪器的接收信号首波附近形成一些干扰波，严重影响首波始点的辨认，如操作人员经验不足，便产生较大的测试误差。所以当结构物的裂缝部位具有一对相互平行的表面时，宜优先选用对穿斜测法。

一般的钢筋混凝土梁、柱、板等构件都具有一对平行表面，可布置换能器，进行裂缝深度检测。

该方法是在保持 T、R 换能器连线的距离相等、倾斜角一致的条件下，进行过缝与不过缝检测，分别读取相应的声时、波幅和频率值。当 T、R 换能器的连线通过裂缝时，由于混凝土失去了连续性，在裂缝界面上产生很大衰减，接收到的首波信号很微弱，其波幅和频率与不过缝的测点相比较，存在显著差异。据此便可判定裂缝的深度及是否在裂缝所处截面贯通。

这种检测方法较直观，测试结果较可靠，一般工业与民用建筑的混凝土构件裂缝检测多用此方法。

4.2.3　钻孔测法

对于水坝、桥墩、大型设备基础等大体积混凝土结构，在浇筑混凝土过程中，由于水泥的水化热散失较慢，混凝土的内部温度比表面高，使结构断面形成较大的温度梯度，当由温差引起的拉应力大于混凝土的抗拉强度时，便在混凝土表面产生裂缝。温差越大，形成的拉应力越大、裂缝越深。因此，大体积混凝土在施工过程中，往往因施工管理不善而造成较深的裂缝。

1. 测试方法

对于大体积混凝土裂缝检测，一般不宜采用单面平测法，即使被测部位具有一对平行表面，若检测仪器的测试灵敏度满足不了要求，也不能在平行表面进行测试。一般是在裂缝两侧钻测试孔，用径向振动式换能器置于钻孔中进行测试。

用风钻或在裂缝两侧分别钻测试孔 A、B。为了便于声学参数的比较，可在裂缝的一侧多钻一个较浅的孔 C。

为保证裂缝检测结果的可靠性，对声测孔有以下技术要求：

1）孔径应比所用换能器的直径大于 5～10mm。目前国内生产的增压式和管式换能器直径多为 25 ~ 32mm，近年也有生产 16mm 的。为使换能器在测孔中移动顺利，声测孔直径应大于所用换能器直径 10mm 左右。

2）测孔深度应比所测裂缝深 600 ~ 800mm。本测试方法是以脉冲波通过有缝和无缝混凝土的波幅变化来测定裂缝的深度，因此测孔必须深入到无缝混凝土一定深度。为便于判别，深入到无缝混凝土的测点应不少于 3 点。当然，事先不知道裂缝深度，一般凭经验先钻至一定深度，经测试，如发现测孔未超过裂缝的深度，应加深钻孔。

3）对应的两个测孔应始终位于裂缝两侧，且其轴线保持平行。因声时值和波幅值随测试距离的变化而变化，如果两测孔轴线不平行，各测点的测试距离不一致，读取的声时和波幅值缺乏可比性，将给测试数据的分析和裂缝深度判定带来困难。

4）对应测孔的间距宜为 2m 左右，同一结构各对应测孔的间距应相同。根据目前一般超声仪器和径向振动式换能器的灵敏度及工程实测经验，测孔间距过大，脉冲波的接收信号很微弱，过缝与不过缝测试的波幅差异不太明显，不利于测试数据的比较和裂缝的判断。若测孔间距过小，测试灵敏度虽然提高了，但是延伸的裂缝有可能位于两个测孔的连线之外，造成漏检。

5）孔中的粉尘碎屑应清理干净。如果测孔中存在粉尘碎屑，注水后便形成悬浮液，使脉冲波在孔中产生散射而衰减，影响测试结果。

6）横向测孔的轴线应具有一定倾斜角。当需要在混凝土结构物的侧面钻横向测孔时，为保证测孔中能蓄满水，应使孔口高出孔底一定高度。必要时可在孔口做一“围堰”，以提高测孔的水位。

测试前应首先向测孔注满清水，并检查是否有漏水现象，如果漏水较快，说明该测孔与裂缝相交，此孔不能用于测试。经检查测孔不漏水，可将 T、R 换能器分别置于裂缝同侧的 *B*、*C* 孔中，以相同高度等间距地同步向下移动，并读取相应声时和波幅值。再将两个换能器分别置于裂缝两侧对应的 *A*、*B* 测孔中，以同样方法同步移动两个换能器，逐点读取声时、波幅和换能器所处的深度。换能器每次移动的间距一般为 200 ~ 300mm，初步查明裂缝的大致深度后，为便于准确判断裂缝深度，当换能器在裂缝末端附近时，移动间距应减小。

如果需要确定裂缝末端的具体位置，可将 T、R 换能器相差一个固定高度，然后上下同步移动，在保持每一个测点的测距相等，测线倾角一致的条件下，读取相应的声时波幅值及两个换能器的位置。

2. 裂缝深度及末端位置的判定

（1）裂缝深度的判定　钻孔测裂缝深度的方法主要以波幅测值作为判据，以裂缝两侧相对应的一对测孔所测得的波幅值和相应的孔深作图判别。其方法如下：以换能器所处深度 h 为纵坐标，对应的波幅值 A 为横坐标，绘制 h-A 坐标图，随着换能器位置的下移，波幅逐渐增大，当换能器下移至某一位置后，波幅达到最大并基本保持稳定，该位置对应的深度即为该裂缝的深度值 h_c。

在混凝土结构物上产生的裂缝总是表面较宽，越向里深入越窄，直到闭合，而且裂缝两侧的混凝土不可能被空气完全隔开，在个别地方被石子、砂粒等固体介质所连通。裂缝越宽，连通的地方越少，相反，裂缝越窄，连通的地方越多。因此，脉冲波通过裂缝时，一部分被空气层反射，一部分经连通点穿过裂缝传播到接收换能器。所以通过裂缝和不通过裂缝的测点声时差异不明显，波幅差异却很大，且随着裂缝宽度减小，波幅值增大，直至两个换能器连线超过裂缝末端，波幅值达到最大值。

（2）裂缝末端位置判定 当两个换能器的连线（测线）超过裂缝末端后，波幅测值保持最大值，根据这种情况可以判定测线的位置通过裂缝末端，测线的交点使是裂缝末端的位置。

实践证明，钻孔测裂缝深度的方法可靠性相当高，与传统的压水法和渗透法检验相比较，超声脉冲法能反映出最细微的裂缝，所以比其他方法检测的结果深一些。

应用此法时，应注意以下几个问题：

1）混凝土不均匀性的影响。当一对测试孔之间的混凝土质量不均匀或存在不密实和空洞时，将使 h-A 曲线偏离原来趋向，此时应注意识别和判断，以免产生对裂缝深度的误判。

2）温度和外力的影响。由于混凝土本身存在较大的体积变形，当其温度升高而膨胀时，其裂缝变窄甚至可能完全闭合，结构混凝土在外力作用下，其受压力区也会产生类似情况。在这种情况下进行超声检测，将难以正确判别裂缝深度。因此，最好在气温较低的季节或者结构卸荷状态下进行裂缝检测。

3）钢筋的影响。与浅裂缝测试的道理一样，当有主钢筋穿过裂缝且靠近一对测孔，T、R 换能器处于该钢筋的高度时，大部分脉冲波沿钢筋传播至接收换能器，波幅测值将难以反映裂缝的存在，测试时应注意判别。

当裂缝内充水，脉冲波很容易穿过裂缝传播到接收换能器，有裂缝和无裂缝的波幅值无明显差异，难以判别裂缝深度。因此，检测时被测裂缝中不应填充水或泥浆。

4.3 混凝土其他缺陷的检测

4.3.1 混凝土不密实区和空洞检测

所谓不密实区，是指因振捣不够、漏浆或石子架空等造成的蜂窝状或因缺少水泥而形成的松散状以及遭受意外损伤所产生的疏松状区域。尤其是体积较大的结构或构件，因混凝土浇筑量大，又要求连续浇筑，若管理稍有疏忽，便会产生漏振或混凝土拌合物离析等现象。对于一般工业与民用建筑的混凝土构件，在钢筋较密集的部位（如框架结构的梁、柱连接处），如果在施工工艺上不采取一定措施，往往会产生石子架空的现象。这种隐蔽于结构内部的缺陷，如不及时查明情况并进行技术处理，其后果是很难预料的。

1. 测试方法

混凝土内部的隐蔽缺陷情况无法凭直觉作出判断，一般是根据现场施工记录和外观质量情况，或者在结构的使用过程中出现了质量问题估计混凝土内部可能存在的缺陷及其大致位置。一般，这类缺陷的测试区域，总要大于估计的范围，或者首先对混凝土结构做大范围的粗测，根据粗测数据情况再对可疑区域进行细测。检测时可根据被测结构实际情况选用适宜的测试方法，一般可采取平面对测法、平面斜测法、钻孔测法。

2. 不密实区和空洞的判定

混凝土原材料的品种、用量及混凝土的湿度和测距等都不同程度地影响着声学参数值，因此，不可能确定一个固定的临界指标作为判断缺陷的标准，一般采用统计方法进行判别。

统计学方法首先给定一置信概率（如0.99或0.95），并确定一个相应的置信范围，凡超过这个范围的观测值，就认为它是由于观测失误或者是被测对象性质改变所造成的异常值。如果在一系列观测值中混有异常值，必然歪曲试验结果，为了能真实地反映被测对象，应剔除测试数据中的异常值。

对于超声测缺技术来讲，认为一般正常混凝土的质量服从正态分布，在测试条件基本一致，且无其他因素影响的条件下，其声速、频率和波幅观测值也基本属于正态分布。在一系列观测数据中，凡属于混凝土本身质量的不均匀性或测试中的随机误差带来的数值波动，都应服从统计规律。在给定的置信范围以内，当某些观测值超过了置信范围，可以判断它是属于异常值。

在超声检测中，凡遇到读数异常的测点，一般都要检查其表面是否平整、干净或是否存在别的干扰因素，必要时还要加密测点进行重复测试。因此，不存在观测失误的异常数值，必然是由混凝土本身性质改变所致。这就是利用统计学方法判定混凝土内部存在不密实和空洞的基本思想。

（1）混凝土声学参数的统计计算　一个构件或一个测试部位的混凝土声时（或声速）、波幅及频率等声学参数的平均值和标准差应分别按下式计算。

$$m_x = \frac{1}{n}\sum_{i=1}^{n} x_i \tag{4-10}$$

$$s_x = \sqrt{\frac{\left(\sum_{i=1}^{n} x_i^{\ 2}\right) - nm_x^{\ 2}}{n-1}} \tag{4-11}$$

式中　m_x、s_x——某一声学参数的平均值和标准差；

x_i——第 i 个声学参数的测值；

n——参与统计的测点数。

（2）异常值的判别　在数理统计学中，判别异常观测值的方法有许多值，其中较典型的几种方法是：

1）拉依达法。对 n 次测量值 x_1、x_2…、x_n，计算平均值 m_x 和标准差 s_x，当某个测值 $x_k > m_x + 3s_x$，则认为 x_k 是含粗大误差的异常值，应予以剔除。此法较简单，曾在国内外广泛应用，但是只有在观测次数 n 足够大，且被测对象离散性较小时，判别异常值较为有效，当 n 较小时不易判断出异常值，往往造成漏判。

2）肖维勒法。在 n 次测量中，取异常值不可能发生的概率为0.5，那么对正态分布而言，异常值不可能出现的概率为

$$1 - \frac{1}{\sqrt{2\pi}}\int_{-\omega n}^{\omega n} \mathrm{e}^{\left(-\frac{x^2}{2}\right)}\mathrm{d}x = \frac{1}{2n} \tag{4-12}$$

根据标准正态分布函数的定义，则有

$$\phi(\omega_n) = \frac{1}{2}\left(1 - \frac{1}{2n}\right) + 0.5 = 1 - \frac{1}{4n} \tag{4-13}$$

利用标准正态函数表，可以求出各不同观测次数当 n 所对应的 ω_n 值。若某一测量值 $x_k > m_x + \omega_n s_x$，则 x_k 判为异常值，应剔除。此法克服了拉依达法的缺点，在测量次数 n 较小时也能判别出异常值，但试验表明，对于非均质混凝土来说，漏判的可能性

也很大。

3）格拉布斯法。将 n 个测量值依大小顺序排列 $x_1 \leqslant x_2 \leqslant x_3 \cdots \leqslant x_n$，假设可疑值是 x_n，则计算 n 个测量值的 m_x 和 s_x，并以 $\lambda(\alpha,n)=\lambda'(\alpha,n)\sqrt{\frac{n-1}{n}}$，列出 n 和某一置信水平 α 下的对应 λ 值。若 $x_n > m_x - \lambda(\alpha, n)s_x$，则判断 x_n 为异常值。此法是一个较好的判别方法，尤其在统计数中仅有一个异常值的判别功效较高。

4）迪克逊法。将 n 个测量值依大小顺序排列 $x_1 \leqslant x_2 \leqslant x_3 \cdots \leqslant x_n$，用级差比进行异常值判别。同样，以其概率密度函数，求出某一置信水平 α 和统计值个数 n 的临界值 $f(\alpha, n)$。当认为 x_1 可疑时，极差比 $f_0=\frac{x_2-x_1}{x_n-x_1}$，若 $f_0 > f(\alpha, n)$，则判断 x_1 为异常值，予以剔除。当认为 x_n 可疑，极差比 $f_0'=\frac{x_2-x_1}{x_n-x_1}$，若 $f_0' > f(\alpha, n)$，则判断 x_n 为异常值。此法判别异常值的临界值较宽，适用于有多个异常值的情况。

（3）混凝土缺陷检测中的异常值判别　上述四种判别异常值的方法，都是以被测对象均匀一致为条件，判别因观测失误造成的异常值。而混凝土缺陷检测，是在尽可能避免观测失误的条件下，判别因被测对象本身性质改变所产生的异常值，两者之间有较大差异。由于混凝土的不均匀性，就是不存在缺陷，其声学参数值也会出现一定离散，统计的标准差 s_x 一般比较大，硬套上述某一种判别方法，都易造成缺陷的漏判。因此我们参考了肖维勒和格拉布斯法，结合混凝土缺陷检测的特点，制定了如下判别异常值的方法：

1）当测区各测点的测距相同时，可直接用声时进行统计判断。将各测点声时值 t_i 按大小顺序排列，$t_1 \leqslant t_2 \leqslant t_3 \cdots \leqslant t_n$，视排于后面明显偏大的声时为可疑值，将可疑值中最小的一个数同其前面的声时值进行平均值（m_x）和标准差（s_x）的统计，以 $x_0 = m_x + \lambda_1 s_x$ 为异常值的临界值。当参与统计的可疑值 $t_n \geqslant x_0$ 时，则 t_n 及排列于其后的声时值均为异常值，再将 $t_1 \sim t_{n-1}$ 进行统计判断，直至判不出异常数据为止。若 $t_n < x_0$ 时，再将 t_{n+1} 放进去统计和判别，其余类推。

2）用声速、波幅或频率进行统计判断。将测区各测点的声速（v_i）、波幅（A_i）、频率（f_i）分别按大小顺序排列，以 x_i 代表某声学参数，则 $t_1 \geqslant t_2 \geqslant t_3 \cdots \geqslant t_n$，视排于后面明显小的数为可疑值，将可疑值中最大的一个连同其前面的数进行平均值（m_x）和标准差（s_x）的统计。以 $x_0 = m_x - \lambda_1 s_x$ 为异常值的临界值，当参与统计的可疑值 $x_n \leqslant x_0$ 时，则 x_n 及排列于其后的数均为异常数据，再用 $x_n \sim x_{n-1}$ 进行统计判断，直至判不出异常值为止。若 $x_n > x_0$，再将 x_{n-1} 放进去统计和判别。其中 λ_1 为异常值判定系数，可根据概率函数 $\phi(\lambda_1)=\frac{1}{n}$ 的正态分布函数表，如表4-1所示，查出对应于统计个数 n 的值。

表4-1　λ 与 n 的正态分布函数表

n	20	22	24	26	28	30	32	34	36	38
λ_1	1.65	1.69	1.73	1.77	1.80	1.83	1.86	1.89	1.92	1.94
λ_2	1.25	1.25	1.29	1.31	1.33	1.34	1.36	1.38	1.38	1.39
λ_3	1.05	1.05	1.09	1.11	1.12	1.14	1.16	1.18	1.18	1.19

（续）

n	40	42	44	46	48	50	52	54	56	58
λ_1	1.96	1.98	2.00	2.02	2.04	2.05	2.07	2.09	2.10	2.12
λ_2	1.14	1.42	1.43	1.44	1.45	1.46	1.47	1.48	1.49	1.49
λ_3	1.20	1.22	1.23	1.25	1.26	1.27	1.28	1.29	1.30	1.31
n	60	62	64	66	68	70	72	74	76	78
λ_1	2.13	2.14	2.15	2.17	2.18	2.19	2.20	2.21	2.22	2.23
λ_2	1.50	1.51	1.52	1.53	1.53	1.54	1.55	1.56	1.56	1.57
λ_3	1.31	1.32	1.33	1.34	1.35	1.36	1.36	1.37	1.38	1.39
n	80	82	84	86	88	90	92	94	96	98
λ_1	2.24	2.25	2.26	2.27	2.28	2.29	2.30	2.30	2.31	2.31
λ_2	1.58	1.58	1.59	1.60	1.61	1.61	1.62	1.62	1.63	1.63
λ_3	1.39	1.40	1.41	1.42	1.42	1.43	1.44	1.45	1.45	1.45
n	100	105	110	115	120	125	130	140	150	160
λ_1	2.32	2.35	2.36	2.38	2.40	2.41	2.43	2.45	2.48	2.50
λ_2	1.64	1.65	1.66	1.67	1.68	1.69	1.71	1.73	1.75	1.77
λ_3	1.46	1.47	1.48	1.49	1.51	1.53	1.54	1.56	1.58	1.59

原来只考虑了单个测点的判断，但是当混凝土内部存在缺陷时，往往不是孤立的一个点，异常测点的相邻点很可能处于缺陷的边缘而被漏判。为了提高缺陷范围判定的准确性，可增加对异常测点相邻点的判断。

相邻测点是否异常的临界值由下式计算

$$x_0 = m_x - \lambda_2 s_x \text{ 或 } x_0 = m_x - \lambda_3 s_x$$

根据概率统计原理。在 n 次测量中相邻两点不可能同时出现的出现的概率 $p_2 = \frac{1}{2}\sqrt{\frac{1}{n}}$；当用径向振动式换能器在钻孔或预埋管中测量时，相邻两点不可能同时出现的概率 $p_3 = \sqrt{\frac{1}{2n}}$，则可根据概率函数 $\phi(\lambda_2) = \frac{1}{2}\sqrt{\frac{1}{n}}$、$\phi(\lambda_3) = \sqrt{\frac{1}{2n}}$，由参与统计的个数 n 在表 4-1 中查出相应的 λ_1、λ_2、λ_3。如果应用专门软件进行分析判断，查表就有些不太方便。为此，这里提供了三条曲线方程。λ_1、λ_2、λ_3 可分别按以下公式计算

$$\lambda_1 = 0.915n^{0.2025};\ \lambda_2 = 0.765n^{0.1652};\ \lambda_3 = 0.568n^{0.205}$$

在实际工程检测中，分别用声速、波幅进行统计判断，有时出现互相矛盾的结果，即用声波判断为异常的测点，用波幅判断不出异常，或者用波幅判断为异常的测点，声速却正常，如果检测人员经验不足，往往无法作出正确判断。在此情况下，可用声速、波幅相对值的乘积进行统计判断，即

$$D_{vi} = \frac{v_i}{v_{max}}$$

$$D_{A_i} = \frac{A_i}{A_{max}}$$

$$C_i = D_{vi} D_{A_i}$$

再综合参数 C_i 进行统计判断。

式中　D_{vi}、D_{A_i}——第 i 个点声速、波幅相对值；

v_i、A_i——第 i 个点声速、波幅值；

v_{max}、A_{max}——测区的声速最大值、波幅最大值。

（4）不密实混凝土和空洞范围的判定　一个构件或一个测区中，某些测点的声时（或声速）、波幅或频率被判为异常值，可结合异常测点的分布及波形状况，判断混凝土内部存在不密实区和空洞的范围。值得注意的是，在进行混凝土内部缺陷判定时，不仅依靠检测数据的分析和判别，还包含着检测人员的实践经验，经验不足者，容易产生误判。另外，实践证明，波幅测值（A_i）虽然对缺陷的反应很敏感，但由于受声耦合的状态影响较大，一般不大服从正态分布，在统计和判别过程中是作为正态分布来处理的，若以波幅（A_i）为判断缺陷的主要依据时，应特别注意。尤其是条件耦合较差，难以保证波幅的准确测量值时，更应慎重。

（5）混凝土内部空间尺寸大小的估算　关于混凝土内部空洞尺寸的估算，目前有两种方法。

1）空洞位于发射和接收换能器连线的正中央，如图4-2所示。

根据几何学原理

$$\overline{BD}^2 = \overline{AB}^2 - \overline{AD}^2 \qquad (4\text{-}14)$$

式中，$\overline{AB} = \dfrac{1}{2}vt_h$，$\overline{AD} = \dfrac{l}{2}$，$v = \dfrac{l}{t_m}$，$\overline{BD} = r - \dfrac{d}{2}$，

将各项代入式（4-14），则

$$\left(r - \frac{d}{2}\right)^2 = \left(\frac{l}{2}\frac{t_h}{t_m}\right)^2 - \left(\frac{l}{2}\right)^2 \qquad (4\text{-}15)$$

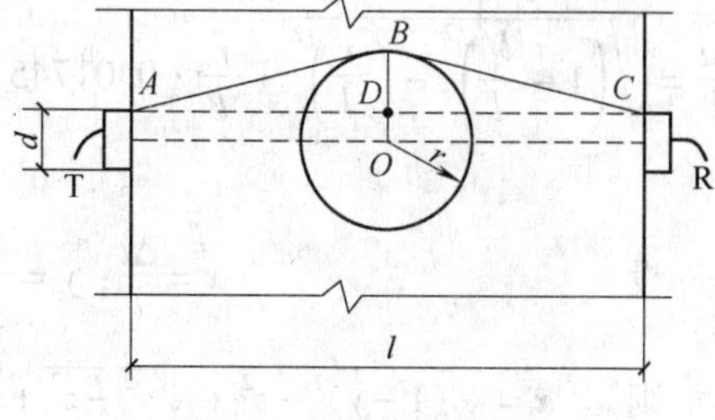

图4-2　空洞估算模型一

将式（4-15）整理后，得

$$r = \frac{1}{2}\left(d + l\sqrt{\left(\frac{t_h}{t_m}\right)^2 - 1}\right) \qquad (4\text{-}16)$$

式中　r——空洞半径；

d——换能器直径；

l——测距；

t_h——绕空洞传播的最大声时；

t_m——无缺混凝土的平均声时。

此法在英国、罗马尼亚、前苏联等国家应用较多。

2）空洞位于发射和接收换能器连线的任意位置，模型如图4-3所示。设检距为 l，空洞中心（在另一对侧试面上声时最长的测点位置）距某一测试面的垂直距离为 l_h，脉冲波在空洞附近无缺陷混凝土中传播的时间平均值为 t_m，绕过空洞传播的时间（空洞处的最大声时值）为 t_h，空洞半径为 r。

由模型图可以看出

$$t_h - t_m = \Delta t = \frac{(\overline{AB} + \overline{BC} + \overline{CD} + \overline{DE}) - l}{v} \qquad (4\text{-}17)$$

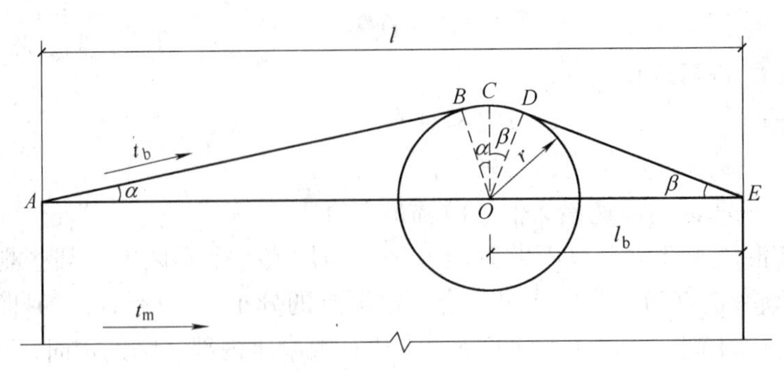

图 4-3　空洞估算模型二

式中
$$\overline{AB}=\sqrt{(l-l_h)^2-r^2}$$
$$\overline{BC}=r\alpha=r\cdot 0.01745\arcsin\left(\frac{r}{l-l_h}\right)$$
$$\overline{CD}=r\beta=r\cdot 0.01745\ \arcsin\left(\frac{r}{l_h}\right)$$
$$\overline{DE}=\sqrt{l_h^2-r}$$

所以
$$\frac{\Delta t}{t}=\sqrt{\left(1-\frac{l_h}{l}\right)^2-\left(\frac{r}{l}\right)^2}+\frac{r}{l}\cdot 0.01745\left[\arcsin\left(\frac{l}{r}-\frac{l_h}{r}\right)+\arcsin\left(\frac{r}{l_h}\right)\right]+\sqrt{\left(\frac{l_h}{l}\right)^2-\left(\frac{r}{l}\right)^2}-1 \tag{4-18}$$

设
$$x=\frac{\Delta t}{t};\ y=\frac{l_h}{l};\ z=\frac{r}{l};\ \frac{r}{l_h}=\frac{l\cdot z}{l\cdot y}=\frac{z}{y}$$

则
$$x=\sqrt{(1-y)^2-z^2}+\sqrt{y^2-z^2}+z\cdot 0.01745\cdot\left[\arcsin\left(\frac{z}{1-y}\right)+\arcsin\left(\frac{z}{y}\right)\right]-1 \tag{4-19}$$

已知 x，y 便可求出 z，根据 $z=\frac{r}{l}$，便可知空洞半径 r。

4.3.2　两次浇筑的混凝土之间结合质量的检测

对于一些大体积混凝土和钢筋混凝土框架等重要结构物，为保证其整体性，应连续不间断地一次性完成混凝土浇筑。但有时因施工工艺的需要或因停电、停水等意外原因，在混凝土浇筑中途停顿间歇时间超过 3h 后再继续浇筑，还有已浇筑好的混凝土结构物有时因某些原因需要加固补强，进行第二次混凝土浇筑。在同一个结构或构件上，两次浇筑的混凝土之间应保持良好的结合，使其形成一个整体，共同承担荷载，方能确保结构的安全使用。但是，在第二次混凝土浇筑时，对已硬化混凝土表面的处理往往不能完全满足设计要求，浇筑工序上也难免出现这样或那样的问题。因此，人们对两次浇筑的混凝土之间结合质量特别关心，希望能采用有效的方法进行检验。超声脉冲技术的应用为两次浇筑的混凝土结合质量检验提供了较有效的途径。

1. 测试方法

超声脉冲波检验两次浇筑的混凝土结合面质量，一般采用穿过与不穿过结合面的脉冲波声速、波幅和频率等声学参数相比较进行判断的方法。检测结合面的换能器布置方法如

图4-4 所示。

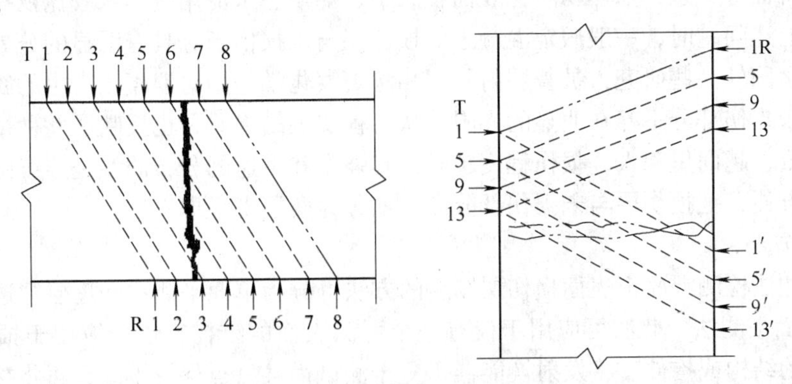

图4-4　检测结合面的换能器布置

为保证各测点有一定可比性，每一对测点应保持其测线的倾斜度一致，测距相等。测点间距应根据被测结构的尺寸和结合面的外观质量情况确定，一般为100～300mm，间距过大易造成缺陷漏检的危险。

2. 数据处理及判定

两次浇筑的混凝土结合面质量判定与混凝土不密实区的判定方法基本相同。当结合面为施工缝时，因前后两次浇筑的混凝土原材料、强度等级、工艺条件等都基本一致，如果两次浇筑的混凝土结合良好，脉冲波通过与不通过施工缝的声学参数应一致，可以认为这些数据来自同一个母体。因此，可以把过缝与不过缝的声时（或声速）、波幅或频率测量值放在一起，分别进行排列统计。当施工缝中局部地方存在疏松、孔隙或填进杂物时。该部位混凝土失去连续性脉冲波通过时，其波幅和频率会明显降低，声时也有不同程度增大，因此凡被判为异常值的测点，查明无其他原因影响时，可以判定这些部位施工缝结合不良。

当测试数据较少或数据较离散，无法用统计法判断时，可用通过结合面的声速、波幅值与不通过结合面的声速、波幅值进行比较，如果前者的声速、波幅值明显比后者低，则该点可判为异常点。

对于结构物进行修补加固所形成的混凝土结合面，因两次浇筑混凝土的间隔时间较长，而且加固补强用的混凝土往往比结构物原来的混凝土高一个强度等级，集料级配和准工工艺条件也与原来混凝土不一样。所以，可以说两次浇筑的混凝土不属于同一母体，但如果结合面两侧的混凝土厚度之比保持不变，通过结合面的脉冲波的声学参数反映了该两种混凝土的平均质量。因此，仍然可以将通过结合面各测点的声时、波幅和频率测量值进行统计和判别。被判为异常值的测点，查明无其他原因影响时，可判定这些部位的新老混凝土结合不良。

在一般工业与民用建筑中，混凝土结合面质检的机会相当多，大量实践表明，采用超声脉冲检测是相当有效的。

4.3.3　表面损伤层的检测

混凝土和钢筋混凝土结构物，在施工和使用过程中，其表面层会在物理和化学的因素作用下受到损坏。物理因素大致有火焰和冰冻；化学因素大致有酸、碱、盐类。结构物受到这些因素作用时，其表层损坏程度除了与作用时间的长短及反复循环次数有关外，还与混凝土本身的某些特征有关系，如体积和比表面积大小、龄期、水泥用量、水胶比及捣实程度等。

在考察上述问题时，一般假定混凝土的损坏层与未损伤部分具有明显的分界线。实际情况并非如此，国外一些研究人员曾用射线照相法观察化学作用对混凝土产生的腐蚀情况，发现损伤层与未损伤部分不存在明显的界限。从工程实测结果看，也反映了此种情况，总是最外层损伤严重，越向里深入，损伤程度越轻，其强度和声速的分布曲线是连续圆滑的。但人们为了计算方便，把损伤层与未损伤部分简单地分为两层来考虑。

1. 测试方法

超声脉冲法检测混凝土表面损伤层厚度的方法可分为单面平测法和逐层穿透法。

（1）单面平测法　此法可应用于仅有一个可测表面的结构，也可应用于损伤层位于两个对应面上的结构或构件。将发射换能器 T 置于测试面某一点保持不动，再将接收换能器 R 以测距 $l_i = 100\text{mm}$、150mm、200mm、…依次置于各点，读取相应的声时值 t_i。

此法的基本原理是，当 T、R 换能器的间距较近时，脉冲波沿表面损伤层传播的时间最短，首先到达接收换能器，此时读取的声时值反映了损伤层混凝土的传播速度；当 T、R 换能器的间距较大时，脉冲波透过损伤层沿着未损伤混凝土传播的时间短，此时读取的声时中大部分是反映未损伤混凝土的传播速度。当 T、R 换能器的间距达到某一测距 l_0 时，沿损伤层传播的脉冲波与沿未损伤混凝土传播的脉冲波同时到达接收换能器，此时便有下面的等式

$$\frac{l_0}{v_1} = \frac{2}{v_1}\sqrt{d^2 + x^2} + \frac{l_0 - 2x}{v_2} \tag{4-20}$$

式中　d——损伤层厚度；

x——穿过损伤层传播路径的水平投影；

v_1——损伤层混凝土声速；

v_2——未损伤混凝土声速。

由于 $t_1 = \dfrac{l_0}{v_1}$，所以式（4-20）可改写成

$$t_1 = \frac{2}{v_1}(d^2 + x^2)^{\frac{1}{2}} - \frac{l_0 - 2x}{v_2} \tag{4-21}$$

取

$$\frac{\mathrm{d}t_1}{\mathrm{d}x} = 0$$

$$\frac{\mathrm{d}t_1}{\mathrm{d}x} = \frac{2}{v_1} \cdot \frac{1}{2}(d^2 + x^2)^{-\frac{1}{2}} \cdot 2x - \frac{2}{v_2} = \frac{x}{v_1\ (d^2 + x^2)^{\frac{1}{2}}} - \frac{1}{v_2} = 0$$

则

$$\frac{x^2}{v_1^2}\,\frac{1}{d^2 + x^2} = \frac{1}{v_2^2} \tag{4-22}$$

将式（4-22）整理并取正值，得

$$x = \frac{dv_1}{\sqrt{v_2^2 - v_1^2}} \tag{4-23}$$

再将式（4-23）代入式（4-20）得

$$\frac{l_0}{v_1} = \frac{2}{v_1}\left(d^2 + \frac{d^2 v_1^2}{v_2^2 - v_1^2}\right)^{\frac{1}{2}} + \frac{l_0}{v_2} - 2\,\frac{d \cdot v_1}{v_2\sqrt{v_2^2 - v_1^2}} \tag{4-24}$$

整理后得

$$d = \frac{l_0}{2}\sqrt{\frac{v_2 - v_1}{v_2 + v_1}} \tag{4-25}$$

由于平面式换能器辐射声场的扩散角与其频率成反比，频率越低，声场的扩散角越大，平测时传播到接收换能器的脉冲信号越强，所以平测法一般都采用 30～50kHz 的低频换能器。

这种方法还可以用来测量双层结构中不可测层的脉冲传播速度，但是要求内层的声速（v_2）大于面层的声速（v_1）。

有时由于损伤程度轻或损伤层厚度不大，可能出现 v_1、v_2 的差值不大。因此，测量时必须准确测量 T、R 换能器之间的距离。

（2）逐层穿透法　事先在损伤结构的一对平行表面上，分别钻出一对不同深度的测试孔，孔径为 50mm 左右，然后用直径小于 50mm 的平面式换能器，分别在不同深度的测孔中进行测试，读取声时值和测试距离，并计算其声速值。或者在结构同一位置先测一次声速，然后凿开一定深度的测孔，在孔中测一次声速，再将测孔增加一定深度，再测声速，直至两次测得的声速之差小于 2% 或接近于最大值时为止。

该方法不仅对结构造成局部破损，而且钻孔和凿孔很费事，还必须将孔底处理平整才能进行有效测试，操作相当麻烦。但局部凿开不仅可以测量混凝土的声速，还可以根据凿开的难易程度和碎屑的外观质量情况进行综合判断。在一般情况下，此方法检测结果的可靠性较高，因此仍不失为一种值得推广应用的方法。

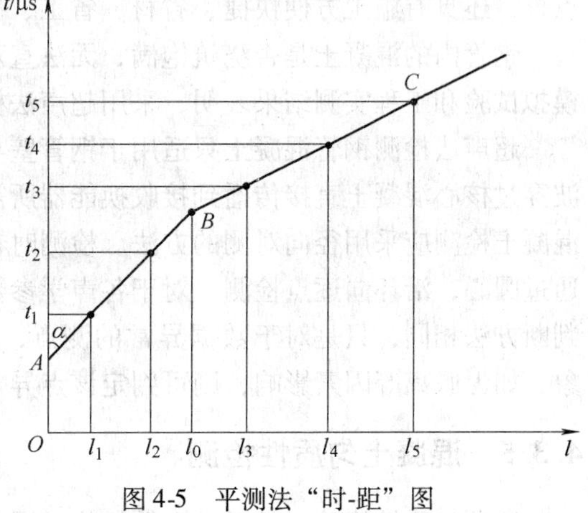

图 4-5　平测法“时-距”图

2. 损伤层厚度判定

当采用单面平测时，将各测点声时测值 t_i 与相应测距值 l_i 绘制“时-距”坐标图，如图 4-5 所示。两条直线的交点 B 所对应的测距定为 l_0，直线 AB 的斜率便是损伤层混凝土的声速 v_1，直线 BC 的斜率，便是未损伤混凝土的声速 v_2，则有

$$v_1 = \tan\alpha = \frac{l_2 - l_1}{t_2 - t_1} \tag{4-26}$$

$$v_2 = \tan\beta = \frac{l_5 - l_3}{t_5 - t_3} \tag{4-27}$$

根据式（4-25）便可计算损伤层厚度 d。为便于绘制“时-距”图，每一测区的测点数不得少于 5 点，如果被测结构各测区的损伤层厚度差异较大，应适当增加测区数。

由于单纯用作图法求 v_1、v_2 和 l_0 比较麻烦，而且往往因声时坐标轴比例较粗，求得的数值误差较大，因此可用回归分析的方法，分别求出损伤、未损伤混凝土的回归直线方程：

损伤混凝土回归方程　　$l_{\mathrm{f}} = a_1 + b_1 t_{\mathrm{f}}$

未损伤混凝土回归方程　　$l_{\mathrm{a}} = a_2 + b_2 t_{\mathrm{a}}$

式中　l_{f}、l_{a}——两条直线交点的前、后各测点测距（mm）；

t_f、t_a——两条直线交点的前、后备测点声时（μs）；

a_1、b_1、a_2、b_2——回归系数。

再根据两个回归直线的交点在 l 轴上对应的距离为 l_0，回归系数

$$b_1 = v_1、b_2 = v_2、l_0 = \frac{a_1 b_2 - a_2 b_1}{b_2 - b_1}。$$

损伤层厚度可按下式计算

$$h_f = \frac{l_0}{2}\sqrt{\frac{b_2 - b_1}{b_2 + b_1}}$$

当采用逐层穿透法检测时，可将每次测量的声速值（v_1）和测孔深度值（h_1）绘制“v-h”曲线，当声速趋于基本稳定的测孔深度，便是混凝土损伤层的厚度 h_f。

4.3.4 钢管混凝土缺陷的检测

所谓钢管混凝土，是指在因钢管内浇筑混凝土而形成的组合材料。钢筋混凝土结构是由混凝土包裹着钢筋，形成整体共同受力，钢管混凝土则是由钢管包裹混凝土形成整体，共同工作。由于钢管混凝土除具有套箍混凝土的强度高、质量小、塑性好、耐疲劳、耐冲击等优点外，还具有施工方便快捷、省材、省工、省时等优点，所以应用日益广泛。

钢管内的混凝土是否浇筑饱满，无法直观检查，只有通过一定检测手段来判断。从一些模拟试验和工程实测结果表明，采用超声法检测钢管混凝土内部缺陷是可行的。

超声法检测钢管混凝土只适用于钢管壁与核心混凝土胶结良好的部位，同时应满足超声波穿过核心混凝土直接传播到接收换能器所需的时间小于沿钢管壁传播的时间。所以，钢管混凝土检测应采用径向对测的方法。检测时在钢管混凝土每一环线上保持 T、R 换能器连线通过圆心，沿环向逐点检测。对于各声学参数异常值的判断方法，与混凝土不密实区检测的判断方法相同，只是对于数据异常的测点，应检查该部位是否存在钢管壁与混凝土脱离现象，如无脱离等因素影响，则可判定该点异常。

4.3.5 混凝土匀质性检测

所谓匀质性检验，是对整个结构物或同一批构件的混凝土质量均匀性的检验。混凝土匀质性检验的传统方法是，在结构物浇筑混凝土的时候，现场取样制作混凝土标准试块，以其破坏强度的统计值来评价混凝土的匀质性水平。这种方法存在一些局限性，例如，试块的数量有限；因结构的配筋率、几何尺寸及成型方法的不同，其混凝土的密实程度与标准试块相比，必然存在较大差异；构件与试块的硬化条件（养护温度、失水快慢等）不同等。除此之外，还可能遇到一些偶然因素的影响。因此，标准试块的强度很难全面地反映结构混凝土的质量情况。

由于超声脉冲法是直接在结构上全面检测，虽然目前的测试精度还不太高，但其数据代表性较强，因此，用此法检验混凝土的匀质性具有一定实际意义。国际标准及国际材料和结构试验室协会（RILEM）的建议，都确认用超声脉冲法检验混凝土匀质性是一种有效的方法。

1. 测试方法

一般采用平面式换能器进行穿透对侧法检测结构混凝土的匀质性，要求被测结构应具备

一对相互平行的测试表面，并保持平整、干净。先在两个测试面上分别画出等间的网络，并编上对应的测点序号。网格的间距大小取决于结构的种类和测试要求，一般为 200 ~ 500mm。对于测距较小，质量要求较高的结构，测点间距宜小些，测距较大的大体积结构，测点间距可适当取大些。

测试时，应使 T、R 换能器在对应的一对测点上保持良好耦合状态、逐点读取声时值 t_i。超声测距的测量方法可根据构件的实际情况确定，如果各测点的测距完全一致，便可在构件的不同部位抽测几次，取其平均值作为该构件的超声测距值 l_0 当各测点的测距不尽相同（相差≥2%）时，应分别进行测量。有条件最好采用专用工具逐点测量 l_i 值。

2. 计算和分析

为了比较或评价混凝土质量均匀性的优劣，需要应用数理统计学中两个特征值——标准差和离差系数（也称变异系数）。

在数理统计中，常用标准差来判断一组测量值的波动情况或比较几组测量过程的准确程度。但标准差只能有效地反映一组观测值的波动情况，要比较几组测量过程的准确程度，则概念就不够明确，没有统一的基数，便缺乏可比性。例如，有两批混凝土构件，分别测得混凝土强度的平均值为 20MPa、45MPa，标准差为 4MPa、5MPa，仅从标准差来看，前者的强度较均匀，其实不然，如以标准差除以其平均值，则分别为 0.2 和 0.11，实际上是后者的强度均匀性较好。所以人们除了用标准差以外，还常采用离差系数来反映一组或比较几组观测数据的离散程度。

混凝土的声速值按下式计算

$$v_i = \frac{l_i}{t_i} \tag{4-28}$$

式中　v_i——第 i 点混凝土声速值（km/s）；

l_i——第 i 点超声测距值（mm）；

t_i——第 i 点测读声时值（μs）。

混凝土声速的平均值、标准差及离差系数分别按下式计算

$$m_v = \frac{1}{n}\sum_{i=1}^{n} v_i$$

$$S_v = \sqrt{\left(\sum_{i=1}^{n} v_i^2 - nm_v^2\right)/(n-1)}$$

$$C_v = \frac{S_v}{m_v}$$

式中　m_v——混凝土声速平均值（km/s）；

S_v——混凝土声速的标准差（km/s）；

C_v——混凝土声速的离差系数；

n——测点数。

如果有事先建立的“v-f_c”相关曲线，将混凝土测点声速换算成强度值，再进行强度平均值、标准差和离差系数的计算更好。

由于混凝土的强度与其超声脉冲波的传播速度之间存在较密切的相关关系，结构上各测点声速值的波动基本反映了混凝土强度质量的波动情况，因此可以用混凝土声速的标准差

(S_v) 和离差系数 (C_v) 来分析比较相同测距的同类结构混凝土质量匀质性的优劣。但是混凝土的声速与其强度之间存在的相关关系并非线性，所以用声速统计的标准差和离差系数，与现行验收规范以标准试块 28d 的抗压强度统计的标准差和离差系数不属于同一量值。因此，最好将将声速值换算成混凝土强度，以强度的标准差和离差系数来评价同一批混凝土的匀质性等级。

4.3.6 混凝土钻孔灌注桩的质量检测

1. 混凝土钻孔灌注桩无损检测技术

混凝土钻孔灌注桩是高层建筑、桥梁等工程结构常用的基桩形式。近年来钻孔灌注桩的施工数量逐年增多，而且为了提高单桩承载力，钻孔灌注桩的桩长和桩径都有越来越大的趋势。基桩是地下隐蔽工程，其质量直接影响上部结构的安全，同时，由于施工时需灌注大量水下混凝土，稍有不慎极易产生断桩等严重缺陷。据统计国内外钻孔灌注桩的事故率高达 5% ~10%。因此，对钻孔灌注桩的质量无损检测，具有特别重要的意义。而且，由于它深入地下达数十米，在检测方法上也有其特殊性，为此，本节将钻孔桩的检测技术作为特例予以详述。

混凝土钻孔灌注桩的质量包含两方面的内容：一是桩的承载力；二是桩内混凝土的连续性、均匀性和强度等级。连续性是指混凝土中是否存在内部缺陷，如断桩、夹层、空洞、局部疏松、缩颈等；均匀性则是指灌注时是否产生离析或混入水泥导致混凝土强度严重差异。由于承载力与设计计算参数相关联，一般认为只要用动测法测定承载力能达到设计要求即算合格。但是钻孔灌注桩的质量主要是由混凝土的连续性、均匀性和强度控制的，这是因为钻孔灌注桩的某些缺陷，从长期使用的观点看，将逐步导致承载力的下降，但缺陷桩的早期承载力未必达不到设计要求。例如：某市对 200 多根桩进行控制性压桩试验结果的统计，其中有 10% ~50% 的缺陷桩，而承载力达不到设计要求的只有 5% ~10%，这些承载力已达到要求的缺陷桩由于长期力和地下侵蚀环境的作用，仍可能存在工程隐患。此外，就承载力的非破损试验而言，目前尚有不同意见。近年来我国大量采用动测法确定承载力，但根据国际力学与基础工程学会推荐动荷载试桩法时指出：“如果锤击力不足以充分发挥土的强度，则任何承载力的测定方法都将不能测定桩的承载力，如同静荷载试验中没有施加足够的作用荷载一样，也不能测得总强度。”而在大直径钻孔灌注桩上运用动测法时，要达到足够的锤击力和贯入度是有困难的，根据以上两点理由，钻孔灌注桩，尤其是大直径钻孔灌注桩的质量，主要应以桩身混凝土的连续性和均匀性以及混凝土的实际强度来控制。这一概念是合理的。

灌注桩成桩质量通常存在两方面问题：一是属于桩身完整性，常见的缺陷有夹泥、断裂、缩径、扩径、混凝土离析及桩顶混凝土密实性较差等；二是嵌岩桩，影响桩底支承条件的质量问题主要是灌注混凝土前清孔不彻底，孔底沉淀厚度超过规定极限，影响承载力。

桩基础施工质量的检验，随着长、大桩径及高承载力桩基础迅速增加，传统的静压桩试验已很难实施。目前，常用的钻孔灌注桩质量的检测方法有以下几种：

1）钻芯检验法。由于大直径钻孔灌注桩的设计荷载一般较大，用静力试桩法有许多困难，所以常用地质钻机在桩身上沿长度方向钻取芯样，通过对芯样的观察和测试确定桩的质量。

但这种方法只能反映钻孔范围内的小部分混凝土质量，而且设备庞大、费工费时、价格昂贵，不宜作为大面积检测方法，而只能用于抽样检查，一般抽检总桩量的3%～5%，或作为对无损检测结果的校核手段。

2）振动检验法。所谓振动检验法又称动测法。它是在桩顶用各种方法（如锤击、敲击、电磁激振器、电水花等）施加一个激振力，使桩体乃至桩土体系产生振动，或在桩内产生应力波，通过对波动及振动参数的种种分析，以推定桩体混凝土质量及总体承载力的一类方法。此方法主要有以下四种：① 敲击法和锤击法；② 稳态激振机械阻抗法；③ 瞬态激振机械阻抗法；④ 水电效应法。

3）超声脉冲检验法。该法是在检测混凝土缺陷技术的基础上发展起来的，其方法是在桩的混凝土灌注前沿桩的长度方向平行预埋若干根检测用管道，作为超声发射和接收换能器的通道。检测时探头分别在两个管子中同步移动，沿不同深度逐点测出横截面上超声脉冲穿过混凝土时的各项参数，并按超声测缺原理分析每个断面上混凝土的质量。

4）射线法。该法是以放射性同位素辐射线在混凝土中的衰减、吸收、散射等现象为基础的一种方法。当射线穿过混凝土时，因混凝土质量不同或因存在缺陷，接收仪所记录的射线强弱发生变化，据此来判断桩的质量。

由于射线的穿透能力有限，一般用于单孔测量，以便了解孔壁附近混凝土的质量，扩大钻芯法检测的有效半径。

2. 钻孔灌注桩超声脉冲检测的基本原理和检测设备

钻孔灌注超声脉冲检测法的基本原理与超声测缺和测强技术基本相同。但由于桩深埋土内，而检测只能在地面进行，因此又有其特殊性。

1）检测方式。钻孔灌注桩超声脉冲检测有双孔检测、单孔检测及桩外孔检测三种方式（图4-6）。其中，双孔检测是桩基超声脉冲检测的基本形式，其他两种方式在检测和结构分析上都比较困难，只能作为特殊情况下的补救措施。

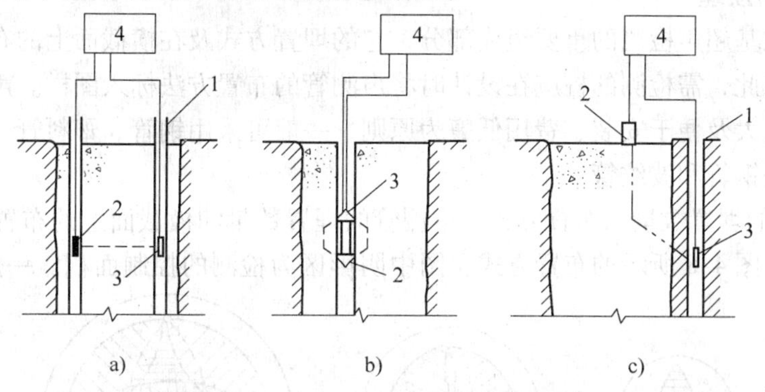

图4-6　钻孔灌注桩超声脉冲检测方式
a）双孔检测　b）单孔检测　c）桩孔检测
1—声测管　2—发射探头　3—接收探头　4—超声检测仪

2）判断桩内缺陷的基本物理量。在钻孔灌注桩的检测中所依据的基本物理量有以下四个：声时值；波幅（或衰减）；接收信号的频率变化；接收波形的畸变。

3）钻孔灌注桩超声脉冲检测法的主要设备。目前常用的检测装置有两种，一种是用一般超声检测仪和发射及接收探头所组成的。探头在声测管内的移动由人工操作，数据自动采集输入计算机处理。这套装置与一般超声检测装置通用，但检测速度慢、效率较低。另一种是全自动智能化测桩专用检测装置。它由超声发射及接收装置、探头自动升降装置、测量控制装置、数据处理计算机系统四部分组成，其原理框图如图4-7所示。

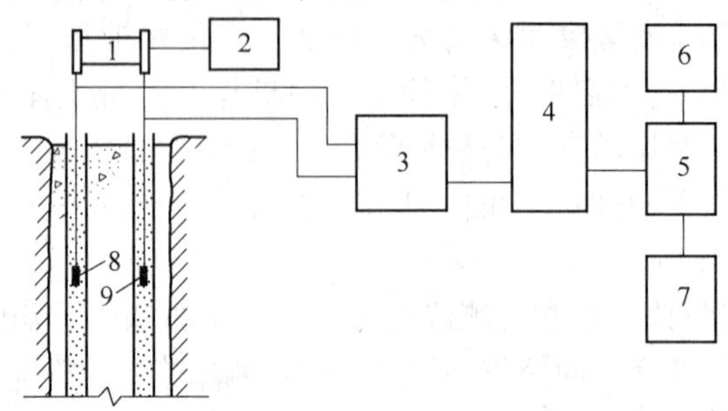

图4-7　全自动智能化测桩专用检测装置原理框图

1—探头升降机构　2—步进电机驱动电源　3—超声发射与接收装置

4—测控接口　5—计算机　6—磁带机　7—打印机

数据处理计算机系统是测控装置的主控部件，具有人机对话，发布各类指令，进行数据处理等功能。它通过总线接口与测量控制装置连接，发出测量的控制命令，以及进行信息交换；升降机构根据指令通过步进电机进行上升、下降及定位等动作，移动探头至各测量点；超声发射和接收装置由测量控制发射，并接收超声波，取得测量数据，传送到数据处理计算机，进行数据处理、存储、显示和打印。由于测试系统由计算机控制，测量过程无需人工干预，因此可自动、迅速地完成全桩测量工作。

在桩基超声脉冲检测系统中，探头在声测管内用水耦合，因此，探头必须是水密式的径向发射和接收探头。常用的探头一般是圆管式或增压式的水密型探头。

3. 声测管的预埋

声测管是桩基超声检测的重要组成部分，它的埋置方式及在横截面上的布置形式，将影响检测结果。因此，需检测的桩应在设计时将声测管的布置方法标入图样。声测管材质的选择，以透声率最大及便于安装、费用低廉为原则，一般可采用钢管、塑料管、波纹管等。目前使用最多的是钢管和波纹管。

1）声测管的埋置数量和布置方式。声测管的埋置数量和横截面上的布置涉及检测的控制面积，通常有图4-8所示的布置方式，图中阴影区为检测的控制面积。一般桩径小于1m

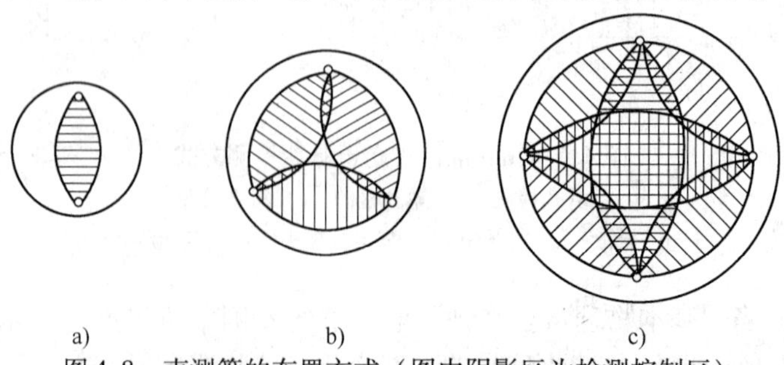

图4-8　声测管的布置方式（图中阴影区为检测控制区）

a）桩径小于1m　b）桩径为1～2.5m　c）桩径大于2.5m

时沿直径布置两根；桩径为1～2.5m，布置三根，呈等边三角形；桩径大于2.5m时布置四根，呈正方形。

2）声测管的预埋方法。声测管可直接固定在钢筋笼上，固定方式可采用焊接或绑扎。管子之间应基本上保持平行，不平行度控制在1%以下。管子一股随钢筋笼分段安装，每段之间接头可采用反螺纹筒套管接口或套管焊接方案，波纹管可利用波纹套接。管子底部应封闭，管子接头和底部封口都不应漏浆，接口内壁应保持平整，不应有焊渣等凸出物，以免妨碍探头移动。声测管的安装方法如图4-9所示。

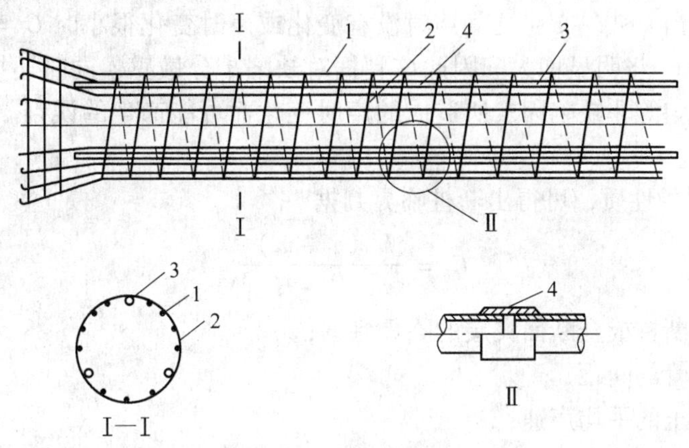

图4-9 声测管的安装方法

1—钢筋 2—箍筋 3—声测管 4—套管

4. 检测结果的分析和判断方法

（1）数值判断法 概率法可按CECS 21—2000《超声法检测混凝土缺陷技术规程》进行。《超声法检测混凝土缺陷技术规程》的方法如下：将各测点的波幅、声速或主频值由大至小按顺序分别排列，即 $x_1 \geqslant x_2 \geqslant \cdots x_n \geqslant x_{n+1}$（若用声时值则反之，下同），将排至后面明显小的数据视为可疑，再将这些可疑数据中最大的一个（假定为 x_n）连同其前面的数据一起，求出其平均值 m_x 和标准差 S_x，并按下式计算出现异常情况的判断值（X_0）

$$X_0 = m_x - \lambda_1 S_x \tag{4-29}$$

式中 λ_1 可由表4-1查出。

再将 X_0 与可疑数据的最大值 x_n 比较，当 $x_n > X_0$ 时，则 x_n 及排列于其后的各数据均为异常，并将 x_n 去掉，再用 x_1、…、x_{n-1} 的数列进行计算和判别，直至判不出异常值为止；若 x_n 大于 x_0，则应将 x_{n-1} 放进去重新进行计算和判别。

当某测点判为异常值后。其相邻点应按下式再进行判别是否异常

$$X_0 = m_x - \lambda_3 S_x \tag{4-30}$$

λ_3 可由表4-1查出。

1）PSD判据。鉴于钻孔灌注桩的施工特点，混凝土的均匀性往往较差，超声声时值较为离散。同时，声测管不可能完全保持平行，有时由于钢筋笼扭曲，声测管位移甚大，因而导致声时值的偏离。为了消除这些非缺陷因素的影响而可能造成的误判，又提出了“声时深度曲线相邻两点之间的斜率和差值的乘积”。作为判断依据，简称PSD判据，各测点的判据式为

$$C_i = \frac{(t_i - t_{i-1})^2}{(H_i - H_{i-1})} \tag{4-31}$$

式中　C_i——第 i 个测点的判据值；

t_i 和 t_{i-1}——相邻两点的声时值；

H_i 和 H_{i-1}——相邻两点的深度（或高程）。

该判据建立在这样的理论基础上，即在缺陷区由于超声传播介质发生变化，因此“声时-深度曲线”，在缺陷区的边界上，从理论上来说应是一个不连续函数，至少在缺陷边界上斜率增大。所以，当 i 和 $i-1$ 点之间声时没有变化或声时变化很小时 C_i 与两点声时差值的平方成正比，因而 C_i 将明显增大。因此该判据对缺陷十分敏感，同时还排除了因声测管不平行或混凝土不均匀等非缺陷因素所造成的声时变化而可能产生的误判。当 C_i 增大时该点可判为缺陷可疑点。

根据 PSD 判据的性质，可得出断桩临界判据

$$C_c = \frac{L^2 (v_1 - v_2)^2}{v_1^2 v_2^2 (H_i - H_{i-1})} \tag{4-32}$$

式中　C_c——出现断桩或全断面夹层的临界判据；

L——声测管的间距；

v_1——混凝土的平均声速；

v_2——夹层内含物的估计声速；

$H_i - H_{i-1}$——测点间距。

当某点的 PSD 判据 C_i 大于 C_c 时，该点可判断为断桩，即断桩的判定条件为 $C_i > C_c$，还可以得出 PSD 判据 C_i 与洞及窝蜂半径的关系式

$$C_i = \frac{4R_1^2 + 2L^2 - 2L\sqrt{4R_1^2 + L^2}}{\Delta H v_1^2} \tag{4-33}$$

$$C_i = \frac{4R_2^2 (v_1 - v_3^2)^2}{\Delta H v_1^2 v_3^2} \tag{4-34}$$

式中　R_1——空洞半径；

R_2——蜂窝或裹入混凝土的泥团半径；

v_3——蜂窝或泥团的声速，其余各项同前。

根据以上两式，可用各点的 C_i 值计算出缺陷半径，作为参考。

2）多因素概率分析法。以上两种判据多是采用声时或波幅等单一指标作为判别的基本依据，但检测时可同时读出声时、波高、接收波频率参数，若能综合运用这些参数作为判断依据，则可提高判断的可靠性。多因素的概率法就是运用声时、频率、波高或声速频率、波高等参数，通过其总体的概率分布特征，获得一个综合判断值 NFP 来判断缺陷的一种方法。

$$\mathrm{NFP}_i = \frac{v_i' F_i' A_i'}{\frac{1}{n}\sum_{i=1}^{n} v_i' F_i' A_i - ZS} \tag{4-35}$$

式中　NFP_i——第 i 个测点的综合判据；

v_i'、F_i'、A_i——第 i 个测点的声速、频率、波幅的相对值，即分别除以该桩各测点中最大声速、频率和波幅后所得值；

S——上述三个参数相对值之积为样本的标准差；

Z——概率保证系数，是由与样本相关的夏里埃（Charliar）分布的概率密度、函数偏度系数、峰度系数及保证率来确定。

根据 NFP 判据的性质可知，当 NFP 越大，则混凝土质量越好，当$NFP_i<1$，该点应判为缺陷，同时根据实践经验所得的表 4-2 可作为判断缺陷性质的参数。

表 4-2　NFP 法判断缺陷性质的参考表

判断依据				缺陷性质
NFP	v	f	α	
≥1				无缺陷
0.5～1	正常	正常	略低	局部夹泥（局部缺陷）
	低	低	正常	一般低强区（局部缺陷）
0.35～0.5	正常	正常	较低	较严重的夹泥、夹砂
	低	低	较低	较严重的低强区或缩颈
0～0.35	低	低	较低	砂、石堆积断层
	很低	很低	很低	夹泥、砂断层

（2）声场阴影重叠法　运用上述值判定桩内是否有缺陷，以及缺陷的大体位置后，应在缺陷区段内采用声场阴影重叠法仔细判定缺陷的确切位置、范围和性质。所谓声场阴影重叠法，就是当超声脉冲横向穿过桩体并遇到缺陷时，在缺陷背面的声场减弱，形成一个声辐射阴影区。

在阴影区内，接收信号波高明显下降，同时声时增大，甚至波形暗变。若采用两个方面检测，分别找出阴影区，则两个阴影区边界线交叉重叠所围成的区域，即为缺陷的确切范围。

图 4-10 和图 4-11 所示各种不同缺陷同声场阴影重叠法的具体测试方法。其基本方法是一个探头固定不动，另一个探头上下移动，找出声场阴影的边界位置，然后交换测试，找出另一面的阴影边界。边界线的交叉范围内的重叠区，即为缺陷区。图 4-12 所示为厚夹层上下界面的定位。

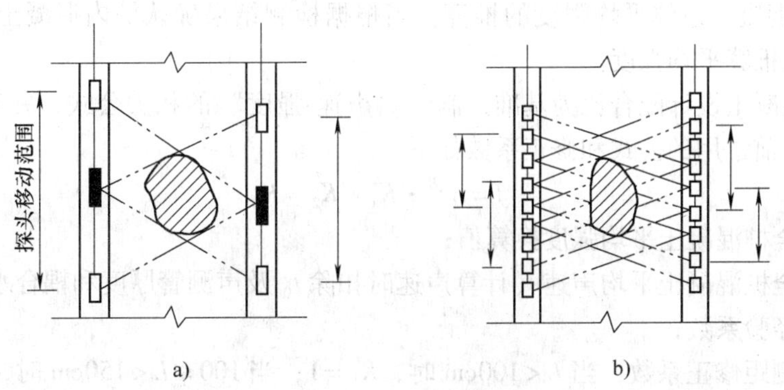

图 4-10　孔洞或泥团、蜂窝等缺陷范围的声阴影重叠法测定

a）扇形扫测　b）平移扫测

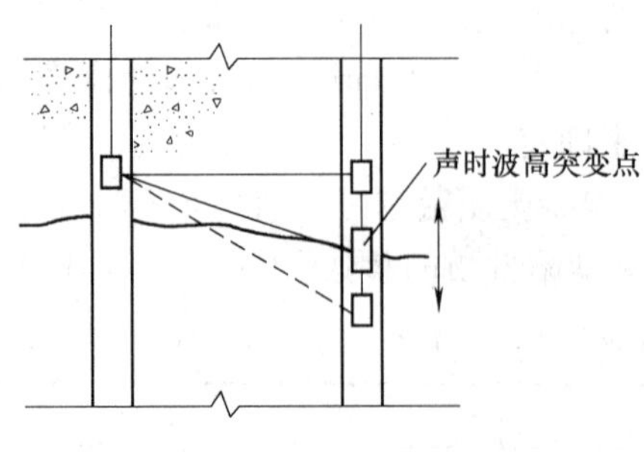

图 4-11 断层位置的判断

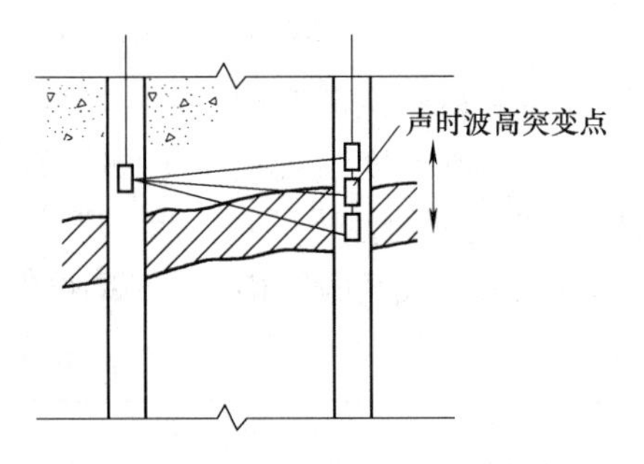

图 4-12 厚夹层上下界面的定位

在混凝土中，由于各界面的漫反射及低频声波的绕射，使声场阴影的边界十分模糊，因此，需综合运用声时、波高、频率等参数进行判断，在这些参数中波高是对阴影区最敏感的参数，在综合判断时应有较大的“权数”。

缩颈现象的判断如图 4-13 所示。当需要确定局部缺陷在桩的横截面上的准确位置时，可用图 4-14 所示多测向叠加法。

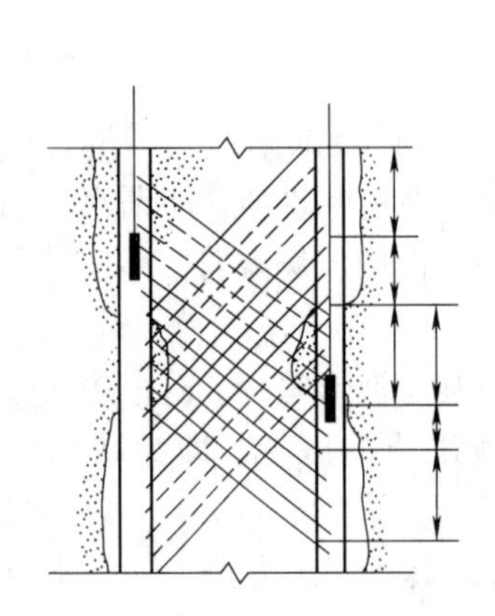

图 4-13 缩颈现象的判断

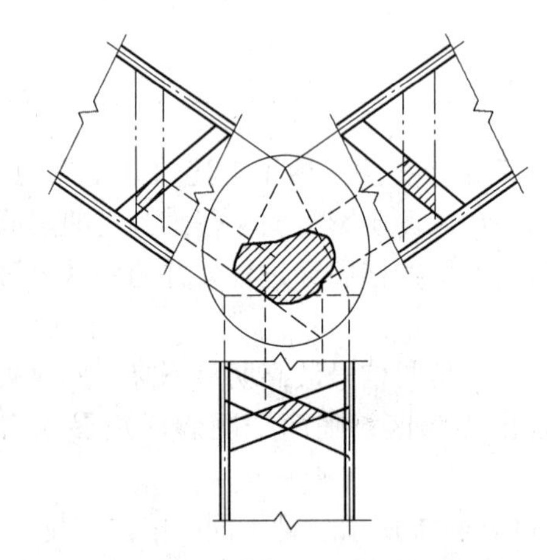

图 4-14 局部缺陷在桩的横截面上位置的多测向叠加定位法

5. 桩内混凝土强度的测量

1）桩内混凝土总体平均强度的推算。当根据检测结果确认桩内混凝土均匀性较好时，可用平均声速推算平均强度。

事先按混凝土设计配合比为基准，制作“声速-强度”的相关公式，并对若干影响因素进行修正。目前常用的公式和修正系数如下

$$f = Av^{B} \cdot K_1 \cdot K_2 \cdot K_3 \tag{4-36}$$

式中 f——全桩混凝土平均强度换算值；

v——全桩混凝土平均声速（计算声速时扣除 t_0 及声测管厚度和耦合水的声时值）；

A、B——经验系数；

K_1——测距修正系数，当 $L<100\text{cm}$ 时，$K_1=1$；当 $100 \leqslant L<150\text{cm}$ 时，$K_1=1.015$；当 $150 \leqslant L<200\text{cm}$ 时，$K_1=1.020$；当 $L>100\text{cm}$ 时，$K_1=1.023$；

K_2——含水修正系数（一般取 0.98）；

K_3——混凝土流动性修正系数（该系数由试验确定）。

试验证明，若针对某工程的实际情况，建立专用“声速-强度”公式，并合理选择修正系数，则对混凝土均匀性良好的桩，用该式推定的混凝土总体强度与预留试块的平均强度之间的相对误差小于±15%。

该法不宜用于均匀性较差的桩的强度推算，否则误差明显偏大。

2）缺陷区强度的估算及桩纵剖面逐点强度的估算。若已确定缺陷为夹砂等松散物，则该区可作无强度处理。但如果缺陷为混凝土低强区或蜂窝状疏松区，则仍具有一定强度。若能准确推定缺陷区内混凝土的强度，或给出全桩纵向各点的强度-深度曲线，则对缺陷桩的安全核算及确定修补方案具有重要意义。但由于缺陷区混凝土配比已不同于完好部位的混凝土配比。因此，要用声速单一指标推定缺陷区的混凝土强度有较大误差。

根据现有的研究成果，采用“声速-衰减综合法”，已取得较好效果。该法采用声速、衰减两项参数与强度建立相关公式，从而可消除混凝土配合比和离析等因素的影响，其推算公式如下

$$f = K_1 \cdot K_2 \cdot K_3 \left[A\left(\frac{v}{a}\right)^2 + B \right] \tag{4-37}$$

式中　f——各测点的推算强度；

v——各测点的声速；

a——各测点的衰减系数；

A、B——经验系数；

K_1、K_2、K_3——修正系数，意义同前。

采用该法时应保证探头在声时测管中的耦合稳定，以保证 a 值的稳定测量。制作相关公式时，探头的耦合条件应与桩内相似。

总之，对于均匀性较差的桩，以及缺陷桩，要检测其各点强度时，由于实际配比不一致等原因，不宜用单一声速指标估算其强度。用“声速-衰减”综合法也应持慎重态度。

3）钻孔灌注桩混凝土质量水平的评价。混凝土的均匀性是钻孔灌注桩质量的重要指标之一。根据GB/T 50107—2010《混凝土强度检验评定标准》混凝土的总体质量水平，可根据统计周期内混凝土强度标准差和试件强度不低于要求强度等级的百分率两项指标来划分。并按规定将混凝土划分为优良、一般、差三个等级。对桩的混凝土进行总体质量水平评价时也应以上述规定为基础。具体方法是根据预先建立的声速强度相关公式，将各测点声速换算成强度换算值。然后按相关公式算出全桩混凝土强度标准差和不低于规定强度等级的百分率。

4）桩身完整性的分类。为了对灌注桩桩身完整性有一个概括性的评价，通常根据桩内缺陷的特征，按表4-3把桩的质量按其完整性分为四类。

表4-3　桩身完整性评价

类　别	缺陷特征	完整性评价结果
Ⅰ	无缺陷	完整，合格
Ⅱ	局部小缺陷	基本完整，合格
Ⅲ	局部严重缺陷	局部不完整，不合格，经工程处理后，可使用
Ⅳ	断桩等严重缺陷	严重不完整，不合格报废或通过验证确定是否加固使用

注：表引自CECS 21—2000《超声法检测混凝土缺陷技术规程》

4.4 混凝土损伤程度的声发射诊断

4.4.1 概述

材料在外力或内力的作用下，产生变形和断裂时，或材料内部缺陷及潜在的缺陷在外部条件（如外力、温度等）作用下改变状态时，以弹性波的形式释放能量的现象，称为声发射。在材料的内部构造中，在上述条件的作用下能发出弹性波的部位，称为声发射源。所发出的弹性波，称为声发射信号。声发射信号的各项特性指标，随着声发射源的类型、状态及材料性质的不同而不同，也随着外力的作用形式及强弱的变化而变化，因此，声发射特征是材料性质和状态的一个表征。

4.4.2 基本原理

在声发射检测中，声发射源的发声机理、发声信号在材料中的传输机理和声发射信号的特征参数、声发射源的定位方法等构成了声发射技术的物理基础。

1. 声发射源

材料在外部条件的激发下产生声发射信号的部位称为声发射源。在材料中，声发射源主要有以下五类：

（1）晶体中的位错运动　在外力作用下，晶体的塑性变形是有晶格位错的运动所引起的。当外力达到一定值时，位错向前运动，位错周围的原子排列被扭曲，局部比体积增大；当位错经过后，这些原子重新复位。因此，位错经过时，原子将产生扰动，从而产生弹性波。位错产生声发射的另一个原因：一个稳定的位错处于低能状态，在外力作用下向前推移时要克服高能势垒，当位错移动到高能势垒时，点阵的应变能增加，越过势垒后则释放出多余的应变能，产生声发射。

孪生变形是金属变形的一种特殊方式，这种变形速度极高也是一种声发射源。

（2）裂纹的形成和发展　如混凝土等材料在硬化过程中，由于干缩或温度变形，在其内部形成许多微裂缝，当应力增加时，这些微裂缝的端部因应力集中而形成一个弹性及塑性变形区，当裂缝延伸时，原有的应变能释放而形成声发射。裂缝的形成和发展是混凝土破坏的基本形式，因此，监测混凝土受力时的声发射特性，可确定混凝土裂缝的活动趋势，从而分析混凝土的损伤程度。

（3）材料的内部摩擦　复合材料内部的不同材料之间，在外力作用下，由于应变值不同而产生粘结面的滑移，滑移面两侧因摩擦力的作用而产生振动，因而发射声波。复合材料中某材料的提前破坏，也是声发射的主要来源。

（4）凝胶体中胶粒的滑移　水泥石中的水化硅酸钙等凝胶体，实际上是一种多相复合体系，其中除胶粒堆聚体外，还有许多宏观或细观孔隙。在外力作用下，尤其是在长期应力作用下，胶粒向孔隙处滑移，这种滑移将引起其他胶粒的扰动和碰撞，因而造成声发射。

（5）相变　混凝土在高温下，往往因石英质组分的晶型变换而破坏，在低温下则因内部水分结冰而破坏，这些破坏都与物质的相变有关。物质的相变过程，以及因相变时造成体积变化和基质缺陷扩展，也会产生声发射。

从以上所列的部分声发射源来看，声发射源的形式是多种多样的。就混凝土而言，其声发射信号主要来自裂缝的形成和发展过程，而且当混凝土的强度、弹粘塑性以及受力状态和破坏阶段不同时，声发射源的数量和声发射信号的强度、频率等都是不同的，这就有利于我们利用声发射信号对混凝土的损伤程度进行鉴别。

2. 声发射信号的特征参数

声发射信号是分析声发射性质和状态的基本依据。我们常用压电式换能器在试体表面接收并记录这些信号，输入仪器进行种种分析和处理。但必须指出，换能器在试体表面所接收到的声发射信号，已不是声发射源所发射的声波的原始信号，这是由于所发射的信号从声发射源到接收换能器还有一个传导过程。声发射信号在混凝土中的传导特性，在界面处它也有反射、折射、波形转换及波形叠加、衰减等现象。因此，严格地说，在分析声发射信号时，还应考虑传导过程对信号的影响，但这一影响还需进一步研究。目前，一般均以换能器输出的信号作为分析的依据。

声发射信号中带有丰富的材料内部信息，为了定量地分析这些信息，必须确定一些描述声发射信号的特征参数。目前已应用的特征参数主要有计数和计数率、幅度和幅度分布、能量和能量率、频谱和波形以及声发射信号的时差等。

（1）声发射事件、计数、计数率和总数　谐振式换能器所测得的声发射信号波形，横坐标为时间 t，纵坐标为经放大后的信号电压 V。当声发射信号到达换能器时，机械振动激发换能器输出电信号。换能器达到谐振状态形成最大输出幅度 V_p 时，需要的一段上升时间 t_r。换能器输出幅值达到顶峰后由于阻尼而逐渐衰减。此后，换能器还可能接收到该发射波经界面反射或波型转换后到达的波，在该信号后部时域波形上形成一个小峰。

为了排除噪声信号的干扰，在检测时设置一个门槛电压 V_t，只有当输入信号超过门槛电压时，才能进入处理单元，低于门槛电压的部分被剔除。

若将上述波形进行包络检波，并使信号包络线在 V_t 以上的部分形成一个整形方波，则称该方波为一个“事件”。包络线与门槛电压 V_t 的两个交点的时域宽度 t_c，称为事件宽度。在检测中，为了避免后部小峰被误计为一个事件，除了 V_t 应选择适当外，还设置一个事件时间间隔 t_i，在该时间内所出现的信号，仪器不予置理。t_c+t_i 即为事件时间或事件持续时间。

记录每一个事件，就叫事件计数。单位时间的事件计数，称为事件计数率。事件计数的累积，称为事件总数。

显然，对声发射信号的这种处理方法，着重于信号出现的频度，而较少反映信号的幅度。在研究混凝土破坏过程时，可用信号出现的频率来反映裂纹扩展的步进次数。例如：普通混凝土中裂缝扩展和受阻的过程，以及纤维增强混凝土中纤维断裂的滑移的程度等都可以应用信号出现的频率来反映裂纹扩展的步进次数研究混凝土破坏过程。

若不对声发射信号进行包络检波，而对门槛电压 V_t 以上的每个波峰进行振铃检波，并直接整形成为一系列振铃方波脉冲。对这些振铃脉冲数计数，称为振铃计数（或脉冲计数）。单位时间内的振铃计数，称为振铃计数率（或声发射率）。振铃计数的累计，称为振铃总数。取一个事件的振铃计数，称为时间振铃计数。

假定一个声发射信号可以近似地看作以指数规律衰减的余弦波，则

$$V=V_p e^{-\alpha t}\cos(\omega t) \tag{4-38}$$

式中 V——瞬时电压；

V_p——峰值电压；

α——衰减系数；

t——时间；

ω——圆频率。

若门槛电压为 V_t，t'为信号振铃下降到门槛电压 V_t 时所需的时间，则在 t'时间内振铃次数 n 应为

$$n=\frac{\omega}{2\pi}t'=ft' \tag{4-39}$$

式中 n——振铃次数；

f——频率。

将式（4-39）代入式（4-38），得

$$V_t=V_p e^{-\alpha n/f}\cos\left[(2\pi f)n\frac{1}{f}\right] \tag{4-40}$$

而

$$\frac{V_t}{V_p}e^{\alpha n/f}=\cos\left[(2\pi f)n\frac{1}{f}\right] \tag{4-41}$$

所以，式（4-41）可以写成

$$n=\frac{f}{c}\ln\left(\frac{V_p}{V_t}\right) \tag{4-42}$$

该式说明，一个事件的振铃计数 n 与衰减系数 α、频率 f、信号峰值电压 V_p 和门槛电压 V_t 有关。它比事件计数更全面地反映了声发射信号的特性，而且既适用于突发信号，也适用于连续信号，是目前应用较多的一种计数方法。

(2) 能量 声发射信号能量的大小，反映了声发射源释放能量的强烈程度。声发射信号虽经传输和多次变化，但在某些条件不变时，换能器输出的信号，仍能反映声发射源释放能量的相对大小。

一个瞬态信号的能量，定义为

$$E=\frac{1}{R}\int_0^{\infty}V^2(t)\,dt \tag{4-43}$$

式中 V——随机变化的电压值；

R——电压测量电路的输入阻抗。

因此，只要将接收信号的幅度平方，然后进行包络检波，包络线与时间轴所包围的面积，即为信号所具有的能量。

假定信号为一指数衰减的正弦波

$$V(t)=V_p e^{-\alpha t}\sin(\omega t) \tag{4-44}$$

代入式（4-43），从 0 积分到 t'，则

$$\begin{aligned}E&=\frac{1}{R}\int_0^{t'}V^2(t)\,dt=\frac{1}{R}\int_0^{t'}V_p^{\,2}e^{-2\alpha t}\sin^2(\omega t)\,dt\\&=\frac{V_p^{\,2}}{R}\left\{\frac{1-e^{-2\alpha t'}}{4\alpha(1+\alpha^2/\omega^2)}-\frac{e^{-2\alpha t'}}{2(\omega^2+\alpha^2)}-\sin(\omega t)\cdot\left[\omega\cos(\omega t')+\alpha\sin(\omega t')\right]\right\}\end{aligned} \tag{4-45}$$

当 $e^{-2\alpha t'}\ll 1$ 时，有

$$E \approx \frac{V_p^2}{4\alpha(1+\alpha^2/\omega^2)R} \tag{4-46}$$

联立上几式，得

$$E \approx \frac{V_t^2 e^{2\alpha n/f}}{4R\alpha\left(1-\frac{\alpha}{4\pi^2 f^2}\right)} = \frac{V_t^2 e^{2\alpha t'}}{4R\alpha\left(1+\frac{\alpha^2}{\omega^2}\right)} \tag{4-47}$$

若式中除 n 外其余各项均为常数，则该式表明了能量 E 与一个事件的振铃计数 n 成正比，因此，可以测量计数作为能量的量度。

必须指出，上述推导式是在假定声发信号作为指数衰减正弦波，以及衰减系数 α 为常数的前提下进行的。这一假定与实际声发射波不一致，其中 α 与换能器的性质、试件形状、换能器与试件的耦合条件等一系列因素有关，因此，式中的 E 值，在测量中只能是相对值。

这一方法可用于同一混凝土试件中各种不同破坏阶段声发射信号能量的相对比较，或不同声发射源信号能量的对比。

（3）幅度与幅度分布　从上式可知，声发射能量 E 与幅度 $V_p{}^2$ 成正比，因此，可用声发射信号幅度大小，作为声发射试件释放能量的量度。通常是按信号幅度的范围分别对声发射信号进行试件计数，称为幅度分布分析，其表示方法有两种：① 试件分级幅度分布。将声发射仪的主要放大器输出最大动态范围的电压值，以线性或对数的方式按规律分成数个等级，每个等级有各自的电平范围。然后，对声发射事件按分类的等级进行计数，并绘成幅度分布直方图。将各不同等级中的声发射计数，作为进一步分析的依据。② 事件累计幅度分布。将声发射仪中的主放大器输出的最大动态范围，按上述方法分成若干个等级，每个等级都有一个下限电平 V_t。将声发射计数按超过各等级下限电平 V_i 的计数进行累计，这样所得到的事件累计计数分布规律可表示为

$$N_{(V_i)} = KV_i{}^{-b} \tag{4-48}$$

式中　$N_{(V_i)}$——下限电平等于 V_i 的累计计数值；

　　b——累计幅度分布曲线的斜率。

若把幅度分级看成一套筛子，那么，分计幅度分布就像分计筛余，而累计幅度分布就像累计筛余。

通常，改变分计方式，事件累计幅度分布曲线可处理成一直线，其斜率 b 的物理意义是：当裂纹以较大的步进扩展时，幅度大的信号成分比例较大，b 值较小；当裂缝以小的步进扩展时，幅度小的信号成分比例较大，b 值较大。因此，b 值反映了声发射信号的强弱，以及不同强度信号的组合情况，而且与信号强弱的总体波动无关。

（4）频谱分析　声发射信号的频谱与声发源的微观机理密切相关，因此，频谱中应带有材料破坏过程和破坏性质的重要信息。所谓频谱分析，主要是测定声发射信号中各频率成分的信号幅度。可采用快速傅里叶变换求得。检测时为了尽可能保持声发射信号的原始面貌，应采用宽带换能器和放大器，然后输入仪器的频谱分析系统。

（5）声发射信号的时差　在试体表面布置若干个接收换能器，由于声发射源与各接收换能器的距离不同，同一个信号到达各换能器的时间也不同，因而产生信号间的时间差。时差值是声发射源定位的基本依据。

声发射信号的上述各种特征参数的测定，由声发射仪中的信号处理单元完成。

3. 声发射源的定位方法

进行大型构件或结构的声发射监测时，必须对声发射源的位置作出判断，才能确定该结构的损伤程度和这些损伤对结构安全的影响。声发射源的定位方法是声发射技术的一个重要研究课题，它的基本原理是在试体表面布置若干个接收换能器，测出同一声源信号到达各换能器的顺序和时差，若试体材料的声速已知，则可算出信号传播距离的相对长短，然后用各种几何方法确定声源位置。几种常用的定位方法有：

（1）一维源的定位　一维源定位即直线定位，它是声源定位中最基本的方法，其目的是已知声源在某一直线上时，确定声源在直线上的准确位置。例如：在混凝土细长梁的切口断裂试验中，即可用这种方法作为鉴别初裂声发射信号是否来自切口端部的辅助手段。

假定已知声发射源必在某一直线上，并令该直线与 x 坐标重合。O 为坐标原点，在该线的 A、B 位置安放两个换能器 1 和 2，与原点 O 的距离相等。令换能器 1 和 2 之间的距离为 $2C$，即各换能器与原点的距离为 C，则换能器 1、2 的坐标分别为（$-C$，0）和（C，0）。

在某一时刻，换能器 1，2 分别收到声发射信号，收到的顺序为 1→2 或 2→1。两者的时差为 Δt，由于已知监控区域内声发射信号传播速度 v，因而可求出两换能器与声发射源距离之差 $2a$ 为

$$2a = v\Delta t \tag{4-49}$$

一个动点与两个定点间距离之差为定值的方程，是两条对称于 y 轴的双曲线，其顶点距离为 $2a$，方程为

$$\frac{x^2}{a^2} - \frac{y^2}{c^2 - a^2} = 1 \tag{4-50}$$

据此，只要测得换能器接收到声发射信号的次序及时差，解下列方程，即可确定声发射源的坐标

$$\begin{cases} \dfrac{x^2}{a^2} - \dfrac{y^2}{c^2 - a^2} = 1 \\ y = 0 \end{cases} \tag{4-51}$$

当监听到的顺序为 1→2 时，$x = -a$；为 2→1 时，$x = a$。

若声发射源所在直线与 x 轴不重合，换能器仍布置在 x 轴的 1，2 位置，而声发射源所在的直线对该坐标系的方程为

$$y = mx = b \tag{4-52}$$

则将该直线方程代入，可得

$$x_1 = \frac{B + \sqrt{B^2 + 4AC}}{2} \tag{4-53}$$

$$x_2 = \frac{B - \sqrt{B^2 + 4AC}}{2} \tag{4-54}$$

$$A = c^2 - a^2(1 + m^2);\ B = -2a^2bm;\ C = -a^2(b^2 + c^2 - a^2);\ a = \frac{v \cdot \Delta t}{2}$$

当监听到的顺序为 1→2 时，$x = x_2$；为 2→1 时，$x = x_1$。

（2）二维源的定位　二维源的定位即面定位，用以确定声发射源的平面位置。通常用 3 个或 4 个换能器再配备多通道的仪器即可进行二维定位。换能器在试体上的布置方式，称为

阵列。选用不同的阵列可推演出不同的定位计算方法。下面分析归一化正方形阵列定位法。

所谓归一化正方形阵列，就是将声源位置坐标与换能器坐标归一化。把换能器1、2、3、4布置在x、y直角坐标系的（1，1），（-1，1），（-1，-1）和（1，-1）4个点上，声源位置为$P(x, y)$。

令声发射信号到达第一个换能器的时间为t_1，与其他换能器的时间间隔分别为Δt_2，Δt_3，Δt_4，监控区内材料的声速为v，则$P(x, y)$应分别位于以各换能器为圆心，以相应的信号传播距离vt_1，$v(t_1+\Delta t_2)$，$v(t_1+\Delta t_3)$，$v(t_1+\Delta t_4)$为半径的4个圆的交点上，即其坐标位置x、y应满足一下4个圆方程

$$\begin{cases}(x-1)^2+(y-1)^2=v^2t_1^2\\(x+1)^2+(y-1)^2=v^2(t_2+\Delta t_2)^2\\(x+1)^2+(y+1)^2=v^2(t_1+\Delta t_3)^2\\(x-1)^2+(y+1)^2=v^2(t_1+\Delta t_4)^2\end{cases} \tag{4-55}$$

因4个换能器所接收的信号来自同一声源，故4个圆只有一个交点，方程组只能有一个解。

将上式展开整理并各减第一式得

$$\begin{cases}-4x+2v^2\Delta t_2t_1=-v^2\Delta t_2^2\\-4x-4y+2v^2\cdot\Delta t_3\Delta t_1=-v^2\Delta t_3^2\\-4y+2v^2\Delta t_4t_1=-v^2\Delta t_4^2\end{cases} \tag{4-56}$$

解得

$$\delta=\begin{vmatrix}-4 & 1 & 2v^2\Delta t_2\\-4 & -4 & 2v^2\Delta t_3\\0 & -4 & 2v^2\Delta t_4\end{vmatrix}=32v^2\ (\Delta t_4-\Delta t_3+\Delta t_2) \tag{4-57}$$

$$\Delta x=\begin{vmatrix}-v^2\Delta t_2^2 & 0 & 2v^2\Delta t_2\\-v^2\Delta t_3^2 & -4 & 2v^2\Delta t_3\\-v^2\Delta t_4^2 & -4 & 2v^2\Delta t_4\end{vmatrix}$$

$$=8v^4\Delta t_2(\Delta t_2\Delta t_4-\Delta t_2\Delta t_3+\Delta t_3^2-\Delta t_4^2) \tag{4-58}$$

$$\Delta y=\begin{vmatrix}-4 & -v^2\Delta t_2^2 & 2v^2\Delta t_2\\-4 & -v^2\Delta t_3^2 & 2v^2\Delta t_3\\0 & -v^2\Delta t_4^2 & 2v^2\Delta t_4\end{vmatrix}$$

$$=8v^4\Delta t_4(\Delta t_3^2-\Delta t_3\Delta t_4-\Delta t_2^2+\Delta t_4\Delta t_2) \tag{4-59}$$

$$x=\frac{\Delta x}{\delta}=\frac{8v^4\Delta t_2(\Delta t_2\Delta t_4-\Delta t_2\Delta t_3+\Delta t_3^2-\Delta t_4^2)}{32v^2(\Delta t_4-\Delta t_3+\Delta t_2)}$$

$$=\frac{v^2\Delta t_2[\Delta t_3(\Delta t_3-\Delta t_2)-\Delta t_4(\Delta t_4-\Delta t_2)]}{4(\Delta t_4-\Delta t_3+\Delta t_2)} \tag{4-60}$$

$$y=\frac{\Delta y}{\delta}=\frac{8v^4\Delta t_4(\Delta t_3^2-\Delta t_3\Delta t_4-\Delta t_2^2+\Delta t_4\Delta t_2)}{32v^2(\Delta t_4-\Delta t_3+\Delta t_2)}$$

$$= \frac{v^2 \Delta t_4 [\Delta t_3 (\Delta t_3 - \Delta t_4) - \Delta t_2 (\Delta t_2 - \Delta t_4)]}{4(\Delta t_4 - \Delta t_3 + \Delta t_2)} \tag{4-61}$$

由上两式可知，在换能器布置方案中，只要测得各换能器所接收的信号的时差，并测得声速 v，即可算出声发射源的坐标位置。

以同样的方法，还可以建立换能器在不同布置方式时的计算公式，其推导原理是相同的，此处不再赘述。

总之，在声发射源定位时，应根据试体的表面情况和构造形式，适当选择换能器的数量和布置方式，然后根据上述按时差定位的原理，用数学方法求出相应的定位公式。为了提高效率，可将这些繁琐的公式编入程序，由计算机处理。

4.4.3 声发射仪简介

1. 对声发射仪的基本要求

从声发射计数的基本原理可知，在监测过程中，声发射仪有三方面的基本功能，即接收声发射信号、处理声发射信号、显示和记录处理结果。鉴于声发射信号的特点，对仪器有如下基本要求：

1）声发射信号时极其微弱的信号，它们传到试体表面后，试体表面质点所产生的垂直振动位移约为 $1\times10^{-14}\sim1\times10^{-7}$不同类型声发射源所发射的信号，幅度相差很大而且声发射信号是上升时间很短、重复速率很高的脉冲，其上升时间只有几十至几百毫微秒。因此，要求声发射仪具有对快速上升和高重复速率的脉冲信号的响应能力，具有较高的检测灵敏度和较宽的动态范围，以及对强信号阻塞的恢复能力。

2）各种不同材料的声发射信号的频率分布约为次声～30MHz，混凝土声发射信号的频率约为10kHz～30MHz。因此，声发射仪应有较宽的频率响应范围。在检测时，往往选择整个频带中某一频段作为检测的频率“窗口”。因此，也要求有较大的频响宽度，以便有较大的检测“窗口”的选择余地。当需要对声发射信号进行频谱分析时，需尽可能保持信号的原始频率特性，即要求有更宽的频响曲线的平直段。

3）声发射测试时常有各种噪声干扰。常见的噪声来源主要有机械噪声（通常低于50Hz）；液体噪声（通常为100kHz～1MHz）；电气噪声以及由夹具、压头、球座等带来的摩擦噪声等。这些噪声的频率有的与声发射源的发射信号频段重叠，其特性除了频率特性外，其他与声发射信号也十分相似。因此，声发射仪应具有鉴别信号和排除噪声的多种功能。

4）声发射监测的最终目的，是通过对声发射信号的分析，对结构或构件的损伤程度作出判断。因此，声发射仪应有快速、完善的分析处理功能。

2. 声发射仪的基本组成

按通道数量的不同，声发射仪可分为单通道和多通道两种类型。单通道声发射仪可进行声发射信号的多种分析，但无法进行声源定位。多通道声发射仪则可进行多位监测和声源定位，是一种较完善的机型。

目前，国内外已有多种声发射检测系统可供选择。国内主要有沈阳计算机厂生产的SF—02A 型双通道声发射测试仪及4010 声发射组件系统。国外常见的有美国 Dunegan/Endevco 公司生产的3000、6000、8000 和1032 系统，及美国声发射技术公司生产的 AET5000 组件系统。此外，日本、德国等也有产品上市。

声发射信号由接收换能器接收，变换成电信号，再通过前置放大器放大，提高信噪比。一般要求前置放大器应具有40～60dB的增益，噪声电平不超过5μV，并有较大的动态范围和频响宽度，在工作频率范围内增益变化不超过3dB。经前置放大器放大后的信号，被馈入滤波器，滤去工作频率以外的信号，再由主放大器放大40～60dB，整个系统的总增益约为80～120dB。主放大器也应有足够的动态范围和频响宽度，一般要求在50kHz～1MHz的范围内，增益变动不超过3dB，动态范围为10V左右。放大后的信号与门槛电平比较，超过门槛电平的峰值经整形后即变成事件脉冲信号或振铃脉冲信号。仪器中装有一系列信号处理单元，可进行振铃计数、事件计数、事件宽度分析、幅度分析、能量分析、频谱分析及时差分析等，通常再将所测得的声发射信号特征参数输入计算机作进一步分析计算，如按时差进行定位计算，或按其他特征参数，根据已建立的经验关系进行损伤程度分析等。此外，往往将信号放大后输入显示装置，以便观察。最后，将所有的测定值和计算、分析结果打印输出。

以上各分析单元的配制，视检测要求而定，所以声发射仪常做成插件组合结构，以便根据需要任意组配。

4.4.4　混凝土的声发射特征

1. 普通混凝土轴向受压时的声发射的一般特征

由普通混凝土轴向抗压时的应力-应变曲线和声发射计数率直方图之间的相应关系，可见裂缝开展和声发射有3个特征区：在Ⅰ区中，只有少数声发射事件，信号幅度也较低。明显不同于干扰声的声发射信号，发射在该混凝土破坏应力为15%～25%；在此后的一个阶段内，声发射信号的脉冲计数率、平均幅度或事件计数率均无显著增长，该区被定为Ⅱ区。一般认为，在Ⅱ区内，混凝土裂缝迅速扩展，声发射计数率急剧增大，说明裂缝失稳导致破坏。该区的应力范围约为混凝土破坏应力的75%～90%。

以上分析说明，分析声发射既可得出混凝土内部结构破坏的发展过程，又可得出破坏的方式。但一般计数法，如脉冲计数率、脉冲总数、事件计数率或事件总数等，主要反映了结构破坏的过程，而对破坏方式即对每次声发射的强烈程度是不敏感的。如果需要更确切地了解破坏方式和损伤程度，则应对声发射信号进行能量分析（或脉冲面积分析）、幅度或幅度分布分析、频谱分析等。在大多数情况下，采用脉冲总数、脉冲面积（或能量）、脉冲幅度等3种分析，就能较好地反映结构破坏的过程和方式。

2. 混凝土受压破坏过程的几个声发射特征值

如前所述，混凝土受压破坏的过程有3个阶段。在这3个阶段中，可找到与混凝土结构破坏状态相对应的几个声发射特征值。

根据脉冲总数、幅度、平均面积总数、频谱等分析结果与混凝土破坏过程的相应关系；其结果与上述3个区基本一致，现分区予以说明。

（1）Ⅰ区　加载以后，混凝土立即产生低能量的声发射，这些声发射信号与典型的摩擦和滑移现象所产生的信号相似。其原因是混凝土硬化时所形成的孔隙被压实，混凝土中水泥浆的粘塑性变形，同时还伴随着早期微裂缝的形成。该区的现象可同时从脉冲总数曲线和幅度及能量分析结果中看出。在该区内脉冲总数较少，能量和幅度都较低。

若以相对应力（即应力值与破坏应力或极限应力的比值）来表示，该区的相对应力范围为0～0.15。

（2）Ⅱ区　在Ⅰ区之后，应力继续增大，混凝土中的微裂缝有不同程度的增多和延长。裂缝发展的程度与所加的应力水平有关，也与粗集料粒径等内部构造因素有关。Ⅱ区的终端所对应的应力称为“不连续极限”，以符号 δ_d 表示。在Ⅱ区中微裂缝的开展是稳态开展。在Ⅱ区中，声发射脉冲总数曲线随外加应力近似地增长，在图上体现为直线段。同时，在该区内信号幅度较小，脉冲的面积分布朝较高的方向偏移。有些研究者把该区的上限称为“微裂缝极限”，以 δ_D 表示，δ_D 与 δ_d 一致，其值为0.7～0.8的相对应力。但不同的混凝土 δ_d 与 δ_D 的具体值不同，它与混凝土强度及品种、集料最大粒径等因素有关。

（3）Ⅲ（a）区　在该区混凝土内的微裂缝和宏观裂缝不断发展和累积，这种破坏情况，除了可用上述计数分析方法观察外，还可以用脉冲面积或能量分析的方法来观察。试验证明，进入该区后，相应的脉冲总数曲线和脉冲面积总数曲线都表现出近似的指数增长规律。同时，信号幅度也有明显增大。在轻集料混凝土的破坏过程中，在Ⅲ区中轻集料混凝土中的集料已经开始破裂。

该区直到裂缝失稳区为止，其分界值可由声发射信号的幅度测量值来确定，通常以信号幅值超过20dB为界。以所谓“稳定性界限”作为微裂缝稳定与失稳的分解值。一般来说，该点即为混凝土从较小的破坏到完全破坏的过渡点，又称为“内部结构上限阈值”，以 δ_{stab} 表示，其具体取值决定于混凝土类型、配合比等因素，相对应力范围约为 $0.85<\delta_{stab}\leqslant0.95$。

（4）Ⅲ（b）区　“稳定性界限” δ_{stab} 把裂缝的稳定状态与失稳状态（δ_{mst}）区分开来，在该界限附近，混凝土中产生越来越多的贯通裂缝，试件裂成许多有一定机械连接的柱状区。假如应力继续增大，超过了该临界值，试件会迅速遭到破坏。这时相应的声发射信号大部分呈最大幅度和最大计数率，有时甚至超过仪器的适应范围，而使处理结果失真。

该区的具体范围与混凝土的品种、配合比、试件尺寸、加载方式等因素有关，其相对应力范围约为 $0.85<\delta_{mst}\leqslant0.95$。

采用声发射信号的频谱分析方法，可以更仔细地跟踪混凝土内部结构的破坏过程。从混凝土的应力-应变曲线和采用快速傅里叶变换所求得的不同应力水平时声发射信号的频谱曲线可以看到，混凝土声发射信号频谱曲线的峰值在低频区。当相对应力处于Ⅰ区和Ⅱ区时，频谱曲线几乎不变；在Ⅲ区内，高频成分突然增大，在最大应力附近，低于50kHz的低频部分也增大，声发射功率也突然增大。这些频率特性的变换趋势与通常一直的混凝土破坏过程（即粘结裂缝、砂浆裂缝的发展，进而相互贯通）及宏观裂缝的最终形成和失稳这样一种破坏过程是相对应的。

频谱分析结果表明，声发射信号处于10kHz～30MHz。但由于噪声的干扰和高频信号衰减等因素的限制，实际应用的频率范围约为50kHz～1.5MHz。大于800kHz的信号，幅度降低20dB以上。对于普通混凝土，较高幅值的频率范围为50～300kHz；对于轻集料混凝土，较高幅值降低频率范围为50～400kHz。

3. 混凝土声发射的凯塞效应

当材料被加荷时，有声发射信号产生，若卸去载荷后第二次再加载，则在卸荷点以前不再有声发射信号，只有当超过第一次加载的最大载荷（即卸荷点）后，才有声发射信号，这种现象称为声发射的不可逆效应。由于它是凯塞（J. Kaiser）首先发现的，所以又称为凯塞效应。

混凝土的凯塞效应，基本上决定于加荷以后的恢复时间和先加荷载所达到的应力水平。

对二次加荷间隔时间较长情况的研究表明，凯塞效应随着恢复时间周期的延长而减弱，这是由于硬化水泥浆粘塑性的作用造成的。这种恢复现象与第一次加荷的应力水平无关。恢复过程使脉冲总数和脉冲面积总数重新上升。恢复期长短的影响自 28d 后减轻。

总之，混凝土的声发射凯塞效应不仅与恢复期（即卸荷至第二次加荷的时间）的长短有关，还与第一次加荷时所达到的应力水平有关，随着第一次加荷时应力水平的提高，凯塞效应越来越不显著。

此外，在热应力作用下，混凝土的声发射现象也存在凯塞效应。

显然，凯塞效应实质上记录了混凝土曾经承受过的应力。换而言之，利用混凝土声发射特性的凯塞效应，人们有可能对该混凝土的受力历史作出判断。

4. 影响混凝土声发射特性的其他因素

试验证明，混凝土声发射特性还与其他许多因素有关，如加荷装置和受力类型、试体形状和尺寸、集料的品种和大小、混凝土的极限强度值等。当试件受力与压板之间的摩擦力导致环箍效应减小时，早期声发射脉冲总数明显提高。

因此，当应用声发射特性对混凝土损伤程度或受力历史进行判断时，必须充分考虑不同因素对声发射特性的影响，以免误判。

由于混凝土影响因素复杂，因而对各种影响因素的影响程度尚待进一步研究，建立各种因素的修正关系及声发射特性与混凝土损伤程度之间的定量关系，将是声发射技术用于实际工程检测中需要解决的主要课题之一。

5. 声发射在混凝土中的应用前景

声发射技术虽然尚有许多问题有待进一步研究，但它已在许多场合被应用。例如，在混凝土性能的研究中，用来测定混凝土的初裂应力，以确定断裂参数。此外，用声发射技术分析混凝土的破坏过程，以确定各种不同混凝土在整个受力过程中的力学行为，这些都是其他试验方法所无法胜任的。

它在工程检测中的应用也越来越受到人们的重视。例如，用于正在运行的核电站混凝土结构安全性监视，通过预先布置的传感器，对可能发生的损伤进行检测、定位、分析和监视，以便及时发现问题，并确定其在规定运行年限内对结构安全性的影响程度。在市政工程、桥梁、房屋建筑等工程中，声发射技术也已开始受到重视，目前已成功地应用于混凝土框架和板的检测，表明声发射技术对混凝土构件中裂缝的发展，具有灵敏的识别、定位和分析能力。

第5章　混凝土测温技术

5.1　混凝土测温概述

混凝土测温的目的是了解混凝土内部温度的变化过程。由于工程性质与生产工艺上的不同，对测温要求也有所不同，大致可分为三类：混凝土在冬期施工中的测温、大体积混凝土施工的测温、混凝土热养护测温。

5.1.1　混凝土在冬期施工中的测温

（1）目的及适用范围　混凝土冬期施工的测温的目的是了解现浇混凝土结构工程中的初期温度变化。它适用于冬期施工不同养护方法的测温。

（2）一般要求

1）施工单位或检测单位应根据工程进展情况，按单位工程制定测温方案，并绘制测温孔的平（立）面布置图。

2）在进入混凝土冬期施工前，必须做好测温设备及用具的准备。

3）对所有的控制设备及温度计必须事先进行检验，经检验合格后方可使用。

（3）测温用具

1）测温箱：规格不小于300mm×300mm×400mm的白色百叶箱，宜安装于离建筑物10m以外、距地面高度1.5m、通风条件较好的地方。

2）温度计：-10~100℃的棒式温度计。

3）最高和最低温度计。

4）测温套管：一般用白色薄钢板制作，底部封闭，上端开口，上大下小，内径为10~15mm，长度根据测温孔的深浅确定。

（4）测温孔的设置要求

1）测温孔位置的选择，应选择在温度变化大的，容易散失热量的部位和易于遭受冻结的部位；西北部或背阴的地方应多设置。测温孔孔口不宜迎风设置。

2）所有测温孔的位置，应在测温孔的平（立）画图上进行编号。

（5）测温要求

1）现浇混凝土在测温时按测温孔编号顺序进行，温度计插入测温孔后，堵塞住孔口，留置在测温孔内3~5min后读数。读数前，应先用指甲按住酒精柱上端所指度数，然后从测温孔中取出温度计，并使与视线成水平，仔细读出所测温度值，并将所测温度记在记录表上，然后将测温孔封闭。

2）测温时，要按项目要求按时进行（见表5-1）。

表5-1 测温要求

测温项目	测温次数	测温项目	测温次数
大气温度、环境温度 水、砂、石等原材料 搅拌棚室内温度 混凝土出罐温度 混凝土入模温度	每昼夜2~4次 每工作班4次 每工作班2~4次 每工作班2~4次 每工作班2~4次	混凝土养护期内 (1) 大模板蓄热法养护 (2) 一般结构蓄热法养护 (3) 蒸汽养护：升温、降温、恒温	每小时1次 每天4次 每2小时一次

3）测温记录项目。① 冬期施工室外大气测温记录表，并绘制温度变化曲线图；② 冬期施工混凝土的原材料及混凝土拌合物的温度记录表；③ 冬期施工混凝土养护测温记录表。

5.1.2 大体积混凝土施工的测温

1. 施工准备工作

大体积混凝土的施工技术要求比较高，特别在施工中要防止混凝土因水泥水化热引起的温度差产生温度应力裂缝。因此，需要从材料选择上、技术措施等有关环节做好充分的准备工作，才能保证基础底板大体积混凝土顺利施工。

2. 材料选择

(1) 水泥　考虑普通水泥水化热较高，特别是应用到大体积混凝土中，大量水泥水化热不易散发，在混凝土内部温度过高，与混凝土表面产生较大的温度差，使混凝土内部产生压应力，表面产生拉应力。当表面拉应力超过早期混凝土抗拉强度时就会产生温度裂缝，因此确定采用水化热比较低的矿渣硅酸盐水泥，强度等级为42.5R。通过掺加合适的外加剂可以改善混凝土的性能，提高混凝土的抗渗能力。

(2) 粗集料　采用碎石，粒径为5~25mm，含泥量不大于1%，选用粒径较大、级配良好的石子配制的混凝土，和易性较好，抗压强度较高，同时可以减少用水量及水泥用量，从而使水泥水化热减少，降低混凝土温升。

(3) 细集料　采用天然河砂，宜用中砂，含泥量不大于3%。选用级配良好的中、粗砂拌制的混凝土比采用细砂拌制的混凝土可减少用水量10%左右，同时相应减少水泥用量，使水泥水化热减少，降低混凝土温升，并可减少混凝土收缩。

(4) 粉煤灰　由于混凝土的浇筑方式为泵送，为了改善混凝土的和易性便于泵送，考虑掺加适量的粉煤灰。按照规范要求，采用矿渣硅酸盐水泥拌制大体积粉煤灰混凝土时，其粉煤灰取代水泥的最大限量为25%。粉煤灰对水化热、改善混凝土和易性有利，但掺加粉煤灰的混凝土早期极限抗拉值均有所降低，对混凝土抗渗抗裂不利，因此粉煤灰的掺量控制在10%以内，采用外掺法，即不减少配合比中的水泥用量。按配合比要求计算出每立方米混凝土所掺加粉煤灰量。

(5) 外加剂　设计无具体要求时，可以通过分析比较及过去在其他工程上的使用经验，采用相应减水剂。减水剂可降低水化热峰值，对混凝土收缩有补偿功能，可提高混凝土的抗裂性。

3. 混凝土配合比

混凝土配合比应采用试配确定。按照《混凝土结构工程施工规范》、《普通混凝土配合比设计规程》及《粉煤灰混凝土应用技术规范》中的有关技术要求进行设计。

粉煤灰采用外掺法时仅在砂料中扣除同体积的砂量。另外，应考虑水泥的供应情况，以满足施工的要求。

4. 现场准备工作

1）基础底板钢筋及柱、墙插筋应分段尽快施工完毕，并进行隐蔽工程验收。

2）基础底板上的地坑、积水坑采用组合钢模板支模，不合模数部位采用木模板支模。

3）将基础底板上表面标高抄测在柱、墙钢筋上，并作明显标记，供浇筑混凝土时找平用。

4）项目经理部应与建设单位联系好施工用电，以保证混凝土振捣及施工照明用。

5）管理人员、施工人员、后勤人员、保卫人员等昼夜排班，坚守岗位，各负其责，保证混凝土连续浇筑的顺利进行。

5. 大体积混凝土施工对温度的要求

规范规定，对大体积混凝土养护，应根据气候条件采取控温措施，并按需要测定浇筑后的混凝土表面和内部温度，将温差控制在设计要求的范围内。

6. 大体积混凝土施工

（1）钢筋加工及安装　钢筋加工在施工现场进行，暗梁主筋采用闪光对焊连接，底板钢筋采用冷搭接。基础底板钢筋施工完毕进行柱、墙插筋施工，柱、墙插筋应保证位置准确。基础底板钢筋及柱、墙插筋施完毕，组织一次隐蔽工程验收，合格后方可浇筑混凝土。

（2）混凝土浇筑施工

1）混凝土采用商品混凝土，用混凝土运输车运到现场，采用两台混凝土输送泵输送浇筑。

2）混凝土浇筑时应采用“分区定点、一个坡度、循序推进、一次到顶”的浇筑工艺。钢筋泵车布料杆的长度，划定浇筑区域，每台泵车负责本区域混凝土浇筑。浇筑时先在一个部位进行，直至达到设计标高，混凝土形成扇形向前流动，然后在其坡面上连续浇筑，循序推进。这种浇筑方法能较好地适应泵送工艺，便每车混凝土都浇筑在前一车混凝土形成的坡面上，确保每层混凝土之间的浇筑间歇时间不超过规定的时间。混凝土浇筑应连续进行，间歇时间不得超过6h，如遇特殊情况，混凝土在4h仍不能连续浇筑时，需采取应急措施。即在已浇筑的混凝土表面上插ϕ12短插筋，长度1m，间距50mm，呈梅花形布置。

3）混凝土浇筑时在每台泵车的出灰口处配置3～4台振捣器，因为混凝土的坍落度比较大，在1.5m厚的底板内可斜向流淌1m左右远，两台振捣器主要负责下部斜坡流淌处振捣密实，另外1～2台振捣器主要负责顶部混凝土振捣。

4）由于混凝土坍落度比较大，会在表面钢筋下部产生水分，或在表层钢筋上部的混凝土产生细小裂缝。为了防止出现这种裂缝，在混凝土初凝前和混凝土预沉后采取二次抹面压实措施。

5）现场按每浇筑100m^2（或一个台班）制作3组试块，1组7d抗压强度，1组28d抗压强度归技术档案资料用。

6）防水混凝土抗渗试块按规范规定每单位工程不得少于2组。工程不大时，可按规定取2组防水混凝土抗渗试块。

7. 混凝土测温

1）基础底板混凝土浇筑时应设专人配合预埋测温管。测温管的长度分为两种规格，测温线应按测温平面布置图进行预埋，预埋时测温管与钢筋绑扎牢固，以免位移或损坏。每组测温线有2根（即不同长度的测温线），在线的上端用胶带做上标记，便于区分深度。测温线用塑料带罩好，绑扎牢固，测温端头不能受潮。

2）配备专职测温人员，按两班考虑。对测温人员要进行培训和技术交底。测温人员要认真负责，按时按孔测温，不得遗漏或弄虚作假。测温记录要填写清楚，换班时要进行交底。

3）测温工作应连续进行，每一次测温，持续测温时间及混凝土强度均要达到技术要求，并经技术部门同意后方可停止测温。

4）测温采用液晶数字显示电子测温仪，以保证测温及读数准确。

8. 混凝土养护

1）混凝土浇筑及二次抹面压实后应立即覆盖保温，先在混凝土表面覆盖麻袋或土工布等保水材料。

2）新浇筑的混凝土水化速度比较快，盖上麻袋或土工布后可进行保温保养，防止混凝土表面因脱水而产生干缩裂缝。

3）柱、墙插筋部位是养护的难点，要特别注意盖严，防止温差较大。

5.1.3 混凝土热养护测温

（1）目的及适用范围　混凝土热养护测温是控制热养护升温时升温、恒温和降温过程中的时间和温度的关系，以保证养护工序的正常进行，确保混凝土构件的质量。混凝土热养护适用于各种类型的隧道窑、立窑、养护池、热台座及现场热养护作业。

（2）升温控制　混凝土热养护升温的快慢对质量的影响很大。加温速度过快，将加速混凝土过早的脱水，促使混凝土表面很松，直接影响构件的强度。应根据下列情况选择升温速度。

1）混凝土成型后，应根据静定时间的长短选择升温速度。

2）根据混凝土坍落度的大小以及构件的类型选择升温速度。如在塑性混凝土中，对薄壁构件，每小时不得超过25℃；其他构件，每小时不得超过20℃；而整体浇筑的混凝土结构，其升温速度为10～15℃/h；用于硬性混凝土制作的构件，升温速度可选为35～40℃。

3）根据不同的热养护工艺选择热养护的升温速度。

4）根据不同的水泥品种和外加剂类型选择升温速度。

（3）恒温控制　混凝土热养护恒温控制时间的长短与温度的高低是影响混凝土强度的主要因素。因此，在选择养护工艺前，必须考虑以下条件：

1）根据生产周期要求选择恒温时间。

2）根据恒温高度的高低选择恒温时间。

3）恒温阶段，应保持相对湿度在90%以上，干热养护控制介质相对湿度可适当降低。

（4）降温控制

1）根据环境温度决定混凝土的降温温度。

2）整体浇筑的结构混凝土的降温速度每小时不超过10℃。

3）热养护的构件温度必须降至与环境温差不大于40℃后才能出池。当池外的气温为负温度时，温差不得大于20℃。

（5）测温设备　根据混凝土养护工艺选定不同类型的测温计：

1）铜—康铜热电偶测温法，它适用于隧道窑、大体积混凝土以及冬期混凝土施工的测温。

2）半导体指针温度计，它适用于养护池、隧道窑等。

3）玻璃棒棒式温度计、读数温度计等。

5.2 热电偶测温法

5.2.1 概述

热电偶是温度测量仪表中常用的一种测温元件。它直接测量温度，并把温度信号转换成热电动势信号，通过电气仪表（二次仪表）转换成被测介质的温度。热电偶测温的基本原理是两种不同成分的材质导体组成闭合回路，当两端存在温度梯度时，回路中就会有电流通过，此时两端之间就存在电动势—热电动势，这就是所谓的塞贝克效应（Seebeck Effect）。两种不同成分的均质导体为热电极，温度较高的一端为工作端，温度较低的一端为自由端，自由端通常处于某个恒定的温度下。根据热电动势与温度的函数关系，制成热电偶分度表；分度表是自由端温度在0℃时的条件下得到的，不同的热电偶具有不同的分度表。热电偶的热电动势将随着测量端温度升高而增长，它的大小只与热电偶材料和两端温度有关，与热电极的长度、直径无关。各种热电偶的外形常因需要而极不相同，但是它们的基本结构却大致相同，通常由热电极、绝缘套保护管和接线盒等主要部分组成，通常和显示仪表、记录仪表和电子调节器配套使用。

在热电偶回路中接入第三种金属材料时，只要该材料两个接点的温度相同，热电偶所产生的热电动势将保持不变，即不受第三种金属接入回路中的影响。因此，在热电偶测温时，可接入测量仪表，测得热电动势后，即可知道被测介质的温度。

热电偶测量温度时要求其冷端（测量端为热端，通过引线与测量电路连接的端称为冷端）的温度保持不变，其热电动势大小才与测量温度成一定的比例关系。若测量时，冷端的（环境）温度变化，将严重影响测量的准确性。在冷端采取一定措施补偿由于冷端温度变化造成的影响称为热电偶的冷端补偿正常。

5.2.2 热电偶的分类

两种不同成分的导体A和B连接在一起，形成一个闭合回路，如图5-1所示。当两个节点1和2的温度不同时，例如$t > t_0$，在回路中就产生了电动势$E_{AB(t,t_0)}$，这种现象就称为热电效应，而这个电动势通常被称为热电动势，这两种不同导体的组合称为热电偶。热电偶就是利用这个原理来测量温度的。每根单独的导体称为热电极，两个接点中

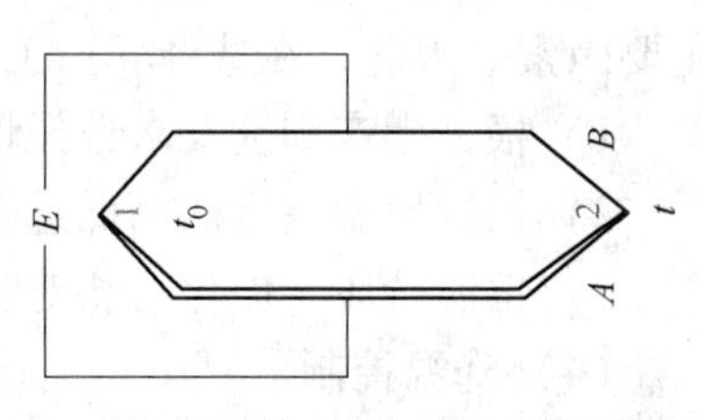

图5-1　热电偶工作原理图

一端称为测量端（如图5-1所示的右端），另一端称为冷端（如图5-1所示的左端）。

热电偶通常用于测量温度，其优点是坚固耐用，价格低廉，并能覆盖很宽的温度范围。当两种不同金属连接到一起时，在两接触点间产生接触电压，该电压取决于温度。温度采集器测温便是通过测量这个电压变化实现的。热电偶材料的连接是标准的，热电偶材料的不同属性决定了其不同应用场合。表5-2给出了热电偶的类型和材质。

表5-2　热电偶的类型和材质

类型	材料成分	温度范围
T	铜-铜镍（IEC 584）	-270~400℃
K	镍铬-铬（IEC 584）	-270~1372℃
B	铂铑-铂铑（IEC 584）	200~1820℃
N	铂铬硅-镍硅（IEC 584）	-270~1300℃
E	镍铬-铜镍（IEC 584）	-200~900℃
R	铂铑-铂（铂13%）（IEC584）	-50~1769℃
S	铂铑-铂（铂10%）（IEC 584）	-50~1769℃
J	铁铜-镍（IEC 584）	-210~1200℃
C	钨-铼（IEC 584）	0~2320℃
L	铁铜-镍（DIN 43714）	0~760℃
U	铜铜-镍（DIN 43714）	-200~600℃
TXK/TXK（L）	镍铬-铜铬（P8.585-2001）	-200~-150℃

S分度号的特点是抗氧化性能强，宜在氧化性、惰性气氛中连续使用，长期使用温度1400℃，短期1600℃。在所有热电偶中，S分度号的精确度等级最高，通常用作标准热电偶。R分度号与S分度号相比，除热电动势大15%左右，其他性能几乎完全相同。B分度号在室温下热电动势极小，故在测量时一般不用补偿导线。其长期使用温度为1600℃，短期1800℃。B分度号可在氧化性或中性气氛中长期使用，也可在真空条件下短期使用。N分度号的特点是1300℃下高温抗氧化能力强，热电动势的长期稳定性及短期热循环的复现性好，耐核辐照及耐低温性能也好，可以部分代替S分度号热电偶。K分度号的特点是抗氧化性能强，宜在氧化性、惰性气氛中连续使用，长期使用温度为1000℃，短期使用温度为1200℃，在所有热电偶中，使用最广泛。E分度号的特点是在常用热电偶中，其热电动势最大，即灵敏度最高，宜在氧化性、惰性气氛中连续使用，使用温度为0~800℃。J分度号的特点是既可用于氧化性气氛（使用温度上限750℃），也可用于还原性气氛（使用温度上限950℃），并且耐H_z及CO气体腐蚀，多用于炼油及化工。T分度号的特点是在所有金属热电偶中，精确度等级最高，通常用来测量300℃以下的温度。

5.2.3　热电偶的特点

热电偶传感器是工业温度测量中应用最多的一种传感器，其特点如下：

1）具有较高的精确度。由于热电偶是直接与被测对象接触，不受中间介质的影响，所以，其精度很高。

2）测量范围广。通常的热电偶，从 -50 ~ +1600℃均可进行连续测量。

3）构造简单，使用方便。热电偶大部分是由不同的金属丝组成，且不受大小和形状的限制，配备适当的保护管，做成铠装形式，因而使用起来非常方便。

5.2.4 热电偶的串并联

特殊情况下，热电偶可以串联或并联，但只限于同一材质构成的多个热电偶，并且其冷端应在同一温度下。

串联的主要用途：

1）同极性串联，目的是增强信号。例如，辐射高温计用多个热电偶串联，其热端多为同一温度 t，冷端皆为 t_0，总热电动势为单个热电偶时的很多倍。

2）同极性串联，目的是测多个测点的平均温度。例如，喷气发动机燃烧室的温度，多个测点的信号串联之后信号加强了，但各个热电偶的电动势不一定相等，总热电动势反映的是平均温度。

3）反极性串联，目的是测温差。

4）时间常数不等的两个热电偶反极性串联，目的是测温度变化速度。当温度恒定不变时总热电动势为零，变化越快输出信号越大。

并联的主要用途：同极性并联，目的是测平均温度，但要求各热电偶的电阻及时间常数也应相等。

要注意的是，串联或并联都不允许有短路或断路的热电偶，否则会引起严重的误差。在单支热电偶使用中，短路和断路都会使输出信号完全消失，比较容易被发现。在串联或并联多个热电偶的情况下，局部短路或断路不一定会使总输出电动势消失，就难以引起注意了。

5.2.5 热电偶的基本定律

（1）均质导体定律　由同一种均质材料（导体或半导体）两端焊接组成闭合回路，无论导体截面如何，温度如何分布，将不产生接触电动势，温差电动势相抵消，回路中总电动势为零。可见，热电偶必须由两种不同的均质导体或半导体构成。若热电极材料不均匀，由于温度梯度存在，将会产生附加热电动势。

（2）中间导体定律　在热电偶回路中接入中间导体（第三导体），只要中间导体两端温度相同，中间导体的引入对热电偶回路总电动势没有影响，这就是中间导体定律。

（3）中间温度定律　热电偶回路两接点（温度为 T、T_0）间的热电动势，等于热电偶在温度为 T、T_n 时的热电动势与在温度为 T_n、T_0 时的热电动势的代数和。T_n 为中间温度。

5.3 热电阻测温法

5.3.1 热电阻测温原理

热电阻是利用物质（一般为纯金属）的电阻率随温度的变化而变化并成一定函数 $R_t = f(t)$关系的特性，制成温度传感器来测温的。热电阻的关键部位是感温元件，当感温元件受到温度作用时，感温元件的电阻值随温度而变化，将变化的电阻值作为信号输入具有平衡或不平衡电桥回路的显示仪表以及调节器等，即能测量或调节被测量介质的温度。

5.3.2 热电阻测温的特点

与热电偶相比，热电阻有下列特点：

1）同样温度之下输出信号较大。

2）热电阻对温度的响应是阻值的增量，必须借助桥式电路或其他措施，将起始阻值减掉才能得到反映被测温度的电阻值的增量。

3）测电阻必须借助外加电源。

4）热电阻感温部分的尺寸较大。

5）同类材质的热电阻不如热电偶测温上限高。

5.3.3 材质和分度表

制成热电阻的材质必须有较大的电阻温度系数 α_t，以便对温度变化敏感。还应该有较大的电阻率 ρ，使绕成的电阻感温体尺寸小、反应快。此外，化学稳定性和耐热性也要考虑，因此常用的材质见表5-3，材质热电阻的测温范围见表5-4。

表5-3 材质

材质	分度号	0℃的电阻值 R_0/Ω		电阻比（R_{100}/R_0）	
		名义值	允许误差	名义值	允许误差
铜	Cu50	50	±0.05	1.428	±0.002
	Cu100	100	±0.1		
铂	Pt10	10（0~850℃）	A级±0.006 B级±0.012	1.385	±0.001
	Pt100	100 （−200~850℃）	A级±0.06 B级±0.12		
镍	Ni100	100	±0.1	1.617	±0.003
	Ni200	300	±0.3		
	Ni300	500	±0.5		

表5-4 热电阻的测温范围

材质	分度号	基本误差	
		温度范围/℃	允许值/℃
铜	Cu50，Cu100	−50~100	$\Delta t=\pm(0.3+6\times10^{-3}t)$
铂	Pt10，Pt100	−200~850	A级 $\Delta t=\pm(0.15+2\times10^{-3}t)$ B级 $\Delta t=\pm(0.3+5\times10^{-3}t)$
镍	Ni100 Ni200 Ni300	−60~0 0~180	$\Delta t=\pm(0.2+2\times10^{-2}t)$ $\Delta t=\pm(0.2+1\times10^{-2}t)$

热电阻传感器大都由纯金属材料制成，最常用的有铂、铜等。由于铂易于提纯，在氧化性介质中物理化学性能稳定，而且易于加工，可制成极细的铂丝，因而具有较高的电阻率，

是一种理想的热电阻材料。此外，铂电阻还具有精度高、稳定性好和性能可靠等优点。

铂热电阻与温度的关系接近于线性，在0～630℃范围内可用下式表示

$$R_t = R_0(1 + At + Bt^2) \tag{5-1}$$

在－190～0℃范围内则用下式表示

$$R_t = R_0(1 + At + Bt^2 C(t - 100)t^3) \tag{5-2}$$

式中 R_t——温度为t℃时铂电阻的电阻值；

R_0——温度为0℃时铂电阻的电阻值；

A、B、C——常数，又试验法求得，其中$A = 3.96847 \times 10^{-3}$/℃；$B = -5.847 \times 10^{-7}$/℃；$C = -4.22 \times 10^{-12}$/℃。

由此可见，当R_0值不同时，在同样的温度下其R_t值不同。目前，国内统一设计的一般工业用标准铂电阻的R_0值有Pt100和Pt10两种。

5.4 光纤测温法

光纤测温系统的全称是分布式光纤温度在线检测系统（Distributed Temperature Sensing，简称DTS），于1980年诞生于英国的Southampton大学，是一种利用激光在光纤中传输时产生的背向拉曼散射信号，根据光时域反射原理（Optical Time－Domain Reflectometer，简称OTDR，一种通信电缆测试技术）和雷达工作原理来获取空间温度分布信息和空间定位信息的监控系统，是近年发展起来的一种用于实时监控温度场的高新技术。它能够连续测量光纤沿线的温度，测量距离在60km的范围内时，空间定位精度可达1m。将一条数公里乃至数十公里长的光纤（光纤既是传输媒体，又是传感媒体）铺设到待测空间，可连续测量、准确定位整条光纤所处空间各点的温度，通过光纤上温度的变化来检测出光纤所处环境变化，特别适用于需要大范围多点测量的应用场合。

5.4.1 光纤测温系统的工作原理

激光脉冲在光纤中传输时与光纤分子相互作用，发生多种形式的散射，如瑞利散射、布里渊散射和拉曼散射。瑞利散射对温度不敏感；布里渊散射对温度和应力都敏感，容易受外界环境干扰，影响测量的准确度。这里提出的光纤测温原理是依据背向拉曼散射的温度效应。拉曼散射效应可以用入射光与散射介质的相互作用、能量转移加以解释，入射光与散射介质发生非弹性碰撞，在相互作用时，入射光可以放出或吸收一个与散射介质分子振动相关的高频声子，称为斯托克斯光（Stokes）或反斯托克斯光（Anti－Stokes）。长波一侧波长为λ_s（$\lambda_s = \lambda_0 + \Delta\lambda$）的谱线称为斯托克斯线（Stokes），短波一侧波长为λ_a（$\lambda_a = \lambda_0 - \Delta\lambda$）的谱线称为反斯托克斯线，其中斯托克斯光与温度无关，反斯托克斯光的强度则随温度变化。测量入射光和反射光之间的时间差，可得发射散射光的位置距入射端的距离，这样就实现了分布式测量。

光源发出的光经放大后，由光纤到达传感器热敏材料部分；每一个传感器反射回一个与自身温度相对应的窄谱脉冲光信号；信号处理部分对返回信号列进行滤波采样和分析，将时间换算成从拉曼散射光产生的位置到光纤末端的距离，并将光线强度换算成光纤的温度，求出各点的温度。原来使用光纤的温度测量方法多用于隧道火灾等的检测，但存在位置分辨率在2m以上，不够精确的问题。主要原因在于距离光纤末端的距离越远，入射脉冲的范围越

广，拉曼散射光的光谱就越不规则。对此，富士通研究所开发出了对测量后的拉曼散射光的强度频谱进行重构及修正的数据处理技术。另外，通过在设置场所对以往的实测值和测量值进行对照校正，温度分辨率可以达到±0.01℃，位置分辨率可以达到1m以下。另外，由于使用相连接的光纤时，在高温部分和低温部分距离较近的部分的温度难以测量，因此，通过热流体模拟来求出数据中心内的温度分布，然后根据该结果来铺设光纤，以防止光纤的温度滑移增大。该技术的优点还在于：只要是光纤通过的部分，任何位置都可以测量温度；易于测量温度异常；由于使用的是光，不受噪声等的影响等。

5.4.2 光纤测温系统组成、特点及主要技术指标

1. 组成

1）测温主机，是系统的核心组成部分，其主要功能是实现信号的发射、接收、滤波、放大和信息处理、数据分析和输出。

2）感温光纤，光纤既是信号传输通道，又是传感元件。

3）工控计算机，是实现系统的控制、信号处理、显示、储存和打印以及外部其他功能的扩展。

2. 光纤测温系统的特点

与传统的测温方式相比较，分布式光纤测温系统具有以下技术优势：

1）实时在线监测、连续分布式测量，可以连续的获得沿探测光纤几十公里的测量信息。

2）抗电磁干扰，在高电磁环境和振动环境中可以正常的工作；光纤传感器由于完全的电绝缘，本身不通电，可以防雷击和抵抗高电压和高电流的冲击。

3）灵敏度高，测量精度高，空间定位精度达到1m的数量级，温度测量精度可达0.01℃。

4）光纤具有耐腐蚀、耐高温、耐潮湿及寿命长的特性，通常可以服役30年。综合考虑传感器的自身成本以及以后的维护费用，使用光纤传感器可以大大降低整个工程的最终经营成本。

3. 光纤测温系统主要技术指标

1）测量时间：DTS在给定光纤探测器上的特定距离以特定空间和采样分辨率进行特定温度分辨率测量所需的时间段。

2）温度分辨率：在20℃的温度下使用整个光纤探测器所测量之温度数据的连续20点标准偏差的功能性拟合。

3）空间分辨率：测量光纤温度步长变化所需的距离。温度从10%变化变为90%变化时，会出现这种转变。

4）采样分辨率：连续温度数据点间的距离。

5）温度精确度：使光纤探测器保持在20℃时，整个光纤探测器之上任何连续100点温度平均值与实际温度间的最大差值。温度精确度只能在DTS正确校准后进行测量。

6）光纤预算（衰减）：DTS允许的光纤探测器中的衰减（以dB为单位）。该值为由于分路器、连接器、开关及光纤的原因而在两个方向的衰减之和（双向衰减）。

7）操作温度：可校准DTS以使其达到标称性能指标的环境条件的范围。

8）温度范围：可对DTS进行配置以进行测量的光纤探测器温度的范围。因探测器（尤其是探测器的温度和压力）的不同，各种光纤探测器类型的使用寿命有很大的差别。

9）平均功耗：以1m空间分辨率、每10min 0.2℃的温度分辨率测量一次4km距离所需的平均功耗（探测器温度为20℃）。

10）最大功耗：DTS能达到的最大功耗。

11）测量范围（距离）：DTS能够以规定的采样分辨率收集数据的最大距离。

12）短期稳定性（24h）：对与系统标准范围相同距离的光纤探测器沿路的每个点计算288次连续5min温度测量的标准偏差。系统的短期稳定性即使用最大标准偏差来表示。

5.4.3 光纤测温在混凝土中的应用

随着光电子信息技术的快速发展，光导纤维（简称光纤）作为一种特殊的信息传播材料，被广泛应用于通信和制作各类传感器。分布式光纤集传感与传输为一体、一次获取的信息量大、可实现远距离测量与监控，被广泛应用于通信、国防军工、工业、火灾预警预报等领域。

近年来，我国正在将分布式光纤逐步应用于水利水电工程，用于大坝混凝土温度监测、渗流定位监测、裂缝监测等。基于分布式光纤测温技术日趋成熟，在澜沧江景洪电站大坝混凝土施工时，大规模地布置了分布式测温光纤，对大坝内混凝土温度进行监控，共布设光纤的累计长度接近6km，其规模属国内之最。

5.4.4 光纤测温的效果

1）分布式光纤测温系统应用于景洪电站大坝温度监测是成功的，测温系统实测大坝混凝土温度真实可靠。

2）光缆铺设的质量和埋设成活率，是分布式光纤测温工作成功与否的关键，安装埋设时应严格控制光缆的拐弯半径，并准确记录光缆的埋设坐标。

3）分布式光纤测温系统能够在线实时地快速获得混凝土内的温度场分布，实现自动预警预报，这一方法的提出和应用，是对常规点式温度计的技术革新，具有重大的工程应用意义和经济价值。

4）分布式光纤监测系统实测大坝混凝土温度曲线能够准确地反映浇筑面中不同强度等级混凝土、不同性态混凝土、冷却管分布等具体情况；能真实地了解混凝土浇筑层面温度的变化规律，为深入研究大坝裂缝和渗流定位提供科学依据。

5.5 DS18B20测温法

美国DALLAS公司推出的DS系列数字温度传感器，由于其与传统的温度传感器相比具有接线简单、输出全数字信号和对电源要求不高等优点，近年来在低温测量应用场合被广泛采用。该系列产品主要有DS1615、DS1620、DS1624、DS1820、DS18B20和DS1821等，其封装有3脚PR-35、8脚DIP、8脚SOIC和16脚DIP等形式，其中又以3脚PR-35封装的DS1820最受电子设计人员的青睐。DS18B20是美国DALLAS公司继DS1820之后推出的增强型单总线数字温度传感器，它在测温精度、转换时间、传输距离、分辨率等方面较DS1820有了很大的改进，DS18B20是世界上第一片支持“一线总线”接口的温度传感器。一线总线独特而且经济的特点，使用户可以轻松地组建网络，为测量系统的构建引入全新的概念。

1. DS18B20的主要特性

1）适应电压范围更宽（3.0~5.5V），在寄生电源方式下可由数据线供电。

2）独特的单线接口方式。DS18B20在与微处理器连接时仅需要一个引脚即可实现微处理器与DS18B20的双向通信。

3）DS18B20支持多点组网功能。多个DS18B20可以并联在唯一的三线上，实现组网多点测温。

4）DS18B20在使用中不需要任何外围元件，全部传感元件及转换电路集成在形如一只三极管的集成电路内。

5）测温范围为-55～125℃，在-10～85℃时，测温精度为±0.5℃；

6）可编程的分辨率为9～12位，对应的可分辨温度分别为0.5℃、0.25℃、0.125℃和0.0625℃，可实现高精度测温。

7）在9位分辨率时最多在93.75ms内把温度转换为数字，12位分辨率时最多在750ms内把温度值转换为数字，速度更快。

8）测量结果直接输出数字温度信号，以“一线总线”串行传送给CPU，同时可传送CRC校验码，具有极强的抗干扰纠错能力。

9）负压特性。电源极性接反时，芯片不会因发热而烧毁，但不能正常工作。

2. DS18B20的结构及工作原理

采用PR-35封装，外表看起来像三极管；另还有8脚SOIC封装形式，只用3、4和5脚，其余为空脚或不需连接引脚。图5-2所示中GND为电源地、DQ为数字信号输入/输出端、VDD为外接供电电源输入端（在寄生电源接线方式时接地）。

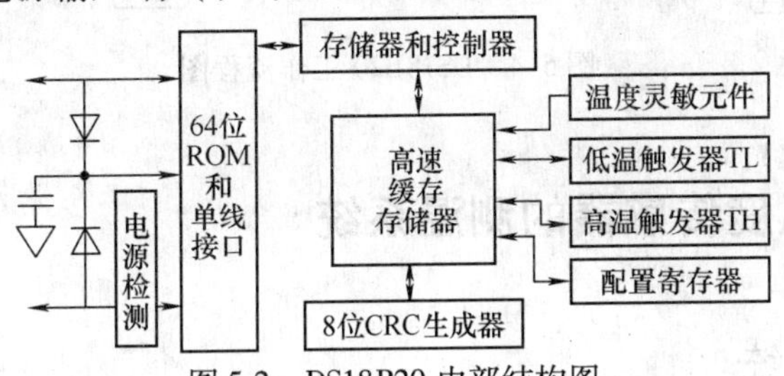

图5-2 DS18B20内部结构图

DS18B20内部结构主要由四部分组成：64位光刻ROM、温度传感器、非挥发的温度报警触发器TH和TL、配置寄存器，如图5-3所示。

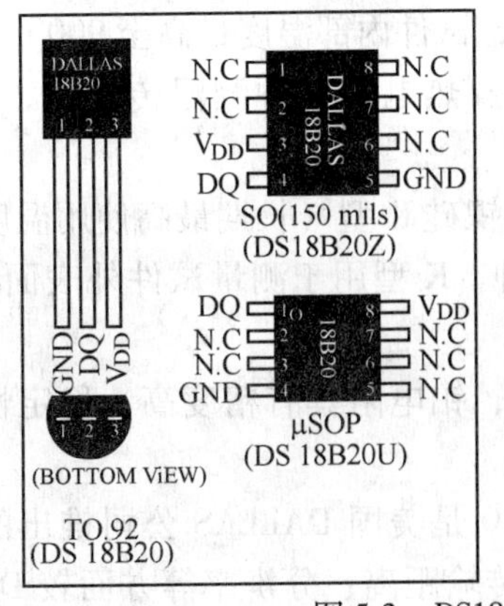

图5-3 DS18B20引脚图

3. DS18B20 的外形和内部结构

DS18B20 的读写时序和测温原理与 DS1820 相同，只是得到的温度值的位数因分辨率不同而不同，且温度转换时的延时时间由 2s 减为 750ms。高温度系数晶振随温度变化，其振荡率明显改变，所产生的信号作为计数器 2 的脉冲输入。计数器 1 和温度寄存器被预置为 -55℃所对应的一个基数值。计数器 1 对低温度系数晶振产生的脉冲信号进行减法计数，当计数器 1 的预置值减到 0 时，温度寄存器的值将加 1，计数器 1 的预置将重新被装入，计数器 1 重新开始对低温度系数晶振产生的脉冲信号进行计数，如此循环直到计数器 2 计数到 0 时，停止温度寄存器值的累加，此时温度寄存器中的数值即为所测温度。DS18B20 工作流程如图 5-4 所示。

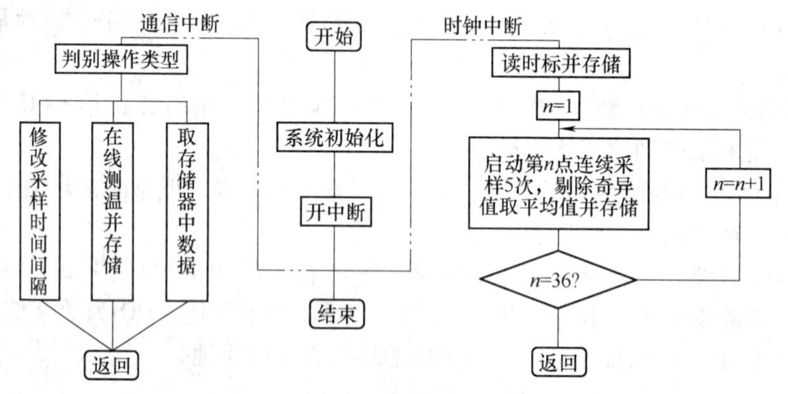

图 5-4　DS18B20 工作流程图

5.6　基于多种温度传感器的测温系统

5.6.1　温度采集系统

1. 温度传感器选型

火灾试验是根据国际标准 ISO834 用液化气对火灾模拟试验炉进行加温到该标准要求的温度。其具体要求是炉内温度最高达 1300℃，试件内部温度最高至 900℃，试件背火面温度为 400～500℃。故分别选用 S、K 型热电偶及热电阻三种测温传感器，共测试 54 点温度参数。

（1）热电偶　选用的热电偶是铠装镍铬-镍硅 K 型（长期最高使用温度 1000℃）和铂铑 10-铂 S 型（长期最高使用温度 1300℃）两种。K 型用于测量试件外表面温度，S 型用于测量炉内温度。

（2）热电阻　选用的热电阻是由铂制成，铂电阻具有精度高，稳定性好和性能可靠等优点。因此，一般采用的是 Pt100 铂热电阻。

（3）DS18B20 数字温度传感器　DS18B20 是美国 DALLAS 公司推出的增强型单总线数字温度传感器，它在测温精度、转换时间、传输距离、分辨率等方面较 DS1820 有了很大的改进。

2. 温度采集系统硬件组成

该温度检测系统硬件主要由AT89C52、AD芯片AD7714、程序存储器28C64、数据存储器6264、全双工串行通信芯片MAX488、双口RAM-IDT7134、锁存器74LS373、可编程看门狗监控EEPROM-X25043等以及一些外围电路组成，54路温度采集系统硬件框图如图5-5所示。

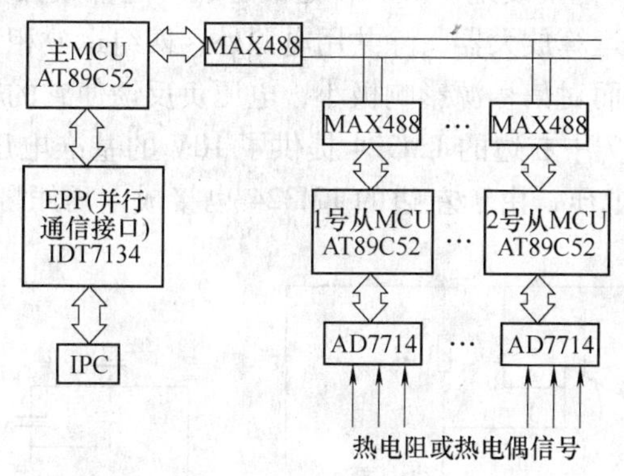

图5-5 54路温度采集系统硬件框图

3. 温度采集板设计

（1）X25045可编程看门狗监控EEPROM X25045把三种常用的功能：看门狗定时器、电压监控和EEPROM组合在单个封装之内。这种组合降低了系统成本并减少了电路板对空间的要求。

看门狗定时器对微控制器提供了独立的保护系统，当系统故障时，在可选的超时周期之后，X25045看门狗将作出响应；利用X25045的Vcc检测电路，可以保护系统使之免受低电压状况的影响，当Vcc降到最小Vcc转换点以下时系统复位，复位一直确保到Vcc返回且稳定为止；X25045的存储部分是CMOS的4096位串行EEPROM，它在内部按512×8来组织。

（2）A-D转换器及其接口 AD7714是一种采用Σ～Δ技术实现高达24位精度的A-D转换器，具有分辨率高、线性好、功耗低等特点。AD7714特别适合高精度、低频测量应用场合的模拟前端，它直接从传感器接收小信号并输出串行数字量。含有6个模拟输入通道（AIN1～AIN6），可灵活配置为3个全差分输入通道或5个准差分输入通道。

AD7714与AT89C52的接口电路如图5-6所示。

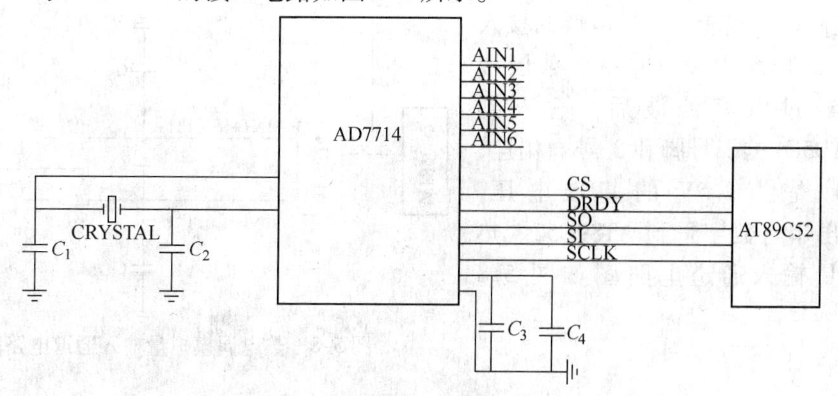

图5-6 AD7714与AT89C52的接口电路

5.6.2 多种类温度传感器接口设计

1. 热电阻模拟量输入通道

AD584是带多种输出的基准电压电路，输出电压可选择10V、7.5V、5V、2.5V，也可通过外附电阻在2.5~10V范围设定。LM324是四运放（运算放大器）集成电路，它的内部包含四组形式完全相同的运算放大器，除共用电源外，四组运放相互独立。运放组成电压跟随器，输入电阻极高，故而对信号源影响极小，电压负反馈使它的输出电阻极小，提高了带负载能力。AD584给图5-7中右边的LM324提供了10V的基准电压，而经过分压后给左边LM324提供了6V的基准电压，由于左边的LM324也接成电压跟随器，所以左边LM324给AD7714提供6V基准电压。

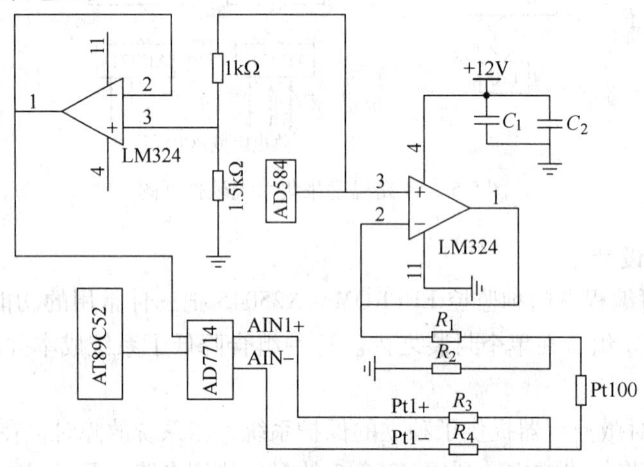

图5-7 热电阻模拟量输入通道电路图

热电阻用四芯导线接出，如果只用二芯导线，由于导线很长，导线上的电阻值有10Ω左右，相当于热电阻每次受热阻值都有10Ω，而每1℃对应的电阻值是0.3Ω，这样，温度值就会比实际值高十几摄氏度，大大影响精度。因此，采用四芯导线，其中的两根线直接接热电阻。热电阻受热产生的电压经过电容滤波后，输出到AD7714，AD7714输出串行数字量到AT89C52。

2. 热电偶模拟量输入通道

为了提高抗干扰能力，热电偶的接入导线采用二芯屏蔽电缆，并将屏蔽层接地。信号经过电容滤波后，输入到AD7714。AD584的1号脚和3号脚相连，向AD7714提供2.5V的基准电压，AD7714输出串行数字量到AT89C52。热电偶模拟量输入通道电路图如图5-8所示。

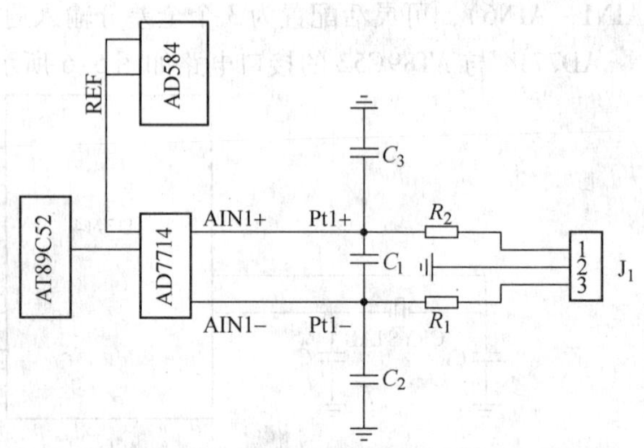

图5-8 热电偶模拟量输入通道电路图

5.6.3 DS18B20数字温度传感器接口设计

AT89C52单片机是美国ATMAL公司产品，与MCS-51系列兼容，其工作电压范围宽（2.7 ~6V），自带可重复编程1000次的8kB Flash程序存储器，具有256B的内部RAM，且提供了三级加密方式。

5.6.4 温度采集系统的智能通信接口

1. 串行通信

该系统中串行通信主要是针对主单片机和每一台温度采集单片机之间的通信，采用RS-485标准。RS-485是利用平衡发送和差分接收方式来实现通信，在发送端TXD将串行口的TTL电平信号转换成差分信号*A*、*B*两路输出，经传输后在接收端将差分信号还原成TTL电平信号。RS-485实现了多点互连，最多可达32台驱动器和32台接收器，非常便于多器件的连接。该系统共有54个温度点，每台单片机采集3个点，共18台子单片机，采用全双工方式的MAX-488作为通信芯片。

2. 并行通信

检测系统中，PC与主单片机间互传数据采用并行通信方式，通信协议采用增强EPP。采用双口RAM芯片IDT7134来实现PC和单片机的信息共享和数据传输，EPP通信接口如图5-9所示。

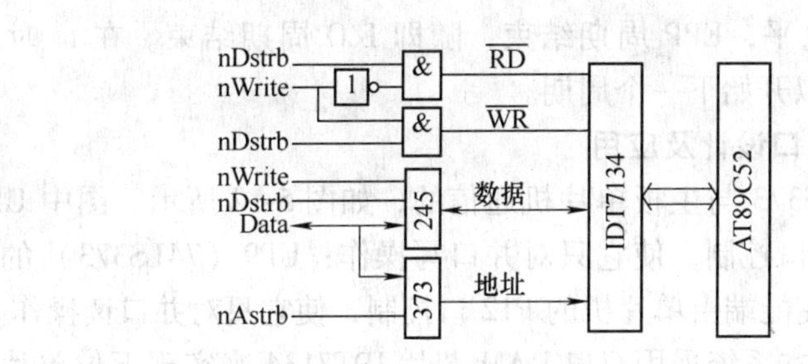

图5-9 EPP通信接口

EPP提供4种类型的数据传输周期：数据写周期、数据读周期、地址写周期、地址读周期。数据0周期一般用于主机和外设间的数据传输，地址周期一般用于传送地址、通道、命令和控制等信息。地址周期和数据周期的区别仅仅在于端口选定nAstrb或nDstrb中的哪一种脉冲。这些周期可以看成是两种不同的数据周期，开发者可使用任何方法来使用和解析地址/数据信息，只要在一个特定的设计里能使人明白就行。地址周期和数据周期共用AD双向数据/地址线。设计者可以灵活运用这些地址/数据信息以满足各自的特殊要求。图5-10和图5-11所示为数据读周期和数据写周期的时序。

EPP数据写周期的过程：在t_1时刻，应用程序向EPP数据口写数据，启动EPP I/O写周期。t_2时刻，主机将nWrite置低，并将数据输出到数据线AD1 ~ AD8上。此时，如果主机检测到nWait是低电平，将会在t_3时刻选通nDstrb，即置其为低电平，数据传输开始，EPP口进入等待外设确认状态。外设接收到信号后，在t_4时刻，置nWait为高电平。主机收到外设的确认信号（即检测到nWait为高电平）后，在t_5时刻置nDstrb为高电平。在t_6时

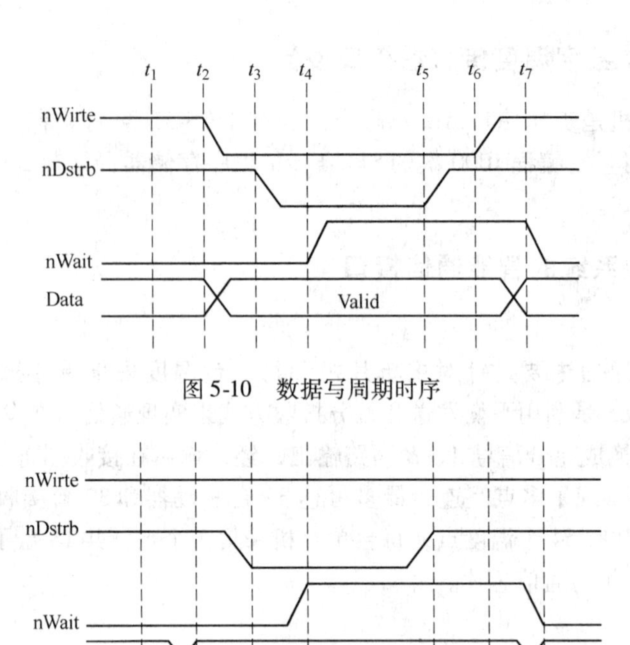

图 5-10　数据写周期时序

图 5-11　数据读周期时序

刻，主机 nWrite 置为高电平，EPP 周期结束，随即 I/O 周期结束。在 t_7 时刻，外设重置 nWait 为低电平，表明可以开始下一个周期。

3. 增强型并行通信接口设计及应用

并口是通过两片 74LS373 与主板单片机通信的，如图 5-12 所示。图中 UP5（74LS373）的使能端由单片机的 P12 口控制，使它只对并口写操作；UP9（74LS373）的使能端由单片机的 P13（74LS373）的使能端由单片机的 P12 口控制，使它只对并口读操作。

由于数据量非常大，本系统采用双口 RAM 芯片 IDT7134 来实现下位单片机和主板单片机的信息共享和数据传输，减轻它们之间的通信负载。双口 RAM 芯片较常见的是 IDT 公司的 IDT7130/7132/7134 系列。该系列均提供了两个带自身的控制、地址和 I/O 引脚的独立端口，它允许独立地读写存储器的任意单元。IDT7134 是一个高速 4K×8 双口静态 RAM，用于不需要片内硬件端口仲裁的系统中，用户需要自身确保数据的完整性。IDT7134 采用了高性能的 CEMOS 工艺，典型功耗为 500MW，最大访问时间为 25ns，它是一种高速 4K×8 的静态 RAM。只有当双方同时访问同一地址时才需要外部仲裁。

采用 IDT7134 来实现硬件共享 RAM，一方面是因为它的容量比较大，容量为 4K×8；另一方面是基于实际系统的考虑，由于其内部集成了竞争逻辑电路，在左右端口几乎同时接到主从机进行的地址访问或片选匹配（两端口控制信号相差 5ns 以外有效）时，决定两端口访问慢的一方将其 BUSY 引脚电平下拉，BUSY 线下拉的一方的写入存储器单元操作是无效的，直到它的电平恢复了上拉状态，访问慢的一方才可以接着访问双口 RAM，其中的竞争规则是基于谁的访问信号先到或匹配，谁就优先的原则。IDT7134 内部带有左右两部分操作的逻辑仲裁电路，可以避免因同时对左右操作带来的冲突。

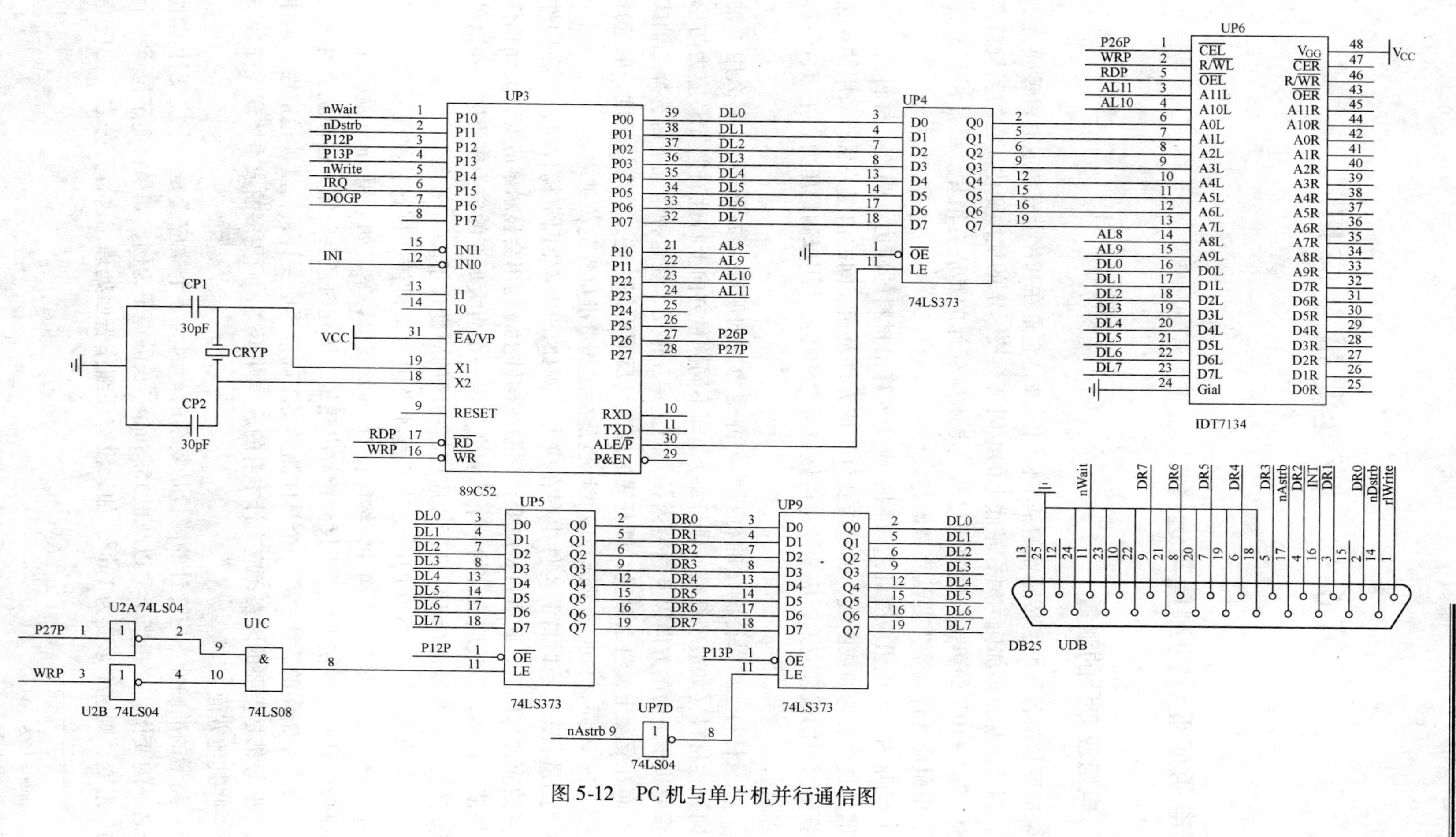

图 5-12 PC机与单片机并行通信图

第6章　应变测量及应用

6.1　电阻应变计的测量与选择

6.1.1　电阻应变计的测量

电阻应变计是各种类型传感器的基本检测元件，它是在基片上安装或通过镀膜技术制成电阻丝，当给基片上施加应力时，基底上的电阻就会按一定的规律变化。它的测量精度非常高，可达 $10^{-6} \sim 10^{-7}$ 的单位长度的变化量。电阻应变计的基底有箔片、纸片，有各种形状和尺寸。电阻应变计测量需要认真考虑与设计。

（1）测量内容　电阻应变计通过测量应变推算出材料的应力、强度。材料的应力决定了一种部件是否会弯曲或断裂；通过应变计组成元件及相互间的角度关系，采用钻孔法就可测量计算出材料的残余应力；应变计也可做成各类传感器，用以测量压力、扭矩、位移等一系列物理量。

（2）测量材料　如果待测量的材料均匀并受力方向明确（如钢筋），那么用单轴应变计；各向异性材料（如玻璃纤维或碳纤维），即不同测量方向上特性有差异，应力与形变之间的关系取决于施力的方向以及材料内各方向上相互作用，在这种情况下可选择二轴或三轴应变计；而在混凝土材料上测量，纸基底的应变计反而更好一些，应变计长度一般选择为集料的3～5倍；不同材料的测量选择应变计也是决定测量准确性的关键之一。

（3）测量状态　有时待测构件中存在应力，例如，用螺栓固定构件时，会在构件中产生相当多的应力与形变，此后再将应变计粘贴在构件上，输出会显示零应变，然而构件可能已接近崩溃。再如，靠近应变计的一个孔洞会产生一个有大形变的应力密集区，在这种状态下，需要选择一种长度适合于应变区或应变集中区的应变计了。

（4）测量方案　一个成功的应变计工程师必须懂得机械、材料、物理以及试验理论。不能随便的将应变计置于某个构件，然后在1h内就获得答案；如果用5min就能固化的环氧树脂粘贴应变计，这种快干树脂不仅会释放出热量，固化时还会收缩，这样就会给应变计施加应力，会产生错误的读数；每一个具体测量要正确选择应变计，精度、稳定性、延伸率以及测试周期等都是重要的因素；应变计本身的成本并不高，而更多的成本体现在安装、测试设备及一些其他方面。

（5）测量的准确性　应变计的测量是复杂的。因为一个微应变是一个应变计电阻值的百万分之一的变化。这相当于“以一根15.8mile㊀长的绳子为例，如果将绳子拉至一个微应变的均匀形变，则这个形变为1in㊁。如果没有仔细作表面处理，这百万分之一的应变就不

㊀ 1mile = 1609.344m。

㊁ 1in = 0.0254m。

可能实现。”

一些缺乏经验的工程师和学院研究人员会尝试用欧姆表来测量，但他们很快就发现获得的数据是不可用的。应变计的电路测量的准确性是基于惠斯顿电桥基础，在沿正确的方向使用四只应变计，就能获得四倍的信号波幅与灵敏度，桥路的运用也是决定测量准确与效率的关键。测量电桥的运用可以克服温度的影响。如何选择全桥、半桥、四分之一桥，如何正确运用，也决定着测量方案。

由于应变计测量由诸多因素决定，好的测试仪器是昂贵的。应变计的使用是保证测量的前提条件，首先，应仔细选择、安装应变计，包括应变材料、型号的选择；然后，结构选择，决定采用全桥、半桥、还是四分之一桥；再次，选择应变计粘贴位置，并使用正确的环氧胶，避免产生可能会使您的测量变得毫无意义的捕获应力（Captive Stress）；最后，选择适当的测试设备。

6.1.2 电阻应变计的选择

电阻应变计的种类繁多，形式也多种多样，但其基本构造大体相同。应变计测取应变的工作原理是基于金属丝的“应变电阻效应”，即金属丝的电阻值随其机械变形而变化的一种物理特性。实质结构也就是在支撑材料上安装上金属丝（一般又称为电阻式箔片）。当箔片被施加应力时，箔片的电阻会按一定的规律改变，因此，附在各种材料上的电阻可以测量各种材料的应力变化。

1. 基底材料的选择

电阻应变计基底大体分四种材料。对这四种材料的要求都是机械强度高、柔软、易粘贴、绝缘度高、温度特性稳定、抗潮湿性良好、无滞后及蠕变。但具体的使用与基底材料有关。基底材料包括纸基底、胶膜基底、玻璃纤维基底、金属基底。

1）纸基底。一般用多孔性不含油脂的纸张作为原材料，厚度为0.05mm左右。它的优点是柔软、易粘贴，极限应变大；缺点是易吸潮，耐温一般在60℃左右。在建筑工程测试中，测量混凝土构件时常用纸基应变片，因为混凝土材料表面颗粒粗，在受力后易开裂，材料的均匀性差，采用柔软的纸基应变片效果好，但对防潮处理要考虑好。

2）胶膜基底。一般采用环氧树脂、酚醛树脂、及聚酰亚胺等有机胶膜，厚度为0.03~0.05mm。这种基底材料的优点是强度较高，防潮性能良好，绝缘度高，抗腐蚀性强，能较长时期地稳定工作。温度范围为80~300℃。在大量的金属材料、非金属材料的测量中采用的是这种基底的应变片，这种基底的应变片运用最为广泛。

3）玻璃纤维基底。这种基底的优点是耐湿、耐温，绝缘性能和强度都很好，但不够柔软。玻璃纤维基底主要用于制作高温、中温应变片。

4）金属基底，又称焊接式应变片。现在一般都是将箔片通过传感器工艺要求，预先粘贴在0.1~0.2mm的不锈钢薄片，使用时用点焊或滚焊的方法安装到试件上。这类焊接式应变片一般用在高温环境下，需进行长期观察和不易粘贴的金属材料的试验中。

2. 应变计尺寸的选择

电阻应变计的测量单位：微应变（Microstrain）。一个微应变是一个应变计电阻值百万分之一的变化。就如以前举的例子一样：“以一根15.8mile长的绳子，如将绳子拉至一个微应变的均匀形变，则这个形变为1in。”这个测量变化的精度是非常高的。如果15.8mile的2

倍，15.8mile 的 3 倍以至 n 倍，它的一个微应变的均匀形变也同时增加至 2in，3in，以至 $n$in。这就是说本身应变计的变化量（或一个微应变）是单位长度的变化量，在均匀形变的情况下（即应变计粘贴在均匀的材料上），电阻应变计的尺寸长短与测量结果无关，即单位长度的应变量。但是这里必须强调的重要两点是：

1）被测量的材料是均匀的。如不锈钢或经处理过的钢材、铝材、铜材等均匀材质或基本均匀的型材产品。否则必须根据不均匀材料状态选择应变片。例如，测量混凝土应变要根据混凝土构件的大小选择，要根据混凝土内部集料的大小选择（一般为集料的 3 ~ 5 倍来选择应变计的尺寸）。

2）材料根据测量要求选择。根据要求测量点应力（测量局部一点的应力变化），还是要求测量平均应力（一定尺寸的测量范围应力的变化）来选择。如在一个有孔洞的材料上，在孔洞周围会产生一个有大形变的应力聚集区，如选择的应变计的尺寸过大，此时应变计会用其剩余长度上的应力均化这种集中应力，给出一个较小的形变值（即均化区域的应变），所以必须选择一种长度适合于应变区或应变集中区的应变计。

6.2 电阻应变计的粘贴

在电阻应变计的各种安装方法中，粘贴法应用最多。应变计粘贴质量的好坏，是决定应变测试成功与否的关键因素之一。因此，粘贴时必须做到严格按照粘贴的工艺流程进行操作。

6.2.1 应变计粘贴和防护的工艺流程

应变计粘贴和防护的工艺流程：应变计选择→胶粘剂选择→构件打磨→表面清洗→画线定位→应变计清洗→涂敷底胶→应变计粘贴→固化→贴片质量检查→引线连线→质量检查→性能测试→防护处理。

具体工作要求：

（1）应变计选择　包括外观检查和阻值检查。外观检查主要是查看基底和盖层是否破损，有无气泡、皱折、污点等；阻值检查主要是测量组桥的电阻应变计的一致性，误差越小越好，精确到 0.1Ω 以上。

（2）胶粘剂选择　一般在金属材料上做短期测量采用 501 胶，502 胶（一般 501 胶，502 胶的有效性 3 个月左右）。在混凝土或一些非金属材料上用 914 环氧胶。制作长期使用的传感器应用高温固化胶，如 H610 胶。

（3）构件打磨　贴片前先将试件或弹性体表面贴片部用细砂纸打磨去除氧化层，越细越好。

（4）表面清洗　打磨光滑表面后，先用脱脂棉或棉丝沾丙酮去油，再用乙醇清洗，将贴片部擦洗干净。

（5）应变计粘贴　贴片时，应尽量保证应变计的位置准确，刷胶均匀（用细毛笔刷胶）。刷胶控制适量，将电阻应变计轻轻放在胶层上（注意电阻应变计有正反面），然后盖上聚四氟乙烯薄膜，用手指轻轻挤压应变计，排除多余胶液和气泡。同时，轻轻拨动应变计，调整应变计位置，使其定位准确，结果可以真实反映测量点的应变。

（6）粘贴后质量检查，检查项目有：

1）应变计粘贴前后阻值的变化。

2）绝缘电阻。

3）片内是否有残余的气泡。

4）贴片位置准确性与否。

5）是否有断路、短路、敏感栅变形。

（7）防护处理　对已安装好的应变计采取可靠实用的防护措施，是保证应变计正常工作，提高测试精度的有效途径。

1）不可用手直接接触已粘贴好的应变计。

2）利用涂敷保护层来进行防护。一般先用蜡点涂在应变计上，再覆盖703、704等硅橡胶即可。零点漂移是应变计应用中最容易出现的也是最难控制的问题。

6.2.2　绝缘电阻的影响

所谓绝缘电阻就是应变计敏感栅与被测构件或弹性体之间的电阻。如果绝缘强度降低或较低时，敏感栅和构件之间或弹性体之间就会有电流产生，进而影响到应变计的零点的稳定性，即为零点漂移。造成此种原因有：

1）应变计焊接后，助焊剂未清洗或清洗不干净，引起绝缘强度下降。

2）应变计焊接时由于烙铁漏电或温度过高，时间过长，引起应变计基底击穿，造成绝缘强度下降。

3）应变计受潮造成绝缘强度下降。在应用过程中，必须将环境湿度控制在60%以内，做好防护工作，避免水汽侵入，影响应变计的稳定。

4）应变计被刺穿，造成绝缘强度下降。在贴片或组桥过程中，防止构件、弹性体表面有毛刺，划痕，并防止焊接时烙铁头过于尖锐。

5）贴片的缺陷造成应变计贴后存在虚空现象，电阻应变计与构件弹性体表面有气泡，或贴片时胶层太厚或贴片后产生胶棱、鼓色等，这些问题在应变计的应用过程中应避免发生。

6.3　电阻应变计工作原理概述

通过电阻应变片的测量得到被测的应变。根据材料力学中应变圆和应力圆的关系，用数解的方法由应变计算应力。现将材料力学应变圆和应力圆的有关内容以及它们之间的关系简单介绍一下。

6.3.1　应变圆

图6-1所示的单元体上的变形关系，可导出与x轴或任意角θ方向上的正应变和剪应变的公式。

设单元体上沿x、y轴方向的正应变为ε_x、ε_y，剪应变为γ_{xy}，与x轴夹任意角θ方向上的正应变为ε_θ，剪应变为γ_θ。

图6-1a所示中，当单元体沿x轴产生变形时，x轴上的A点将对O点产生相对位移

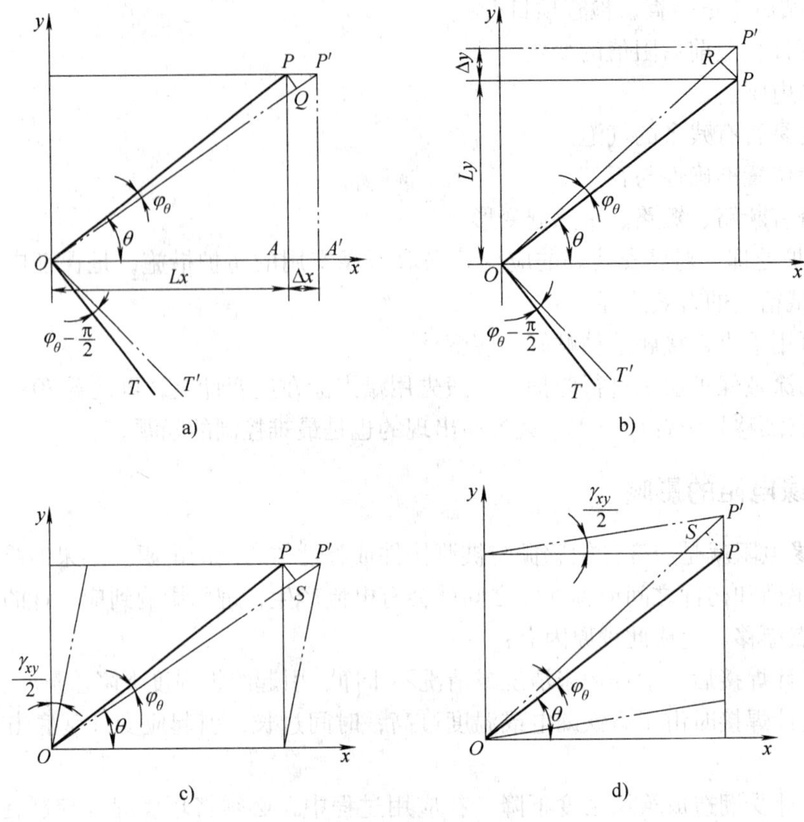

图 6-1 单元体上的变形关系

AA'，即 Δx，θ 方向上的 P 点也将对 O 点产生相对位移 PP'。其中，PP' 可视作 P 点对于 O 点的两个位移分量 PQ 和 QP' 的和。位移分量 PQ 位于 OP' 的法线方向。QP' 则沿 OP' 的方向。于是

$$QP' = PP'\cos(\theta - \varphi_\theta) = \Delta x\cos\theta \tag{6-1}$$

$$PQ = PP'\sin(\theta - \varphi_\theta) = \Delta x\sin\theta \tag{6-2}$$

上式中，因 φ_θ 与 θ 相比，其值甚微，故忽略不计。而 PQ 可认作以 O 为圆心，以 OP 为半径的圆上的一微小弧段，故 $OP = OQ$，QP' 即为 OP 的伸长值。OP 的单位伸长率，即单元体沿 θ 方向的应变 ε_θ 可表示为 $\frac{QP'}{OP}$，故有

$$\varepsilon_\theta = \frac{\Delta x\cos\theta}{OP} = \frac{\Delta x\cos\theta}{L_x/\cos\theta} = \varepsilon_x\cos^2\theta \tag{6-3}$$

OP 的转角 φ_θ，其值为 $\frac{PQ}{OP}$，故可得

$$\varphi_\theta = \frac{PQ}{OP} = \frac{\Delta x\sin\theta}{L_x/\cos\theta} = \varepsilon_x\sin\theta\cos\theta \tag{6-4}$$

由于剪应变是成对出现的，故当 OP 的转动为 φ_θ 时，QP 的法线 OT 也转动 $\varphi_\theta - \frac{\pi}{2}$。由图 6-1a 所示：$\angle AOT = \theta - \frac{\pi}{2}$，在上式中以 $\theta - \frac{\pi}{2}$ 代替 θ，可求得

$$\varphi_\theta-\frac{\pi}{2}=\varepsilon_x\sin\left(\theta-\frac{\pi}{2}\right)\cos\left(\theta-\frac{\pi}{2}\right)=-\varepsilon_x\sin\theta\cos\theta \tag{6-5}$$

$\varphi_\theta-\frac{\pi}{2}$与$\varphi_\theta$反号说明二者方向相反，同时均使$\angle POT$变小，这样单元体在$OP$、$OT$方向的剪应变$\gamma_\theta$应为它们之和，并为负值，即

$$\gamma_\theta=-2\varepsilon_x\sin\theta\cos\theta \tag{6-6}$$

$$\frac{\gamma_\theta}{2}=-\varepsilon_x\sin\theta\cos\theta \tag{6-7}$$

同理：图6-1b所示可求得仅在y方向产生变形时，θ方向引起的变形ε_θ，γ_θ为

$$\varepsilon_\theta=\varepsilon_y\sin^2\theta \tag{6-8}$$

$$\frac{\gamma_\theta}{2}=\varepsilon_y\sin\theta\cos\theta \tag{6-9}$$

仅由单元体上的剪切变形所引起的沿θ方向的变形，如图6-1c、d所示，它们之间的关系为

$$\varepsilon_\theta=\gamma_{xy}\sin\theta\cos\theta \tag{6-10}$$

$$\frac{\gamma_\theta}{2}=\frac{-\gamma_{xy}}{2}\sin^2\theta+\frac{\gamma_{xy}}{2}\cos^2\theta=\frac{\gamma_{xy}}{2}(\cos^2\theta-\sin^2\theta) \tag{6-11}$$

当单元体呈复杂应变状态，即ε_x，ε_y，γ_{xy}都存在时，则其沿θ方向的应变ε_θ，γ_θ就是它们的和，即

$$\varepsilon_\theta=\varepsilon_x\cos^2\theta+\varepsilon_y\sin^2\theta+\gamma_{xy}\sin\theta\cos\theta \tag{6-12}$$

$$\frac{\gamma_\theta}{2}=-\varepsilon_x\sin\theta\cos\theta+\varepsilon_y\sin\theta\cos\theta+\frac{\gamma_{xy}}{2}(\cos^2\theta-\sin^2\theta) \tag{6-13}$$

将$\cos^2\theta=\frac{1+\cos2\theta}{2}$，$\sin^2\theta=\frac{1-\cos2\theta}{2}$，$\sin\theta\cos\theta=\frac{\sin^2\theta}{2}$带入式（6-12），式（6-13）得

$$\varepsilon_\theta-\frac{\varepsilon_x+\varepsilon_y}{2}=\frac{\varepsilon_x-\varepsilon_y}{2}\cos2\theta+\frac{\gamma_{xy}}{2}\sin2\theta \tag{6-14}$$

$$\frac{\gamma_\theta}{2}=-\frac{\varepsilon_x-\varepsilon_y}{2}\sin2\theta+\frac{\gamma_{xy}}{2}\cos2\theta \tag{6-15}$$

将式（6-14）、式（6-15）两式平方后相加，得

$$\left(\varepsilon_\theta-\frac{\varepsilon_x+\varepsilon_y}{2}\right)^2+\left(\frac{\gamma_\theta}{2}\right)^2=\left(\frac{\varepsilon_x-\varepsilon_y}{2}\right)^2+\left(\frac{\gamma_{xy}}{2}\right)^2 \tag{6-16}$$

式（6-16）为一个以ε_θ为横坐标，以$\frac{\gamma_\theta}{2}$为纵坐标，圆心坐标为（$\frac{\varepsilon_x+\varepsilon_y}{2}$，0），半径为$\sqrt{\left(\frac{\varepsilon_x-\varepsilon_y}{2}\right)^2+\left(\frac{\gamma_{xy}}{2}\right)^2}$的圆方程，如图6-2所示。

图6-2所示就是应变圆，其最大正应变即主应变ε_θ的表达式为

$$\varepsilon_\theta=\frac{\varepsilon_x+\varepsilon_y}{2}\pm\sqrt{\left(\frac{\varepsilon_x-\varepsilon_y}{2}\right)^2\left(\frac{\gamma_{xy}}{2}\right)^2} \tag{6-17}$$

从应变圆可以看出，主应变处的剪应力为零。故将$\frac{\gamma_\theta}{2}=0$代入式（6-15），可以求得主

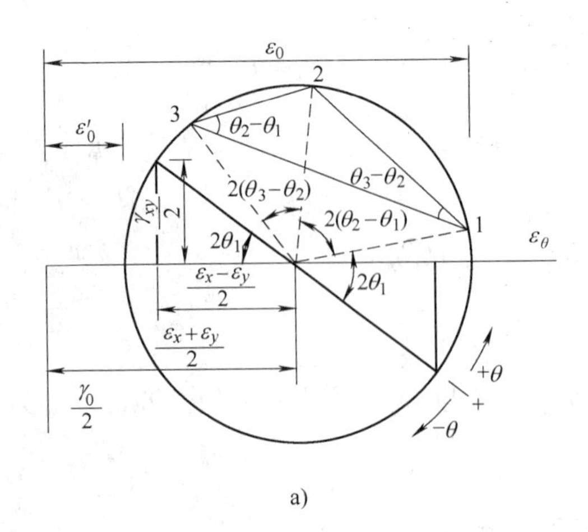

a)

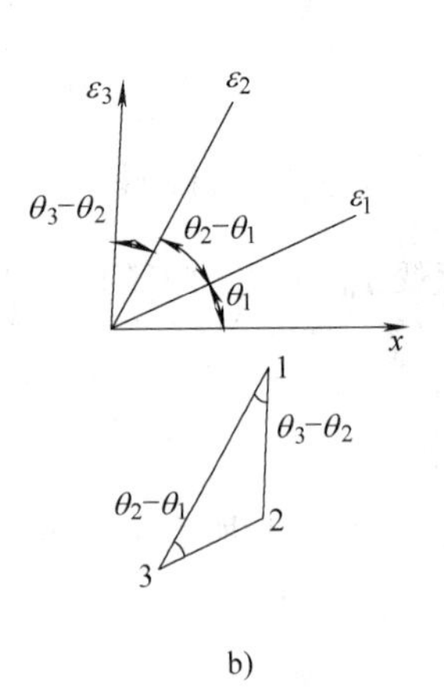

b)

图 6-2　应变圆

应变的方向，即其与 x 轴的夹角 θ 如下

$$\tan 2\theta_0 = \frac{\gamma_{xy}}{\varepsilon_x - \varepsilon_y} \tag{6-18}$$

与 x 轴成任意角度 θ 方向上的正应变和剪应变，可由应变圆上相应于 x 轴的直径线旋转 2θ 的点上得到。

6.3.2　数解法与图解法原理

1. 数解法原理

一张应变片仅能测出测点的所贴方向的正应变。只不过已知该测点沿贴片方向的 ε_θ 值及相应的 θ 角，式中的其余 ε_x，ε_y 和 γ_{xy} 三项值一般仍属未知。因此，仅根据一张应变片所提供的数据，尚不足以测定该点上的主应变以及主应变的方向。为了解决这一矛盾，就应在该点上沿三个不同方向分别设置应变片，以测出其相应的 ε_1，ε_2 和 ε_3 值。将 ε_i 及其相应角度 θ_i 分别代入式（6-18），即可得到一组具有共同未知量 ε_x、ε_y、γ_{xy} 的三元联立线性方程式。解此方程组，就可求出 ε_x、ε_y、γ_{xy} 值，再将这些值代入式（6-17）中求出主应变 ε_θ。再根据式（6-18）就能求得主应变 ε_θ 及其与 x 轴的夹角。

为便于计算，测点上的三个贴片方向，常取“0°、45°、90°”或“0°、60°、120°”。

2. 图解法原理

由图 6-2b 所示可以看出，三向正应变在应变圆上相应三点所构成的三角形（称为应变三角形），其内角与三测点方向的夹角相等或互补，故如已知一点上任意三向正应变，也可以用图解法求主应变或应变圆。即先作一个三角形，使其三内角满足三测点方向的条件，三角形顶点的横坐标则取为实测值，这样三角形的外接圆即为应变圆。当三测向为特别角时，作此图将更为容易。作图法可大体分为两类：一类是先定坐标，后定应变三角形和应变圆；一类是先作应变三角形和应变圆，再定坐标位置。前者有多种作图法，后者在数据较多时，处理方便。

6.3.3　电阻应变片的构造及工作原理

金属丝的电阻值随机械变形而发生变化的现象称为应变—电效应。电阻式敏感元件称为电阻应变片。电阻应变片分丝式和箔式两大类。丝式应变片是用直径为0.003~0.01mm的合金丝绕成栅状制成的；箔式应变片则是用0.003~0.01mm厚的箔材经化学腐蚀成栅状制成的。主体敏感栅是一个电阻，在感受被测物体的应变时，其电阻也同时发生变化。试验表明，被测物体测量部位的应变片 $\Delta L/L$ 与电阻变化率 $\Delta R/R$ 成正比关系，即

$$\frac{\Delta R}{R}=K_s\frac{\Delta L}{L} \tag{6-19}$$

式中 K_s——金属丝的电阻应变灵敏系数。

式（6-19）也可由物理学基本公式导出：电阻值 R 与电阻丝长度 L 及截面积 A 之间的关系为

$$R=\rho\frac{L}{A} \tag{6-20}$$

ρ 为金属丝的电阻率，式（6-20）等号两边取对数再微分得

$$\frac{\Delta R}{R}=\frac{\Delta L}{L}-\frac{\Delta A}{A}+\frac{\Delta\rho}{\rho} \tag{6-21}$$

根据金属物理和材料力学理论得知 $\Delta A/A$，$\Delta\rho/\rho$ 也与 $\Delta L/L$ 成线性关系，由此得到

$$\begin{aligned}\frac{\Delta R}{R}&=\frac{[(1+2\mu)+m(1-2\mu)]\Delta L}{L}\\&=\frac{K_s\Delta L}{L}\end{aligned} \tag{6-22}$$

式中 μ——金属丝材料的泊松系数；

m——常数与材料的种类有关。

式（6-22）说明粘贴在构件上的电阻片，其电阻变化率 $\Delta R/R$ 与其感受的应变值 $\Delta L/L$ 成正比，比例系数为 K_s。由于电阻片的敏感栅并不是一根直丝，所以比例系数一般在标准应变梁上由抽样标定测得，标定梁为纯弯梁或等强度钢梁。对电阻片来说，式（6-22）可写成

$$\frac{\Delta R}{R}=K_s\varepsilon \tag{6-23}$$

6.3.4 电阻片的温度效应

温度变化时，金属丝的电阻值也随着产生变化，称之为 $(\Delta R/R)T$。该电阻变化是由两部分引起的，一是电阻丝的电阻温度系数引起的

$$\left(\frac{\Delta R}{R}\right)'T=\partial_T\Delta T \tag{6-24}$$

另一部分是由于金属丝与构件的材料膨胀系数不同而引起的

$$\left(\frac{\Delta R}{R}\right)''T=K_s(\beta_2-\beta_1)\Delta T \tag{6-25}$$

因而温度引起的电阻变化为

$$\left(\frac{\Delta R}{R}\right)T=[\partial_T+K_s(\beta_2-\beta_1)]\Delta T \tag{6-26}$$

式中 ∂_T——金属丝（箔）材料的电阻温度系数；

β_1——金属丝（箔）材料的热膨胀系数；

β_2——构件材料的热膨胀系数。

要想准确地测量构件的应变，就要克服温度对电阻变化的影响，一种方法是使电阻片的系数$\partial_T + K_s(\beta_2 - \beta_1)$ 等于零，这种电阻片称为温度自补偿电阻片；另一种方法是利用测量电路——电桥的特性来克服的，这将在下面详细阐述。

6.3.5 温度补偿片

电阻片的电阻随温度的变化而变化，利用电桥的加减特性，可通过温度补偿片来消除这一影响。温度补偿是将电阻片粘贴在与构件材质相同但不参与变形的一块材料上，并与构件处于相同的温度条件下。将补偿片正确地连接在桥路中即可消除温度变化所产生的影响。

下面分别讨论各种组桥方式温度补偿片的连接方法。通常参与机械变形的电阻片称为工作片，在电桥中用符号—■—来表示；温度补偿片用符号—□—来表示；另外仪器中还接有不随温度变化的内接标准电阻。

1）单臂测量，如图6-3 所示。其中 BC 臂接温度补偿片，CD、DA 臂接仪器内的标准电阻。考虑温度引起的电阻变化

$$\Delta U_{DB} = \frac{U_0}{4}\left[\frac{\Delta R}{R_1} + \left(\frac{\Delta R_1}{R_1}\right)T - \left(\frac{\Delta R_2}{R_2}\right)T\right] \tag{6-27}$$

由于 R_1 和 R_2 温度条件完全相同，因此$\left(\frac{\Delta R_1}{R_1}\right)T = \left(\frac{\Delta R_2}{R_2}\right)T$，所以电桥的输出电压只与工作引起的电阻变化有关，与温度变化无关。即

$$\Delta U_{DB} = \frac{U_0}{4}\frac{\Delta R_1}{R_1} \tag{6-28}$$

2）半桥测量，如图6-4 所示。其中 AB、BC 臂接工作片，CD、DA 仍接仪器内的标准电阻。两枚工作片处在相同的温度条件下，$\left(\frac{\Delta R_1}{R_1}\right)T = \left(\frac{\Delta R_2}{R_2}\right)T$，所以

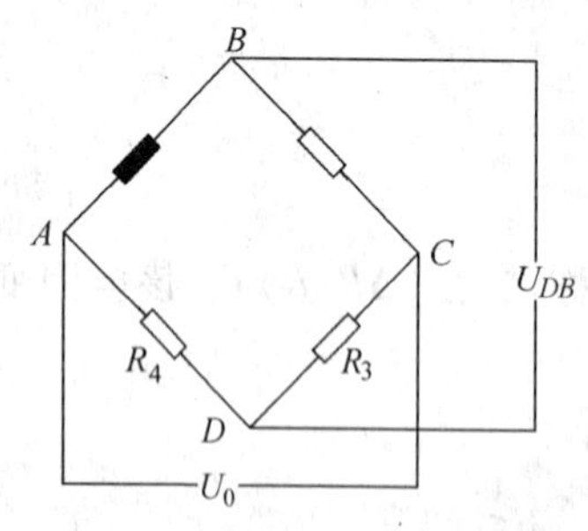

图6-3 单臂测量

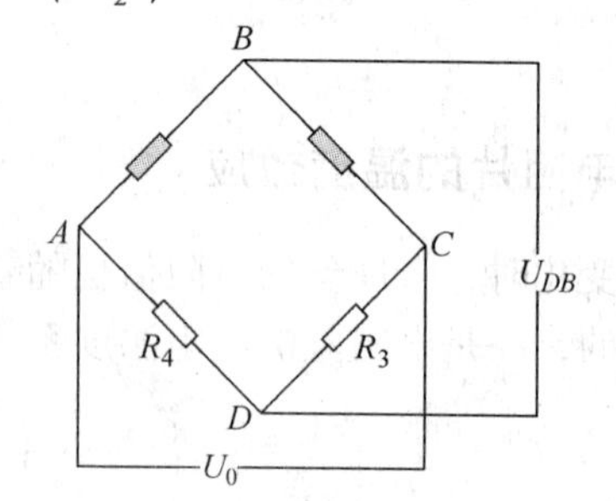

图6-4 半桥测量

$$\Delta U_{DB} = \frac{U_0}{4}\left\{\left[\frac{\Delta R_1}{R_1} + \left(\frac{\Delta R_2}{R_2}\right)T\right] - \left[\frac{\Delta R_2}{R_2} + \left(\frac{\Delta R_2}{R_2}\right)T\right]\right\} = \frac{U_0}{4}\left(\frac{\Delta R_1}{R_1} - \frac{\Delta R_2}{R_2}\right) \tag{6-29}$$

桥路的加减特性自动消除了温度的影响，无须另接温度补偿片。

3）对臂测量，如图6-5 所示。一般 AB、CD 两个对臂接工作片，另两个对臂 BC、DA 接温度补偿片。这时四个桥臂的电阻都处于相同的温度条件下，相互抵消了温度的影响，得到的结果同式（6-29）。

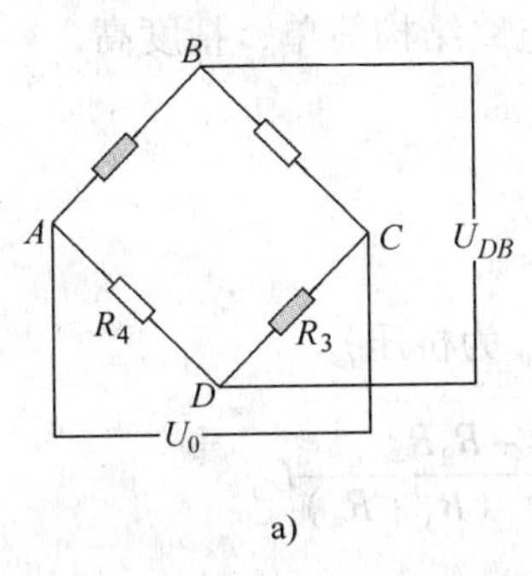

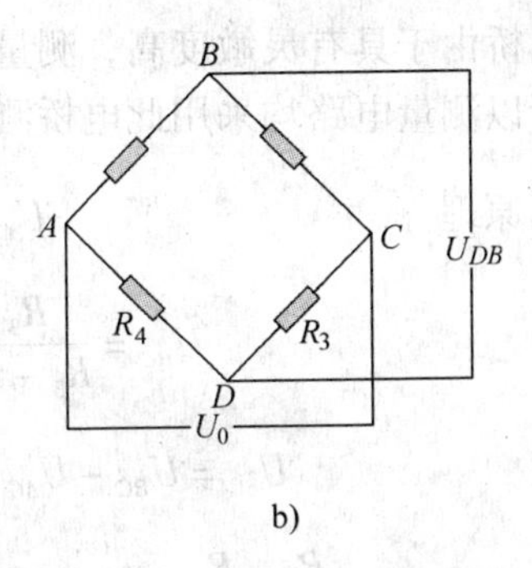

图6-5　对臂测量

4）全桥测量，如图6-6所示。四个桥臂都是工作片，由于它们处在相同的温度条件下，相互抵消了温度的影响。

5）串联测量，如图6-7所示。*BC*臂需要将两个补偿片串联起来，才能消除温度的影响。

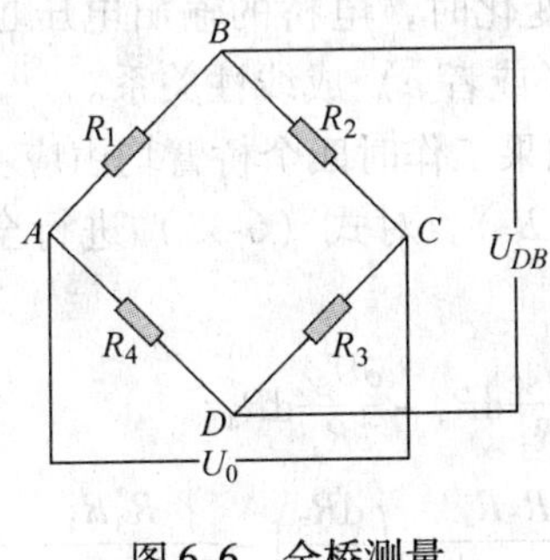

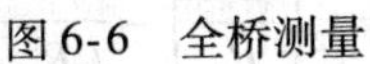

图6-6　全桥测量

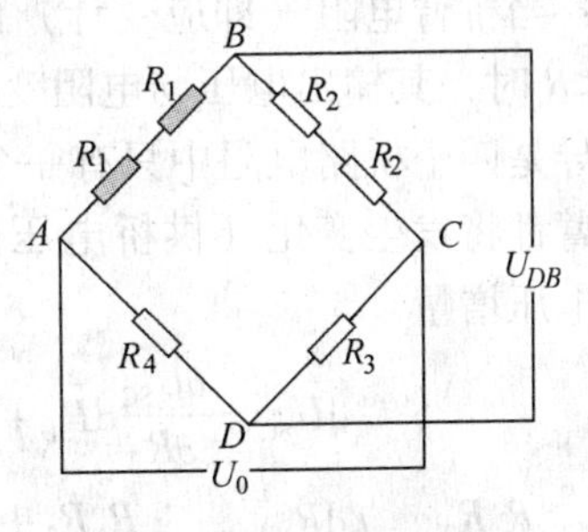

图6-7　串联测量

6.4　测量桥路的选择

6.4.1　惠斯顿电桥

为了使应变仪的小变化量（$10^{-6}\sim10^{-7}$）成为测试中或传感器的测量中大百分比的变化，有经验的测试人员会将应变计做成一个惠斯顿电桥。惠斯顿电桥是由四个电阻应变计组成。它可以消除误差，使应变计放大输出（即大百分比变化）。如果沿正确的方向使用四只应变计则可以获得四倍的信号波幅与灵敏度的变化。

由于应变测试仪器的飞速发展，电阻应变计组桥测量增加了选择性。惠斯顿电桥中的四个电阻片并不需要全是工作片（测量片）。替代的可选择四分之一桥的结构（一只有效应变计）、二分之一桥的结构、全桥的结构，惠斯顿电桥原理如图6-8所示。但必须注意的是，在测量中有一个非常重要的原则，即“同邻变化相减，对边变化相加”。测试人员在组桥测量时，必须掌握这个原则，真正理解和灵活运用。以下着重解释这个原则及在测量中的运用。

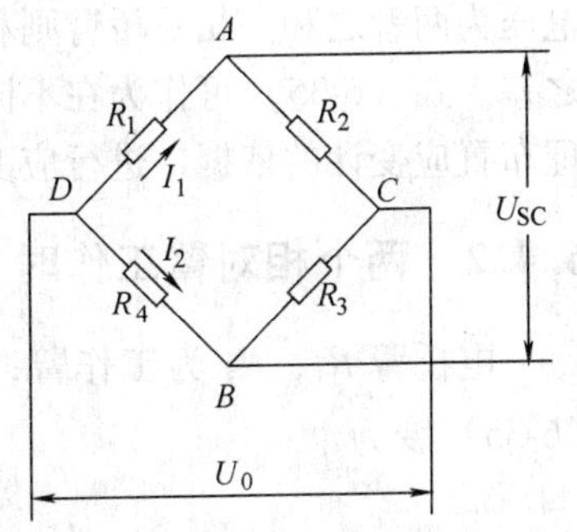

图6-8　惠斯顿电桥

惠斯顿电桥由于具有灵敏度高，测量范围宽，电路结构简单，精度高，容易实现温度补偿的优点，所以测量电路均采用此电桥测量。

根据分压原理

$$U_{AC}=\frac{R_2}{R_1+R_2}U_0 \tag{6-30}$$

$$U_{BC}=\frac{R_3}{R_3+R_4}U_0 \quad （U_0 \text{ 为桥压}） \tag{6-31}$$

输出电压

$$U_{SC}=U_{BC}-U_{AC}=\frac{R_1R_3-R_2R_4}{(R_1+R_2)(R_3+R_4)}U_0 \tag{6-32}$$

当 $R_1R_2=R_3R_4$ 或者$\frac{R_1}{R_2}=\frac{R_4}{R_3}$时，电桥的输出电压 $U_{SC}=0$，即电桥处于平衡状态。为保证测量的准确性，在实际测量之前应使电桥平衡，即预调平衡，使得输出电压只与应变计感受应变所引起的电阻变化有关。当一个桥臂上电阻变化时，根据式（6-32）得

$$U_{SC}=U_0\frac{RR}{(R+R)^2}\left(\frac{\Delta R}{R}\right)=\frac{U_0}{4}\left(\frac{\Delta R}{R}\right)=\frac{U_0}{4}K\varepsilon \quad (R_1=R_2=R_3=R_4=R) \tag{6-33}$$

结论是：当桥臂电阻（即应变计）的电阻发生变化时，电桥的输出电压也随着发生变化。当 $\Delta R \ll R$ 时，其输出电压与电阻变化率 $\Delta R/R$（或者 ε）成线性关系。

以上推导是四个桥路电阻中只有一个工作片。如果工作时四个桥臂均由应变计组成，当工作时各桥臂都将发生变化（供桥电压固定，$\Delta R_i \ll R_i$）。对式（6-33）进行全微分，那么电桥的输出电压增量

$$\begin{aligned}\mathrm{d}U_{SC}&=\frac{\partial U_{SC}}{\partial R_1}\mathrm{d}R_1+\frac{\partial U_{SC}}{\partial R_2}\mathrm{d}R_2+\frac{\partial U_{SC}}{\partial R_3}\mathrm{d}R_3+\frac{\partial U_{SC}}{\partial R_4}\mathrm{d}R_4\\&=U_0\left[\frac{R_1R_2}{(R_1+R_2)^2}\left(\frac{\mathrm{d}R_1}{R_1}\right)-\frac{R_1R_2}{(R_1+R_2)^2}\left(\frac{\mathrm{d}R_2}{R_2}\right)+\frac{R_3R_4}{(R_3+R_4)^2}\left(\frac{\mathrm{d}R_3}{R_3}\right)-\frac{R_3R_4}{(R_3+R_4)^2}\left(\frac{\mathrm{d}R_4}{R_4}\right)\right]\end{aligned} \tag{6-34}$$

由于 $R_1=R_2=R_3=R_4=R$，同时 $\Delta R_i \ll R_i$（变化量）且电桥已预调平衡。式（6-34）可写成 $U_{SC}=\frac{U_0}{4}\left(\frac{\Delta R_1}{R_1}-\frac{\Delta R_2}{R_2}+\frac{\Delta R_3}{R_3}-\frac{\Delta R_4}{R_4}\right)$，$\Delta R/R=K\varepsilon$（$K$ 为应变计的灵敏系数）。

则

$$U_{SC}=\frac{U_0K}{4}(\varepsilon_1-\varepsilon_2+\varepsilon_3-\varepsilon_4) \tag{6-35}$$

从式（6-35）可以得知：相邻桥臂的应变若极性一致（即同时为拉应变或同时为压应变时），电桥输出电压为两者之差，若极性不一致（即一为拉应变，一为压应变时），输出电压为两者之和。相对桥臂则相反，极性一致时输出电压为两者之和，极性不一致时为两者之差。式（6-35）可作为在不同受力条件下提高电桥的灵敏度，解决温度补偿等问题时，合理布置应变计的依据，进行应变计测量时重要的特性。

6.4.2 两个相对臂工作时

电桥臂 R_1，R_3 为工作臂，且有电阻增量 ΔR_1 和 ΔR_3，而 R_2 和 R_4 为固定电阻。则式（6-35）变为

$$U_{SC}=\frac{U_0K}{4}\left(\frac{\Delta R_1}{R_1}+\frac{\Delta R_3}{R_3}\right)=\frac{U_0K}{4}(\varepsilon_1+\varepsilon_3) \tag{6-36}$$

当 $\Delta R_1=\Delta R_3=\Delta R$ 时

$$U_{\mathrm{SC}}=2\left(\frac{U_0}{4}K\varepsilon\right)=\frac{U_0}{2}K\varepsilon \tag{6-37}$$

当 $\Delta R_1=\Delta R$，$\Delta R_3=-\Delta R$ 时

$$U_{\mathrm{SC}}=\frac{U_0K}{4}\left(\frac{\Delta R}{R}-\frac{\Delta R}{R}\right)=0 \tag{6-38}$$

6.4.3　两个相对桥臂工作电桥

举例子说明以上推导。杆在 F 力作用下受拉伸变形，此时在杆的上下表面沿纵向粘贴应变计，并作为电桥的 R_1 和 R_2 两个桥臂（相对桥臂）接入电路，成对角工作状态。此时，由上面的推导有

$$U_{\mathrm{SC}}=\frac{U_0K}{4}\ (\varepsilon_1+\varepsilon_3) \tag{6-39}$$

由于 $\varepsilon_1=\varepsilon_3$，所以

$$U_{\mathrm{SC}}=\frac{U_0K}{4}2\varepsilon=\frac{U_0}{2}K\varepsilon \tag{6-40}$$

6.4.4　拉杆测量的电桥对角工作状态

双臂电桥工作时的输出电压比单臂电桥工作时的输出电压增加一倍，同时它还消除了弯曲变形的影响。如果此时若误将电桥的 R_1 和 R_2 两个桥臂（相对桥臂）接入电路，则

$$U_{\mathrm{SC}}=\frac{U_0K}{4}\left(\frac{\Delta R_1}{R_1}-\frac{\Delta R_2}{R_2}\right)=0 \tag{6-41}$$

此时电桥无电压输出。

这就在实际测量当中，引出了二分之一桥的测量方式，使用应变计测量，将工作状态切换到二分之一桥路测量方式。应变仪的内半桥与外电路的二分之一桥共同组成惠斯顿电桥。在外电路的测试电路中，利用桥路补偿法进行温度补偿，此时为消除温度变化造成的电压输出，可将 R_1 贴在试件的测点上，R_2 贴在试件的应变为零处，或贴在与试件材质相同的不受力的补偿块上，使 R_1 和 R_2 处于相同的温度场中。按相邻桥臂的接法组桥，当试件受力并有温度变化时，应变计 R_1 的电阻变化率为

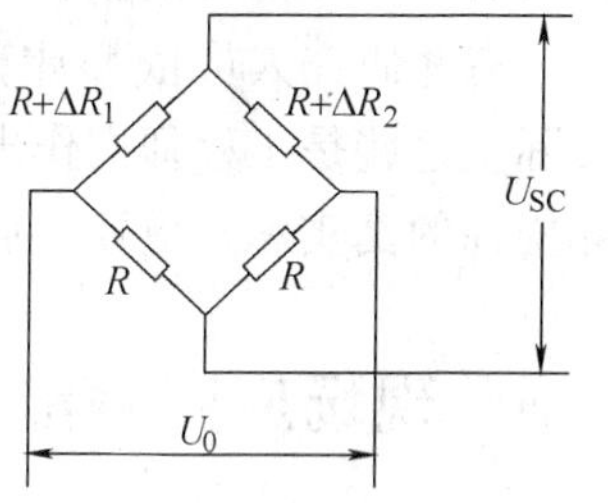

图6-9　二分之一桥的测量电路

$$\frac{\Delta R_1}{R}=\left(\frac{\Delta R_1}{R_1}\right)+\left(\frac{\Delta R'}{R'}\right) \tag{6-42}$$

式中　$\frac{\Delta R_1}{R_1}$——R_1 由应变引起的电阻率变化率；

$\frac{\Delta R'}{R'}$——R_1 由温度引起的电阻率变化率。

而 R_2（温度补偿应变计）只有因温度变化引起的电阻变化率：$\frac{\Delta R_2}{R}=\left(\frac{\Delta R'}{R'}\right)$，所以式（6-41）可化简为

$$U_{SC}=\frac{U_0}{4}K\left(\frac{\Delta R_1}{R_1}\right)$$

结果消除了温度变化造成的影响，减少了测量误差。桥路补偿法在常温测量中被普遍采用。实际上二分之一桥路测量就是点对点补偿法（一个工作片对应一个补偿片），而四分之一桥路测量就是利用应变计的开关切换，单点对多点补偿法（一个公共补偿片对应数个工作片）。下面再分析全桥测量提高测量灵敏度和实现温度补偿的情况。图6-10所示为纯弯试件全桥测量。

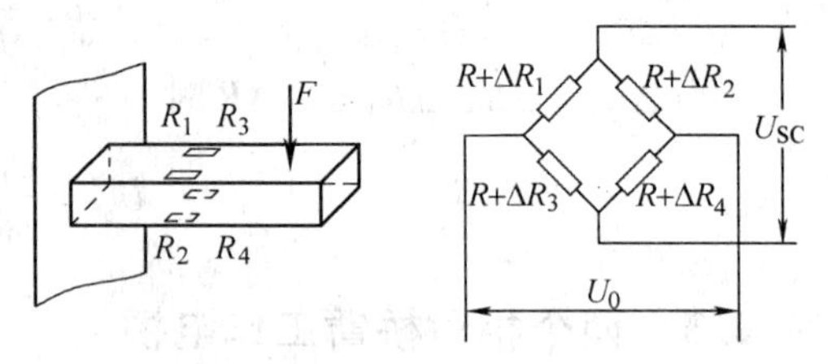

图6-10 纯弯试件全桥测量

当试件受力并有温度变化时，各个桥路的电阻变化率为

$$\frac{\Delta R_1}{R_1}=\frac{\Delta R_3}{R_3}=\left(\frac{\Delta R}{R}\right)+\left(\frac{\Delta R}{R}\right)$$

$$\frac{\Delta R_2}{R_2}=\frac{\Delta R_4}{R_4}=-\left(\frac{\Delta R}{R}\right)+\left(\frac{\Delta R}{R}\right)$$

带入式（6-41）

$$U_{SC}=4\left[\frac{U_0K}{4}\ \left(\frac{\Delta R}{R}\right)\right]=4\left[\frac{U_0}{4}K\varepsilon\right] \tag{6-43}$$

结果不仅实现了温度补偿，而且使电桥输出为单片测量的四倍，大大提高了测量的灵敏度。

不论选择四分之一桥路测试，二分之一桥路测试或全桥测试，首先应对材料受力的情况进行具体的分析。由于测试采用的步骤和设计可能对应变测量的有效性产生很大的影响，试验人员不但要懂得机械、材料，还要对试验理论与实践有进一步了解。

有些研究人员依赖计算机仿真和FEA（有限元分析）方法，得出应变的方向和大小，实际上这些是工程师们作出的假设，必须进行验证，比起计算机屏幕上的漂亮图像，还是实际构件的真实承载更让人放心。

6.5 现场应变测量

6.5.1 现场应变测量要解决的主要技术问题

如何把应变片牢固地安装在施测构件上，使它能可靠而准确地传递欲测的机械应变？如何消除和减小温度、湿度及电磁场干扰等外界因素引起的非机械应变（即零点漂移）？这些要求测量要有正确的测试方案、应变观测和数据处理方法。

（1）测试准备　要正确的选定测试方案，必须首先明确测试的目的。大体归结起来主要有：

1）验证设计理论和方法。

2）鉴定设备的安全度。

3）监测设备安装及工程建设的应力指标，确保安全施工和建筑质量。

4）使用各类传感器测试压力、扭矩位移、频率和加速度。

了解测试目的后，还要根据结构的工作状况、设计施工方法进行调查和综合分析。要测结构的应变力，应采用动态应变仪测量；要测结构的静应力，应采用静态应变仪测量；结构处于水下，采用水下应变计测量；结构处于高温中，采用高温应变计测量。总之，根据具体情况，采用相应的测试方法。

（2）布置应变测点　测点的数量和位置，主要根据测量的目的，并参考理论计算和其他定性试验结果综合确定。通常情况下测点应布置在易损区、应力集中区、疵病区、最大应力区和需要测定应力分布的地方。对重点测区还应布置备用和校核测点。但一定切记：不可盲目求多测点。

图6-11a所示，为一般钢筋混凝土屋架，如只需要测取杆件的最大应力，则布置1、2、3处即可；如还要测量上弦杆次应力则应增加4～9各测点。

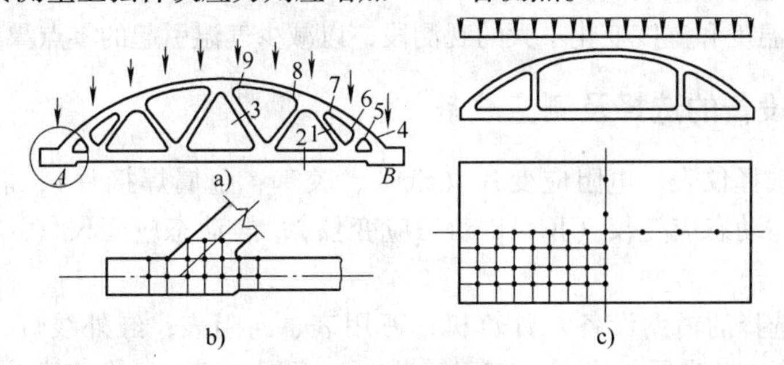

图6-11　应变测点布置

a）钢筋混凝土屋架测点布置　b）节点应力测点布置　c）双曲扁壳测点布置

图6-11b所示是研究节点应力状态，则应在节点处按坐标等距分布测点。

图6-11c所示为了减少测点，常可利用结构的对称性，该图表示钢筋混凝土双曲扁壳的应力状态，考虑到它有两根对称轴，故只需在1/4测区按坐标等分布量。同时，也在对称位置上布置适当的测点以便比较。测定位置确定之后，在测点上分布应变计就比较容易了。

测点应变片布置可按图6-12所示的方法进行。图6-12c所示应变片可布置成互为45°的直角应变花或互为60°的等边三角形应变花。对重要的测试点，宜用互为45°的4张应变片构成的应变花。其中一个备用，如有一个损坏，其余三片仍可以测出主应力的大小和方向。

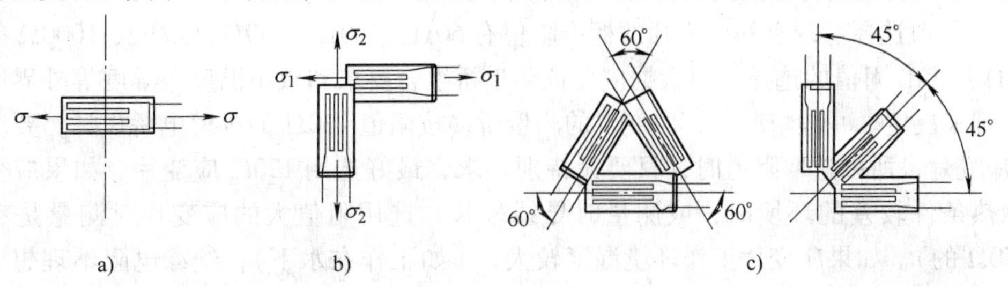

图6-12　应变片布置

a）主应力明确，单轴测量　b）按应力方向双轴测量　c）主应力方向未知的平面应力状态

（3）设计加载和测试程序　加载和测试程序的设计是现场测量的重要环节，必须针对具体的测试对象和测试目的而定。一般测试采用分级加载和读数，以便排除某些偶然误差，

提高测试精度。同一试验应反复循环测试三次或三次以上。但实际上许多现场测试均难满足，或不允许重复试验加载。因此，要更精细地进行测试程序的设计，以便利用载荷增加过程中的每一个机会进行各项参数测定。

在建筑工程中，为了验证设计理论，研究施工方法，常在原型结构和模型上进行结构试验。其加载和测读程序设计，除满足结构试验要求外，还需满足电阻应变测量的特殊要求。测试过程中需要注意以下几点。

1）从零到使用荷载重复加载、卸载1~2次（混凝土结构还要更多次）时，焊接式应变片焊点强化或消除粘贴式应变片粘结剂对被测结构的塑性影响。

2）观测时分级加载读数提高测试精度。但每级荷载所产生的应变不应过小，否则将产生较大的读数误差。

3）同一试验进行三次或三次以上。

4）选择一个温度和湿度变化不大的观测段，以减少气温引起的零点漂移。

6.5.2 仪表及设备的选择及测量准备

（1）测量前选择仪表　电阻应变片（纸基、胶基、金属焊接片）；静态应变仪（JC-4A静态应变仪）；动态应变仪（JC-4B动态应变仪）；静动态应变仪（JC-4C静动态应变仪）。

（2）测量前选择的辅助设备　计算机；万用表、高阻表；红外线灯，碘钨灯，电炉，电烙铁，手动砂轮，电吹风，钳子，剪刀，砂布，丙酮，乙醇，橡皮膏，电工胶布，钢直尺，划针，焊锡，镊子，应变胶，毛笔，防潮剂，接线端子。

6.5.3 现场测量应变计的选择与安装

（1）品种选择　一般受温度、湿度影响时，-50~+50℃的康铜纸基应变片；-50~200℃用康铜胶基应变片；200~400℃用卡玛玻璃纤维浸胶基应变片；400℃以上用高温应变片。胶基应变片比纸基应变片受湿度影响小。受结构应力状态的影响时，当应力梯度较大时，应采用短标距应变片，短标距丝式应变片的弯头大多横向效应较大，不宜采用，而应选用横向效应较小的箔式应变片。一般应变片在材料弹性变形范围内均能使用，但在塑料，橡胶等大变形材料上进行应变测量，需采用专用的大变形应变片。

（2）阻值选择　现有的应变片的标准阻值有60Ω、120Ω、350Ω、600Ω、1000Ω等，尤以120Ω最多，阻值的选择主要根据应变仪测量桥组合要求和减小温度、湿度等外界因素影响的原则来决定。一般情况下，应变仪的测量桥多按阻值120Ω的等臂电桥设计，要求配用120Ω应变片，所以选取阻值时，只要无特别要求，最好选用120Ω应变片。如果应变片工作在散热条件较差的环境时，或测量时导线较长，选用阻值大的应变片对测量是有利的（如350Ω的）。如果应变片工作环境湿度较大，（如工作在水下），绝缘电阻不理想，选用阻值较小的应变片对测量是有利的（如60Ω）。

（3）标距选择　应变片测得的应变，是其标距内被测结构的宏观平均应变。因此，应变测量的精度和应变片的标距直接相关。标距太大不能正确反映仪表点应变。应变片的大小应依据被测结构的材料特性和应力梯度来决定。对于动态测量，还要考虑动应变的特性和频率。

（4）结构材料特性　一般在弹性模量较高的匀质材料（如钢铁）上使用时，为满足测定点应变的需要，最好选用小标距的。对于混凝土砖、石和木材等非匀质材料，应选用长标距的应变片，详见钢筋混凝土应变测量。

（5）应力梯度　应变片标距选择与应力梯度关系极大。一般情况下，应力梯度大的选用小标距，梯度小的可适当放宽。但应力集中区，应力梯度很大，标距小到什么程度，才不会形成过大误差，需要有一个量的概念，应通过理论设计来确定。

（6）动态应变传播特性　弹性体承受静荷载和低频动荷载时，应变是按弹性曲线分布的，但在高频动荷载作用下，则有次应变波的形成并在弹性体内传播。如用电阻应变片测定结构的高频动态应变则应考虑应变频率、材料传播特性和应变片标距等因素的影响。

测量时，应变波首先通过结构传播到应变片，然后再通过应变片的粘结层和片基传播到应变片的应变栅。这后一过程与粘结剂和片基的材料性能、粘贴好坏，以及粘结剂的固化程序等因素有关。其质量好坏直接影响应变片的频率响应特性，但与应变片标距关系不太。而前一过程不仅与被测结构的传播速度有关，而且与应变片的标距有关。标距越长，其测量结果误差越大，如标距与应变波的波长相等。则正负两个半波应变相互抵消，应变片无输出，误差达100%。所以应变片标距越小所能测量的应力频率越高。应变片标距形成的动态测量误差见表6-1。

表6-1　动态测量误差表

应变片标距与波长比$\frac{L}{\lambda}$	>0	0.05	0.1	0.25	0.5	1	1.2
测量误差 ηd（%）	0	1.0	1.7	10.4	36.5	100.0	115.7

从表6-2中可以看出，如果要求测量误差小于1%，则一般应变片均能满足动态应变测量要求，对于特性要求的动态应变测量，如能测量前估计应变频率f和应变波的传输速率v，可按下式计算应变片的标距

表6-2　应变片标距与可测频率对照表

被测材料名称	传播速度/(m/s)	标距 L/mm							
		1	2	5	10	15	30	100	200
		应变频率 f/kHz							
钢	5000	250.0	125.0	50.0	25.0	16.0	8.3	2.5	1.3
铝合金	5100	255.0	127.0	51.0	25.5	17.0	8.5	2.5	1.3
水泥砂浆和混凝土	3000	150.0	25.0	30.0	15.0	10.0	5.0	1.5	0.8
环氧树脂合成物	500	25.0	12.5	5.0	2.5	1.7	0.8	0.3	0.1

$$L=\frac{v}{20f} \tag{6-44}$$

式（6-44）是正弦波的公式，如果测应变为冲击荷载产生的矩形脉冲波时，由应变片标距引起的应变波失真过程如图6-13所示。若以上升时间的10%～90%作为应变波的建立时间T_k。

则
$$T_k = 0.8\frac{L}{v} \tag{6-45}$$

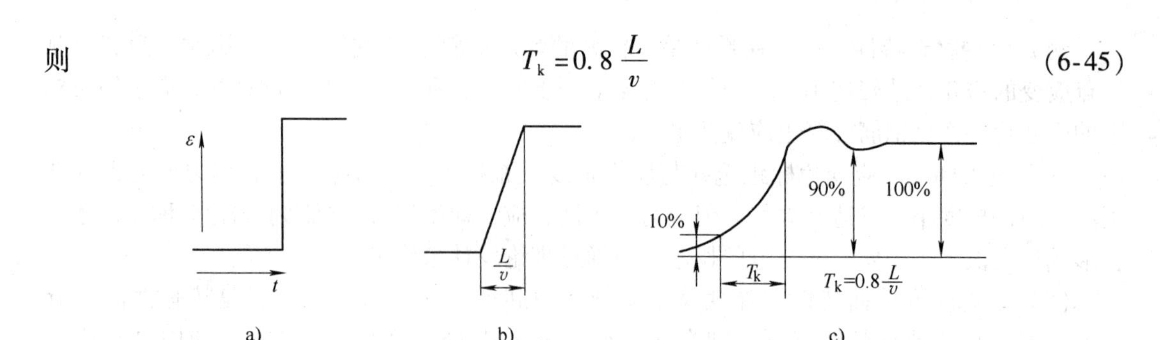

图6-13 应变波失真过程

a）矩形应变波 b）应变片标距引起的上升时间的滞后 c）应变片所测应变波

根据各种测量精度对 T_k 的要求，可得应变片的标距

$$L = \frac{T_k v}{0.8} \tag{6-46}$$

式中 L——应变片标距；

v——应变波传播速度；

T_k——要求应变波建立时间。

6.6 钢筋混凝土应变测量

由于钢筋混凝土是一种混合材料，具有非匀质、不密实，导热不良以及易受环境温度和湿度影响等特性，因此，它对电阻应变测试的技术的要求较其他材料和一般现场测试要高，也更为特殊。

6.6.1 混凝土和钢筋混凝土结构的电阻应变测试技术

1. 混凝土材料特性及其对应变测试的影响

钢筋混凝土的应变测试，可将应变片粘贴于结构表面，也可粘贴于钢筋表面或做成应变计埋入混凝土内。由于应变片直接或间接与混凝土接触，因此，混凝土的材料性质，如非匀质、不密实、导热性较差等，都会给电阻应变测试带来一系列的特殊问题。

（1）非匀质性 钢筋混凝土材料内，在相同应力状态下，钢筋不同部位的应变分散度极小，因而不存在非匀质问题；而混凝土所含石子的应变较小，水泥砂浆的应变则较大，局部应变间的差异非常显著。从标准棱柱体试件上测定并用以进行应力换算的混凝土弹性模量，反映了石子与砂浆平均应变与应力之间的关系，如果应变片测出的仅是石子或砂浆的应变，必将造成较大的误差。为此，应合理增大应变片标距，以尽可能准确地反映其平均应变。但由于应力梯度的要求，应变片过长又将导致测点应力失真，同时，在制作、粘贴上也会出现许多困难。实践表明，应变片标距 L 与混凝土最大粒径 d_{max} 之间如保持下述关系，效果会较好。

对于一般中等集料（$d_{max}=2\sim4$cm）

$$L \geqslant 2d_{max}$$

故 L 多选为 4cm、8cm、10cm。当应力沿长度方向变化不大时，也可选用 15cm。

对于细集料混凝土 $d_{max}<2$cm 时，为了更加准确地反映其平均应变，常用

$$L \geqslant 4d_{max}$$

故 L 不小于 8cm 即能满足。

对于大集料混凝土，如毛石混凝土基础等，由于粒径过大，目前所产大标距应变片仍难测出其平均应变，故不常采用电阻应变测量技术。但如采用标距更大的应变片并合理选择粘贴部位，仍能适当运用。

由于钢筋混凝土体积较大，在浇筑过程中易出现混凝土离析现象，故在选取贴片位置和分析数据时，尚应考虑这一因素。至于片形和片基材料一般无特殊要求，只需便于现场粘贴即可。为此，常用易于取材的纸基丝式应变片和粘贴工艺简单的常温固化粘结剂。

（2）不密实性　混凝土结硬过程中，其多余水分将通过自身细小孔隙逐渐析出，3～5个月后达到干燥。此时，混凝土内外均有大量孔隙存在，外界潮气和水分均能渗进混凝土内部。由于某些粘结剂受潮后，其绝缘和粘结能力将会降低，甚至全部丧失，因而在混凝土表面粘贴或内部埋入应变片时，应变片与混凝土之间也需防水防潮。这就要求防水材料除了要有良好的防潮性能外，还应具备可靠的传递应变能力。一般脂类防潮剂难以适应这一要求，通常选用的配方为 6101 环氧树脂：乙二胺：邻苯二甲酸二丁酯 = 100：（6～8）：（8～10）的环氧树脂，作防潮底层。气温高时，采用上限，气温低时，采用下限，或掺入少量水泥拌和成水泥环氧树脂混合物，其厚度不应超出 0.3mm。

对于内埋式应变计，也可选用环氧树脂作为防水材料，有时还用作衬托材料，故其厚度较大。为使内埋式应变计埋入混凝土后，不改变结构截面原有的受力状态或影响较小，并能与混凝土共同变形，应限制应变计的形状和尺寸；作为应变计防水、衬托材料的环氧树脂也应与被测混凝土有尽可能接近的弹性模量和泊松比。

（3）导热不良　混凝土内石子和砂浆的导热性能远低于金属材料，加之大量孔隙的存在，故其导热性能较差，传热、散热过程很慢。当外界环境使结构温度发生局部变化时，不能迅速传至整体，易于造成局部温差。其次，钢筋混凝土构件的尺寸又远比金属构件为大，从而更利于局部温差的形成。而目前应变片热输出分散度较大，所以，当环境温度变化较大时，补偿片也很难消除温差所带来的影响。为此，应选择昼夜温度变化不大的时段，如深夜或阴天进行测试，以弥补温度补偿的不足。

（4）徐变和自身变形　混凝土在持续荷载作用下，变形将随持续时间的延长而不断发展，这种现象就是混凝土的徐变。它与受力大小及状态、混凝土强度等级、龄期、水胶比等多种因素有关。徐变的全部数值可以高出初始变形的几倍，一般需 2～4 年才能基本完成。最初半年的徐变量约占总值的 3/4，一年后可达 90%，余下的 10% 在以后的岁月内完成。

混凝土除随温度升降产生热胀冷缩的变形外，在其结硬过程中还有干缩湿胀的性质。它在空气中结硬将发生“凝聚”和“干缩”的现象，在水中结硬时，体积将会膨胀。钢筋混凝土材料的收缩值相当于温度降低 15～20℃ 时所引起的缩短；素混凝土则更大，约相当于温度降低 20～45℃ 引起的缩短。这一变形过程通常都需两年左右才能完成。混凝土的这种湿胀干缩和“凝缩”产生的形变称为自身变形。

在钢筋混凝土结构现场测试过程中，其加载、卸载、读数等环节经历的时间都很短，混凝土徐变和自身变形对测试影响很小，可以忽略。但在某些特定条件下，如隧道衬里、地下

结构和挡土墙等在岩土压力下的长期应变观测，其影响则不容忽视，应设法消除。对于缩湿胀的排除，可用类似温度补偿的方法设置补偿应变计，利用桥臂叠加特性自行抵消。通常与温度补偿计共用。考虑到长期观测时多采用内埋式应变计，因而补偿应变计（通常称无应力计）也应埋于相同性质的混凝土或钢筋混凝土内，并须满足下述条件：① 埋设补偿应变计的混凝土或钢筋混凝土体积应足够大，以保证有一定的热容量，其尺寸一般不小于15cm×15cm×30cm，并与结构的混凝土同时浇筑和养护；② 补偿应变计与测量计有基本一致的热输出特性和适用范围；③ 补偿应变计不承受加载、卸载条件下所引起的变形，但必须与测量应变计保持温度、湿度上的联系，使二者变化基本一致；④ 导线的种类、型号和长度相同，并固定于温度、湿度大体相同的环境中。

对于荷载值及其变化规律均属未知的结构内力问题，在长期观测过程中，如何消除徐变的影响，仍需进一步研究。观测中的主要困难是荷载值未知，而徐变值与应力大小又密切相关，并且不能忽略，因而测出的数据中将难于准确区分哪些是荷载引起，哪些是徐变影响。荷载变化所引起的应力缓慢增加值则很难加以区别。徐变影响的排除对于长期观测非常必要。

如仅需测定可变的荷载值，无须测定结构内力已能满足试验要求时，可选用绕开徐变直接影响的方法，即用压力强度传感器直接测定荷载压力，将较为简易。

2. 弹性模量的测定和选取

测出应变后还需换为应力。对于钢材或其他金属材料，其弹性模量在常温下为常数，因此，只需取材试测即能得到。钢筋混凝土的应力应变之比，与受力状态、应力大小和加荷速度等因素有关，故其弹性模量不为常数，取值也比较复杂。

6.6.2 混凝土表面应变测量

混凝土表面应变测量是将应变片直接粘贴于其表面以测量应变值。其贴片要求与金属材料基本相同。现结合混凝土材料的具体情况，分三点加以讨论。

1. 施测表面处理

混凝土的表面状况通常随施工情况的变化而异，处理上也就有难有易。在满足试验要求的前提下，应尽可能布置在易于处理的部位。但在实际测试中，往往因测试本身的需要，测点不便挪位，而需要对较差的混凝土表面进行处理。

混凝土表面状况较差时，其外表粗糙，凹凸不平，积满浮浆污物，甚至形成蜂窝麻面，其处理工艺为：

（1）表面清理　先用适当工具除去表面和孔眼表层的浮浆和污物，接着用刷子或高压水把碎渣和灰尘刷洗掉，晾干后，用脱脂棉浸沾甲苯、丙酮或酒精擦洗，除去油污，烘干表面。

（2）表面填补　为保持施测表面平整，必须用环氧树脂砂浆将凹坑和孔眼填平。环氧树脂砂浆配比根据被测混凝土的强度等级，按弹性模量相等或接近的原则，由试验确定。如试验时间允许，也可用同强度等级和高强度等级水泥砂浆填补。

（3）表面研磨　待填料干固（约需24h），用平整的铁块抹上粗金刚砂和水的混合物（或用砂布）对施测表面进行研磨，至表面连续、光滑、平整即可。研磨面尺寸如图6-14所示，通常比应变片长度大10~11cm，以便进行防潮处理。

(4) 表面清洗 先用清水洗去金刚砂并烘干，再用棉球浸甲苯、丙酮或酒精擦洗，至棉球不见污物为止。

(5) 涂刷防水底层 清洗后的表面比较湿润，需先用电吹风或红外线灯烘干，接着在不断烘烤的条件下涂刷防水底层，任其自然固化2～4h。为使环氧树脂充分固化，应加温至80～120℃，待涂料基本固化后，方可停止烘烤。如结构处于水下或有水分侵蚀，需先设法排水而后进行上述工作。

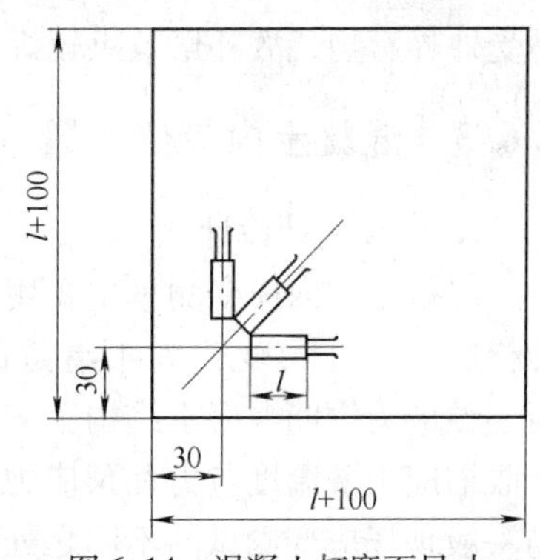

图6-14 混凝土打磨面尺寸

防水底层主要用以防止应变片受渗入混凝土内部的水分所侵蚀。通常环氧树脂厚度只需0.1～0.2mm，就能很好地起到这一作用。测点如在水下，防水底层应适当加厚，但不应超过0.3mm。

由于防水底层，应变片不能直接粘贴在混凝土表面上，被测结构应变需经涂层传递给应变片。这样，涂料在常温下的蠕变和塑性，将对应变测试带来三种影响：① 测得的应变中衍生了不希望出现的蠕变；② 应变滞后；③ 临近混凝土表面的涂层与其非邻近层次间变形不一，导致应变减小，且基底越厚，影响越大。这三种影响中，蠕变对短期观测影响不大。对于后两个因素，应在满足防水要求的前提下尽可能减小防水底层厚度，以减小其影响。试验表明，如防水底层厚度小于0.3mm，其影响误差均在5%以下。涂层大小与研磨面同。

2. 贴片和防水

防水底层固化后，可按金属材料贴片和防水工艺要求进行贴片和防水。但是混凝土是非匀质材料，应变片标距与粒径有关。对于长标距应变片的粘贴，应特别注意端部牢固可靠，并应十分仔细地排出气泡。当采用502（或501）胶水时，宜先在防水底层均匀地刷一层薄的胶液，并随即在应变片一端滴上胶水任其自由向下淌匀，然后放下尾部，将应变片准确地落在测点上。如胶层不够均匀，可轻轻来回微动两次，稍待片刻再用聚乙烯薄膜覆盖在应变片上，以食指沿一个方向按压即可。应变片表面防潮与金属相同。

3. 应变片温度补偿

由于混凝土热传导很差，容易造成局部温差，其温度补偿远比金属材料难。因此，工作应变片的温度补偿，除采用半桥相互补偿外，有时为提高测试精度，还采用单丝自补偿和半桥互补偿相结合的方法，即除了采用单丝自补偿应变片作为测量应变片外，还设置补偿应变片。但由于混凝土的线膨胀系数随其强度等级而异，并且有较大的离散性，因此，在选定自补偿丝材时，要准确测定构件的线膨胀系数。

在大气中测量时，补偿应变片应贴在与结构完全一样（即其强度等级、材料、级配和养护条件均一样）的混凝土试块上。试块体积应足够大，以保持足够的热容量，防止补偿片温度波动过大。试块应置于它所补偿的测量片的正中。

如为水下测量（如管道水压试验），补偿片试块不必过大，采用2cm×3cm×10cm的小试块即可。试块用环氧树脂通过厚橡胶贴在紧靠被补偿应变片的表面，如图6-15所示。由于厚橡胶的隔离作用，补偿应变片不受荷载影响。这时因水的体积很大，温度比较稳定，不

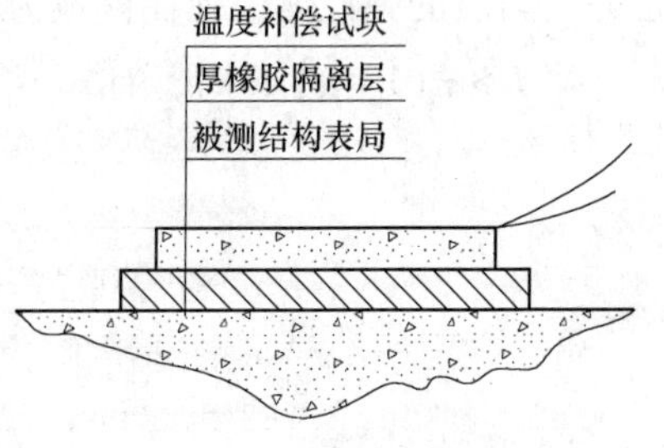

图6-15 温度补偿装置

易受外界影响，故补偿效果较好。

6.6.3 混凝土内应变测量

1. 内应变计设计

混凝土的内应变测量主要用以测定混凝土内部具有应力梯度，或应力变化尚不清楚的部位，如测量柱基、牛腿、预应力钢筋混凝土结构锚固端的内部应力，以及混凝土收缩应力、温度应力和预应力损失值等。其方法和原理与一般现场应变测试的不同之处仅在于应变传感元件不直接是应变片，而是用应变片和防水材料、衬托材料做成的应变传感元件，简称内应变计或埋入式应变计。使用时，将它埋入需要测试的混凝土结构内，用以显示结构受力时的结构应变。埋入混凝土的内应变计如图6-16所示。

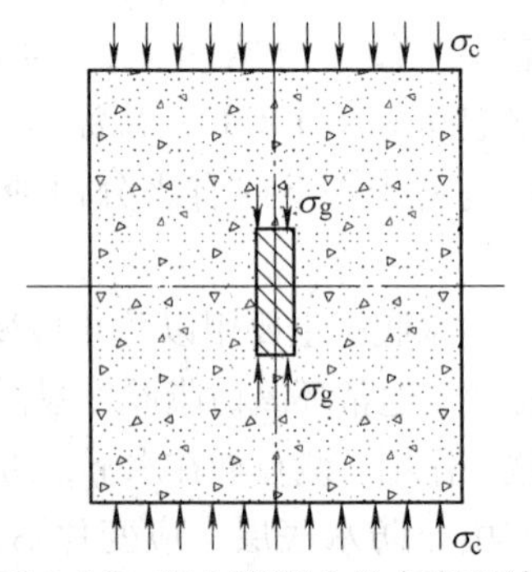

图6-16 埋入混凝土的内应变计

如应变计的弹性模量、泊松比和线膨胀系数均与混凝土一致，即达到完全匹配，则应变计感受的应力与混凝土应力相同。但实际上，各种内应变计的上述性质均和混凝土不一致。因此，应变计的埋入，势必破坏混凝土的连续性，从而造成应变计所在处混凝土的应力失真，使应变计测得的应变和混凝土的真实应变有所差异。下面分别讨论上述因素对混凝土内应变测量的影响，以及设计中应注意的问题。

（1）弹性模量影响　如应变计与混凝土的弹性模量不一致，则会使应变计所在处的混凝土产生应力集中。其应力、应变可表示为

$$\sigma_g = \sigma_c\ (1 + C_s) \tag{6-47}$$

$$\varepsilon_g = \varepsilon_c\ (1 + C_e) \tag{6-48}$$

式中　C_s——应力集中系数；

C_e——应变增长系数或应变集中系数；

σ_g——应变计应力；

ε_g——应变计应变；

σ_c——混凝土应力；

ε_c——混凝土应变。

为了排除一些次要因素的影响，在分析这个问题时，假定：① 埋入混凝土内部的应变计是一个长为L，半径为R的圆柱体，弹性模量为E_s；② 应变计两端是刚性的；③ 混凝土是完全匀质的弹性体，弹性模量为E_c，泊松比为μ_c；④ 混凝土是无限体。于是可导出：

当$L > \pi(1-\mu_c^2)R$时，有

$$C_s = \frac{\dfrac{E_g}{E_c} - 1}{1 + \dfrac{\pi R}{L}\dfrac{E_g}{E_c}\dfrac{1-\mu_c^2}{2 - \dfrac{\pi R}{L}\ (1-\mu_c^2)}} \tag{6-49}$$

当$L < \pi\ (1-\mu_c^2)\ R$时，有

$$C_s = \frac{\frac{E_g}{E_c} - 1}{1 + \frac{\pi R}{L}\frac{E_g}{E_c}(1 - \mu_c^2)} \tag{6-50}$$

$$C_e = (1 + C_s)\frac{E_c}{E_g} - 1 \tag{6-51}$$

如果分别以 $(1 + C_s)$ 和 $(1 + C_e)$ 为纵坐标，$\frac{E_g}{E_c}$为横坐标，可以绘出不同$\frac{L}{R}$值的应力集中系数曲线和应变增长系数曲线，如图 6-17 所示和图 6-18 所示。

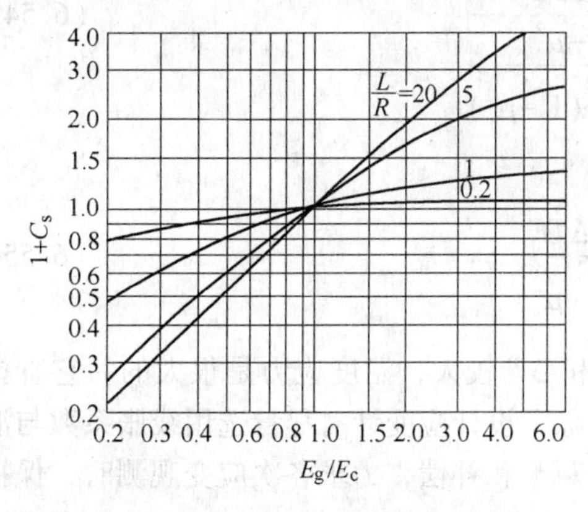

图 6-17　应力集中系数曲线

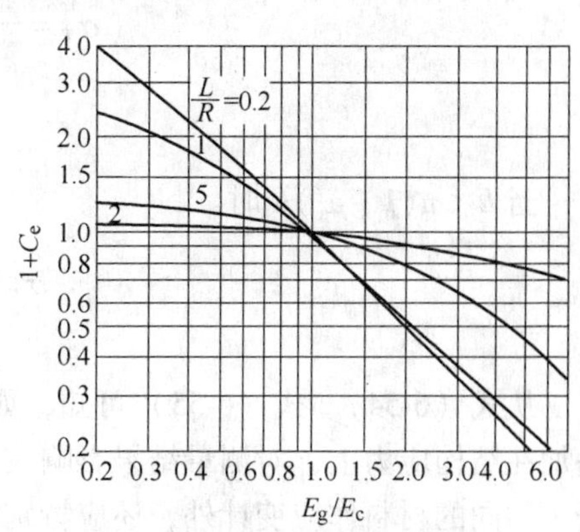

图 6-18　应变增长系数曲线

由图 6-17 和图 6-18 可以看出：

1）$\frac{E_g}{E_c}$值一定时，C_s 将随$\frac{L}{R}$值的减小而减小；但 C_e 恰好相反，将随$\frac{L}{R}$的增大而减小。因此，在设计应变计时，应使$\frac{L}{R}$值大一些，一般取$\frac{L}{R} = 5 \sim 20$。

2）在一定的$\frac{E_g}{E_c}$值变化范围内，如$\frac{E_g}{E_c}$原始比值大，C_s 较小，而 C_e 只有在$\frac{E_g}{E_c}$值较小时才较小。因此，在选择应变计材料弹性模量时，应使 E_g 略小于 E_c，才能获得较小的应变增长系数。

3）只有 $E_g = E_c$，即$\frac{E_g}{E_c} = 1$ 时，C_s 和 C_e 才为零，此时，无应变失真。但这种情况是难以办到的。

（2）泊松比影响。在应变计的泊松比 μ_g 与混凝土泊松比 μ_c 不相同的情况下，如有 $\mu_g > \mu_c$，则当构件承受压缩变形时，由于应变计横向变形对混凝土的挤压，将使应变计产生一个横向挤压应力 σ_e，其引起的轴向应力为 $\Delta\sigma_c$，如图 6-19 所示。据此可导出

$$\frac{\sigma_e}{\sigma_c} = \frac{\mu_g - \mu_c}{2 - \mu_g - \mu_c} \tag{6-52}$$

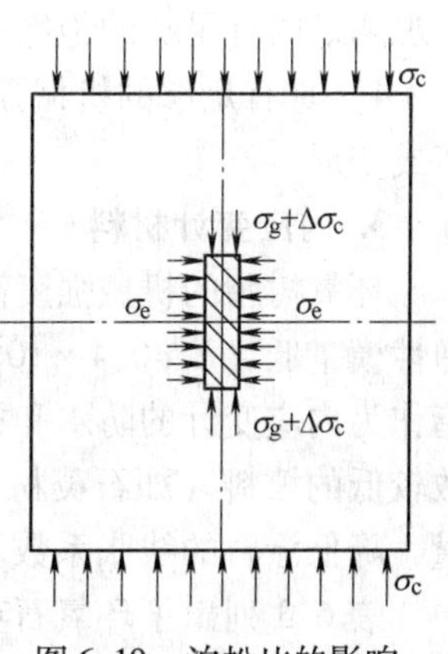

图 6-19　泊松比的影响

$$\frac{\Delta\sigma_c}{\sigma_c}=\frac{2(\mu_g-\mu_c)^2}{2-\mu_g-\mu_c}\frac{1}{1+\frac{\pi R}{L}(1-\mu_c^2)} \tag{6-53}$$

由此可见，σ_e 正比于 $\mu_g-\mu_c$，$\Delta\sigma_c$ 正比于 $(\mu_g-\mu_c)^2$，而一般情况下 μ_g 和 μ_c 均是很小的，可不考虑。

（3）线膨胀系数影响　由于应变计的线膨胀系数 β_g 和混凝土的线膨胀系数 β_c 不一致，故当温度改变 ΔT 时，将产生温度应力 σ_T。

当 $L>\pi(1-\mu_c^2)R$ 时

$$\sigma_T=\frac{(\beta_g-\beta_c)\Delta TE_c}{1+\frac{\pi R}{L}\frac{1-\mu_c^2}{2-\frac{\pi R}{L}(1-\mu_c^2)}} \tag{6-54}$$

当 $L<\pi(1-\mu_c^2)R$ 时

$$\sigma_T=\frac{(\beta_g-\beta_c)\Delta TE_c}{1+\frac{\pi R}{L}(1-\mu_c^2)} \tag{6-55}$$

从式（6-54）、式（6-55）可知，如果 $\beta_g-\beta_c$ 和 ΔT 较大，温度应力是很大的。它直接叠加在结构应力上，对测量结果影响较大，所以，除了设计应变计时尽量选用线胀系数与混凝土相同的材料作应变计外，还应特别注意温度的观测和补偿，力求各次应变观测时，保持同温，从而消除温度应力的影响。

2. 技术要求

为了准确可靠地测取结构的内应变，根据内应变计的工况和上述影响因素的分析，内应变计应符合以下技术要求。

1）尽可能不改变截面的受力状态，并与混凝土有良好的粘结力，能与结构共同变形。为此，内应变计应做成尺寸小、表面粗糙、两端带有“钉头”的细杆，标距应满足混凝土测量的要求。

2）防水材料、衬托材料和结构材料应与被测混凝土具有相同或接近的弹性模量、泊松比和线膨胀系数。

3）能经受混凝土浇筑和养护过程中的水分侵蚀和测试过程中的长期积水影响，保证整个观测期内有足够的绝缘电阻。

4）具有足够的机械强度和刚度，保证在埋设过程中不会因混凝土进料和振捣而遭到损坏或变形。

3. 内应变计材料

环氧树脂的机械强度高，防水和绝缘性能好，是一种较好的防水材料。但它的塑性大，弹性模量低（$E\approx0.4\times10^5\text{kg/cm}^2$），几乎比一般混凝土的弹性模量小 10 倍。当选用环氧树脂作为内应变计的防水和衬托材料时，必须进行处理。通常是掺入弹性模量较高、线膨胀系数较低的填料（如石英粉、石英和重晶石粉等），配成环氧树脂砂浆，以提高涂料的弹性模量，降低涂料的线胀系数。

表 6-3 列出了环氧石英砂浆的弹性模量和泊松比。虽然掺入石英粉可以提高弹性模量，降低泊松比，但效果有限。即使掺入五倍于环氧树脂的石英粉，也只能将 E 值提高至

$1.25\times10^5 kg/cm^2$。为了克服这一弱点，可在满足防水要求的前提下，尽量减少环氧树脂的用量，而改用混凝土预制件来制作应变计的衬托材料。这样，可基本上做到应变计弹性模量、泊松比、线膨胀系数与被测混凝土一致。

表 6-3 环氧石英砂浆的弹性模量和泊松比

配比（质量比）	抗压		抗拉	
环氧树脂：石英砂	弹性模量/(kg/cm^2)	泊松比	弹性模量/(kg/cm^2)	泊松比
1：0.0	0.412×10^5	0.5	0.337×10^5	0.429
1：1.5	0.818×10^5	0.334	0.970×10^5	0.289
1：2.0	0.870×10^5	0.303	1.160×10^5	0.280
1：4.0	1.240×10^5	0.231	—	—
1：5.0	1.25×10^5	—	—	—

有时，也采用金属材料作成内应变传感器来测定混凝土的应变或直接测定混凝土的应力。由于钢的线膨胀系数和混凝土的线膨胀系数比较接近，故用钢比用铝和铜的合金好。

为了提高内应变计的防水性，引出导线最好采用双芯橡胶电缆。

6.6.4 混凝土材料的弹性模量及应力-应变曲线

由应变计算应力，必先确定材料的弹性模量 E，有时还需要确定材料的泊松比 μ。各种钢材的 E、μ 值，凡有条件的均应取样测定，没有条件时，可引用《钢结构设计规范》中的数据。木结构使用 μ 值较少，它的 E 值应通过试验求得，如试验条件不允许时，也可按木结构设计规范中的 E 值引用，但其离散性比钢材大。混凝土及钢筋混凝土材料的应力与应变之间不呈直线变化（即比值 E_n 不是常数，一般称变形模量），其应力-应变曲线上，E_n 值为该点与原点所连割线的斜率（见图 6-20a）。由于影响钢筋混凝土应力-应变曲线形状（即影响 E'_n 值）的因素很多，在现场试验的条件下取值尤为复杂，所以，如何将实测的应变值准确地换算为混凝土的应力是一项相当复杂的课题，有待进一步的研究和总结。

混凝土具有徐变的特性，试验过程中的加荷速度对其应力-应变曲线的影响最为显著。此外，混凝土构件破坏前，局部可能出现塑性流动，由于塑性流动通常随截面形式和受力状态而异，同时混凝土本身的抗拉、抗压强度 f_t 和 f_c 又相差很大，因此，混凝土构件的截面形式和受力状态对其应力-应变曲线也有明显的影响。见图 6-20a 为对一组中心拉、压试件在万能试验机上以一定速度加至破坏时所绘得的应力-应变曲线。曲线上的初始曲线的正切，即为混凝土的初始弹性模量 E_n，即 $E_n=\tan\alpha=\dfrac{\sigma_n}{\varepsilon_e}$。而对应于不同应力时的变形模量（或称弹性模量）$E'_n$ 则应为

$$E'_n=\frac{\sigma_n}{\varepsilon_e+\varepsilon_p}=\frac{\sigma_n}{\varepsilon_n}=\frac{\sigma_e}{\varepsilon_n}=\frac{\sigma_n}{\varepsilon_e}=\nu E_n \tag{6-56}$$

式中 ε_e——弹性变形；

ε_p——塑性变形；

ν——弹性特征系数。

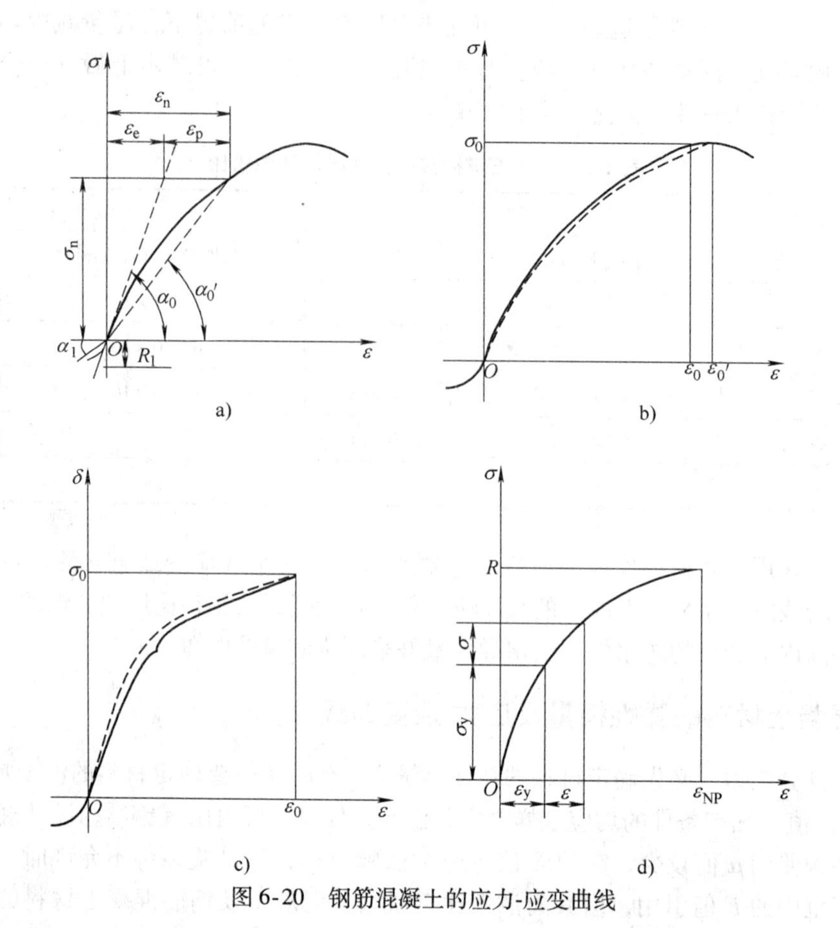

图 6-20　钢筋混凝土的应力-应变曲线

影响 ν 值的因素很多，其中主要有混凝土强度等级、加荷速度、应力大小、持续时间、重复加荷、徐变等。这样，反映在混凝土的应力-应变曲线上，就有多种不同的变化，但无论曲线怎样变化，它们之间都具有以下共同点：

1）曲线的初始斜率为 E_n，即当 $\sigma_n \to 0$ 时，$\frac{d\sigma_n}{d\varepsilon_n}=E_n$，目前，《混凝土结构设计规范》提供的弹性模量即为此值。它是试件在一定的受力范围内（如小于 $0.4\sigma_0$）经反复加卸荷载消除塑性变形后，再测试而得，故为一不变常数，其数值与初始弹性模量近于相等。因此，使用初始弹性模量时，可取用规范提供的 E_n 值。

2）当 σ_n 小于 $0.3\sigma_0$（σ_0 为极限强度），曲线近于直线，而当 σ_n 等于 $0.5\sigma_0$ 时，曲线与直线有明显差异，但不很大。

3）σ_n 达 σ_0 时，ε_n 为 ε_0（不是常数，一般小于混凝土的极限应变），这时材料破坏，应变无限增大，即 $\frac{d\sigma_n}{d\varepsilon_n}=0$。

4）随着应变的继续增大，应力-应变曲线将出现下降段。

5）混凝土的抗拉强度虽然比其抗压极限小得多，但是它们的应力-应变曲线形式是相似的，图 6-20a 中坐标原点以左的一段曲线即为混凝土试件中心受拉时的应力-应变曲线。

对于受弯构件，由于边缘最大受力点将因塑流而开始破坏，故在该点的应力-应变曲线上，于接近破坏前将出现一小段水平线（见图6-20b），此时最大应变ε_0'将大于ε_0，同时小于或等于混凝土的极限应变。一般说来，ε_0'与ε_0差异不大，可将ε_0'代替ε_0。为了近似地表示这条实有的曲线，只需用满足前述五条件的曲线代替即可。对于混凝土材料，这两条曲线的差异不会很大。

混凝土试件在长期荷载作用下，由于塑性变形的较大消失，卸荷和重复加荷时的应力-应变并非直线，如卸荷后再继续加荷至破坏，则曲线形状也将因塑性变形而略有改变（见图6-20c），这时也可用满足上述五项条件的曲线代替实有的曲折线。

由于影响混凝土或钢筋混凝土应力-应变曲线的因素很多，在现场结构试验中常有加荷、等荷、卸荷、零荷及重复加荷等多种试验过程，且结构自重和可能存在的预应力，都将影响到混凝土内应力与应变之间的关系。因此，要想选取足以准确算出应力的变形模量值，是很困难的。目前所用的各种取值方法虽然还不十分完善，但在短期试测中，由于混凝土材料的塑性变形一般皆小于弹性变形，特别是在实际受力远小于混凝土极限应力的情况下，塑性变形的影响基本上可以忽略，所以，这些方法在一定条件下均能达到所需的准确度。

6.6.5 确定混凝土材料应力-应变曲线方法

1. 试验定曲线法

对配合比、操作工艺、养护条件和龄期均相同的试件或构件，在试验机或其他加荷设备上进行试验（最常用的是棱柱体中心受压试件），作应力-应变曲线，以求出未消除塑性变形的变形模量E_b'。这是目前比较常用的方法，其具体做法是：

1）将四周贴有一组应变片的棱柱体试件置于试验机压板的中心位置，同时与补偿块上的同数量应变片构成桥路，并在棱柱体试件上安放一电阻应变式传感器。

2）将荷载传感器、试件和补偿块上的各组应变片组成桥路的连接导线，分别通过桥路盒与动态电阻应变仪的不同通道的输入端相连接。

3）在加荷的全过程中，试验机的速度不要过快，且应均匀一致。

如需要在结构上取试件，可直接取样作为标准试件。通常应取三个试件测取数据，经数据处理后得出所需应力-应变曲线。

由于应力与应变间的关系为曲线变化，应用它查取应力值时，需要考虑到结构原有受力状态的影响。其步骤如下：首先根据原有受力状态（自重或预应力的影响），近似算出初始应力σ_y，借以从曲线上定出初始应变ε_y。对第一次加荷测得的应变ε应在曲线上从ε_y开始量起，求出相应的σ。总应力σ_n应为σ_y和σ之和。如多次反复加荷或经过长期的等荷作用再继续加荷时，则应把等荷或反复加荷的最大值所引起的应力纳入初始应力中，以考虑其影响，如图6-20d所示。

此法比较合理，应用面较广，但由于试件测定时的加荷速度和受力状态很难与结构试验过程相同，故试验所定的应力-应变曲线值，不能完全与实际结构相符。

2. 用规范的弹性模量值计算

用《混凝土结构设计规范》所规定的弹性模量E计算应力，简便易行，故应用也较广，但不能用于应力较大，特别是材料临近开裂或破坏时的应力计算，故有一定的局限性。一般情况下，当具有下列条件之一时，方可选用此法。

1）$\sigma_n<0.3f_c(f_t)$或$\sigma_n<0.5f_c(f_t)$，而仅作应力值的概略估算。

2）较长时间等荷后的卸荷，或未超出该荷值的重复加荷。对于第二次重复加荷测得的计算，则为近似值。

由上述可知，在一般标准或开裂荷载的应力换算中，仍有不少部分可参照规范中给出的 E 值进行计算。

按规范选用弹性模量值可通过以下两种方法：① 按规范要求制作标准试件，测取弹性模量；② 根据混凝土的强度等级 R 按规范给出的计算式求出，但须注意该计算式为统计大量试验数据分析归纳而得，直接引用将存在一定误差，故精度不及前法。

3. 假设曲线法

当混凝土应力较大或接近开裂和破坏时，规范给出的 E 值不能用以计算应力。此时如限于设备条件使混凝土的应力-应变曲线无法或不便由试验测定，也可采用假设曲线的方法，近似地计算应力值。

假设曲线是在分析试验数据的基础上，用经验公式的形式给出。目前各国采用的公式形式很多，有按幂级数或对数曲线表示的，也有用二次或三次抛物线表示的。这里介绍其中的托勒公式，它已为国内所采用，其表达式为：

当 $0<\varepsilon_n<\varepsilon_0$ 时

$$\sigma_n = f_c\left[2\frac{\varepsilon_n}{\varepsilon_0}-\left(\frac{\varepsilon_n}{\varepsilon_0}\right)^2\right] \tag{6-57}$$

当 $\varepsilon_0<\varepsilon_n<\varepsilon_p$ 时

$$\sigma_n = f_c\left[1-0.15\left(\frac{\varepsilon_n-\varepsilon_0}{\varepsilon_p-\varepsilon_0}\right)\right] \tag{6-58}$$

当 $-\varepsilon_{t0}<\varepsilon_n<0$ 时

$$\sigma_n = f_t\left[2\frac{\varepsilon_n}{\varepsilon_{t0}}-\left(\frac{\varepsilon_n}{\varepsilon_{t0}}\right)^2\right] \tag{6-59}$$

由此可求出相应的 E'_n 为：

当 $0<\varepsilon_n<\varepsilon_0$ 时

$$E'_n = \frac{f_c}{\varepsilon_0}\left(1+\sqrt{1-\frac{\sigma_n}{f_c}}\right) \tag{6-60}$$

当 $\varepsilon_0<\varepsilon_n<\varepsilon_p$ 时

$$E'_n = \frac{0.15\sigma_n}{0.15\varepsilon_0+(\varepsilon_p-\varepsilon_0)\left(1-\frac{\sigma_n}{f_c}\right)} \tag{6-61}$$

当 $-\varepsilon_{t0}<\varepsilon_n<0$ 时

$$E'_n = \frac{f_t}{\varepsilon_{t0}}\left(1+\sqrt{1-\frac{\sigma_n}{f_c}}\right) \tag{6-62}$$

式中 σ_n——混凝土应力；

f_c——混凝土棱柱体抗压强度，建议取值为 $0.82f$；

ε_n——混凝土压应变；

ε_0——对应于最大压应力 f_c 时的混凝土应变；

ε_p——混凝土极限压应变，当处于非均匀受压时，按式 $\varepsilon_p=0.0033-(f_{p,k}-50)\times10^{-5}$ 计算，如计算 ε_p 值大于 0.0033，取为 0.0033；当处于轴心受压时取为 ε_0；

$f_{p,k}$——混凝土立方体抗压强度标准值。

f_t——混凝土抗拉强度，建议取$f/3$；

ε_{t0}——对应于最大拉应力f_t的混凝土应变；

E'_n——混凝土变形模量。

由于混凝土应力达f_c时的应变ε_0主要与混凝土的强度等级f有关，如采用规范中的E_n值作为以上三式中的初始值，可得ε_0的近似式为

$$\varepsilon_0 = 0.0003 + 525 \times 10^{-8} f - 25 \times 10^{-10} f^2 \tag{6-63}$$

6.7 动态应变仪和静态应变仪

6.7.1 动态应变仪和静态应变仪的区别

应变仪按频率响应范围可分为静态应变仪、静动态应变仪、动态应变仪和超动态应变仪，其中静态电阻应变仪和动态电阻应变仪应用较多。静态电阻应变仪用电学方法测量不随时间变化或变化极为缓慢的静态应变。它由测量电桥、放大器、显示仪表和读数机构等组成。贴在被测构件上的电阻应变计接于测量电桥上，构件受载变形时，测量电桥有电压输出，经放大器放大后由显示仪表指示出相应的应变值。静态电阻应变仪每次只能测出一个点的应变，进行多点测量时可配以预调平衡箱。所有测点的应变计均预先接在平衡箱各点上，然后靠开关逐点转换接入应变仪。动态电阻应变仪应用于测量随时间变化的动态应变，其工作频率一般在5kHz以下，它由测量电桥、放大器和滤波器等组成。为了同时测量多个动态应变的信号，应变仪一般有多个通道，每个通道测量一个动态应变信号。动态应变是随时间而变化的，须将应变的动态过程记录下来，因此，动态应变仪要与记录器配套使用，记录结果可直接反映被测应变信号的大小和变化。一般动态电阻应变仪的输出为电流信号，常配以光线示波器作为记录器，也可配用磁带机作为记录器。

6.7.2 动态应变仪的工作原理

动态应变仪一般也称为电阻应变仪，有线应变仪、箔应变仪、半导体应变仪等。应变片的电阻值会随着变形而发生变化，将应变片按规定方向贴在试件表面，由于试件表面应变造成应变片的电阻值变化，然后利用高灵敏度检流计测出电阻值的变化，并用此推得应变值的大小变化。应变仪被广泛应用于材料的力学性能检测中，例如，测定材料拉伸模量，就是用所加负荷和同时由贴在试件表面的应变片测出的应变值经计算而得。

在试验应力分析以及静力强度和动力强度的研究中，应变仪用来测量材料和结构的静、动态拉伸及压缩应变，也用于测量材料和结构上任意点的应变。在机械工业中，它可用于测量透平叶片、锅炉结构或内燃机气缸的应力等。应变仪上如果配有相应的传感器，还可以测量力、质量、压力、位移、扭矩、振动、速度和加速度等物理量及其动态变化过程，也可用作非破坏性的应变测量和检查。

6.7.3 YJ-25型静态电阻应变仪

电阻应变仪型号繁多，常用的有静态电阻应变仪，如YJ-16、YJ-25、7V14C型，静动态

电阻应变仪，如 YJD-1 型，动态应变仪，如 YD-15 型，以及数字式应变仪、遥测应变仪等。现以 YJ-25 型为例作一介绍。

YJ-25 型静态电阻应变仪采用了大规模集成电路、数码显示和长导线补偿技术，具有精度高，稳定性好，可靠性高，抗干扰能力强，体积小，质量轻，使用和维修方便等特点。

1. 结构原理

该仪器主要特点是将放大后的信号经 A-D 转换器变成数码显示，读数方便准确，其原理框图如图 6-21 所示。

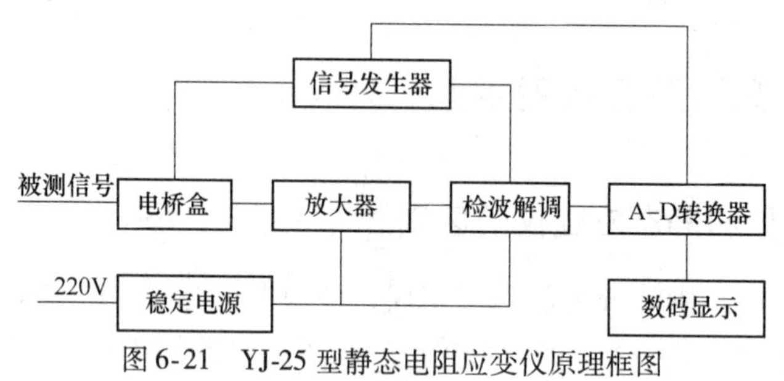

图 6-21　YJ-25 型静态电阻应变仪原理框图

该仪器的前面板如图 6-22 所示，包括电源开关、粗细调节、基零测量按钮及灵敏系数、电阻平衡、基零平衡调节旋钮和读数显示屏。后面板如图 6-23 所示，包括标定、电桥盒、电源输入插口、保险丝等。

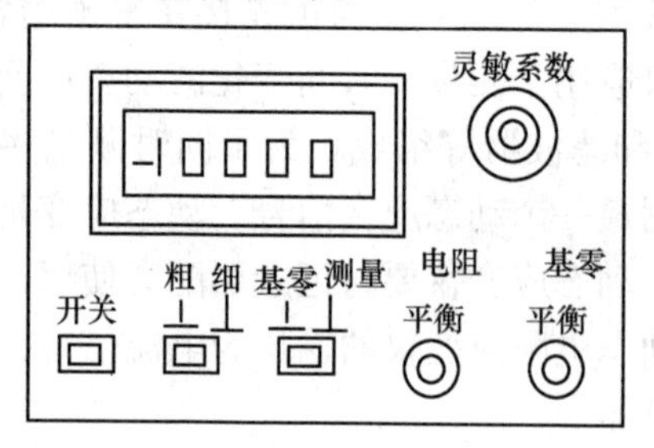

图 6-22　前面板示意图

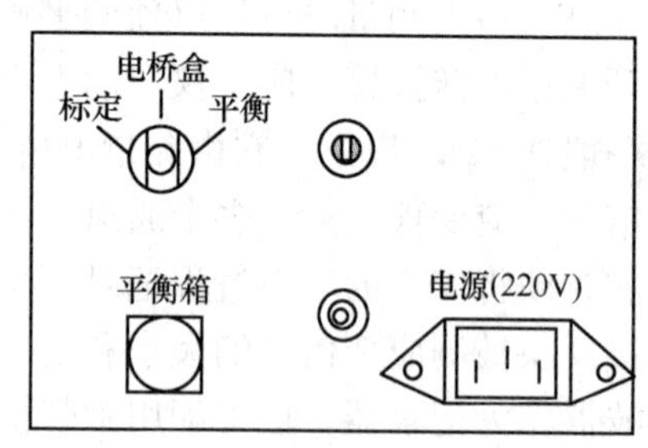

图 6-23　后面板示意图

2. 操作步骤

（1）接线　连接电源、应变仪及电桥盒的各接线。将与工作片和补偿片相连的导线接入电桥盒。根据测量的需要，电桥盒的接线有半桥及全桥连接两种。

1）半桥连接。电桥盒（见图 6-24）上的 1、2、3、4 分别相当于电桥的 *A*、*B*、*C*、*D*

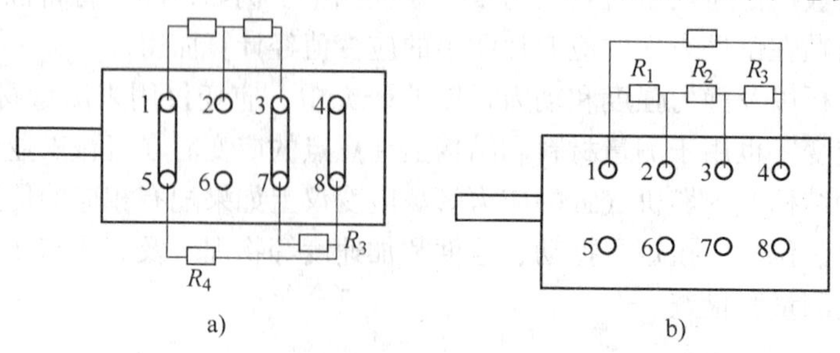

图 6-24　电桥盒示意图

a）半桥单点测量接线　b）全桥连接

四个接线柱。R_3、R_4 为电桥盒内的两个 120Ω 无感线绕电阻，作为内半桥。将接线柱 1 和 5，3 和 7，4 和 8 分别短接，在 1、2 之间接工作片 R_1，2、3 之间接补偿片 R_2，即为半桥单点测量接线，如图 6-24a 所示。

2）全桥连接。将电桥盒 1 和 5，3 和 7，4 和 8 之间的短接片全部取下，分别在（1、2），（2、3），（3、4），（4、1）之间接应变片，即为全桥连接，如图 6-24b 所示。

多点测量时应变片的导线接入 P20R-25 型预调平衡箱，并将预调平衡与应变仪连接在一起，后面板上的开关拨到预调箱挡上。

（2）标定　调整灵敏系数，使指示值 K 指向 2.00，在仪器标定后，再指向与应变片灵敏系数相同的数值上。

（3）通电　检查接线无误后，按下电源开关。

（4）调节

1）按下“基零”开关，调节“基零”电位器，使显示屏显示为 ±0000。

2）再按下“测量”开关，调节“电阻平衡”电位器，使荧屏显示为 ±0000，这时将“粗”“细”开关置于“细”，若调零无法调到 ±0000 时，则按下“粗”。

3）将后面板开关拨至“标定”档，调节“灵敏度”电位器，使标定值显示为 -10000με然后拨至“电桥盒”挡。

4）反复几次调平衡（零点）和标定值读数（10000με）。

5）为了提高测试精度，若条件允许，每隔一段时间在无载荷情况下核对一下平衡和标定值读数。

（5）测量　再次按上“测量”开关，仪器即可按预定加载方案进行测量。

（6）还原　测试完毕，关闭电源，拆下各接线，整理好现场，试验结束。

3. 注意事项

1）仪器使用前应预热 0.5h，可连续工作 4h。周围应无腐蚀性气体及强磁场干扰。

2）导线、连线，插头均应旋紧。测量工作片与补偿片值应尽量一致，连接导线应采用长度、规格相同的屏蔽电缆，测量时导线不得移动。

3）严格遵守操作规程。试验中发现故障，应立即关掉电源。

第 7 章　超声检测仪及智能超声检测仪开发技术

7.1　概述

在工程实践中，超声波由于指向性强、能量消耗缓慢且在介质中传播的距离较远，因而经常用于距离的测量。它主要应用于倒车雷达、测距仪、物位测量仪、移动机器人的研制，以及建筑施工工地和一些工业现场，如用于测量距离、液位、井深、管道长度、流速等。超声波检测往往比较迅速、方便，且计算简单、易于做到实时控制，在测量精度方面也能达到工业实用的要求，因此得到了广泛的应用。

7.2　超声检测仪

7.2.1　模拟式超声检测仪

属于这类仪器的有 SCY-2、SD-1、SC-2、HSC-4、CTS-25、CYC-4、JC-2 型及 PUNDIT V-meter 等。下面以 CTS-25 型非金属超声检测仪为例简述其基本构成。

图 7-1 为 CTS-25 型非金属超声检测仪的原理框图。CTS-25 型非金属超声检测仪可分为同步分频、发射与接收、扫描与示波、计时显示及电源等五部分，各部分的主要波形及其相互关系如图 7-2 所示。

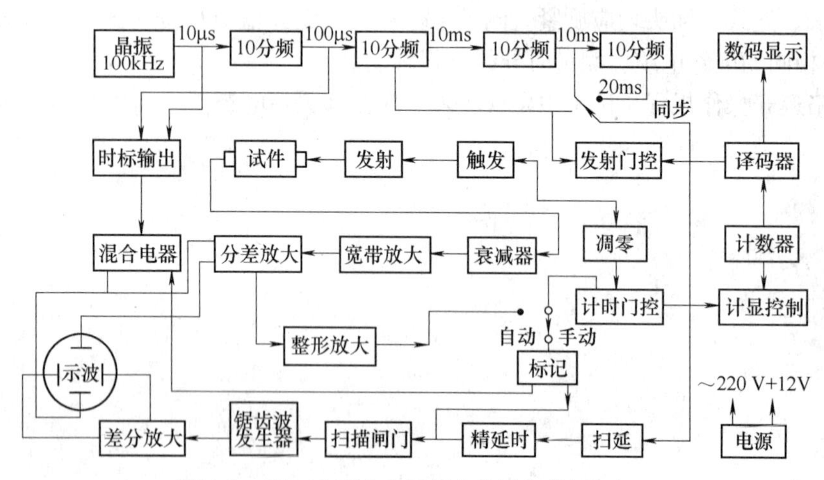

图 7-1　CTS-25 型非金属超声检测仪的原理框图

1. 同步分频部分

由 100kHz 石英振荡器产生周期为 10μs 的脉冲，先经 10 分频，得到周期为 100μs 的脉冲。将两种脉冲送至时标输出电路，合成复式时标后输给混合电路，最后加至示波管的垂直偏转板，因而在扫描线上产生一系列间隔为10μs及100μs的尖脉冲复式时标刻度。读数时可根据该时标刻度及面板上的“精调”旋钮直接读出声时值。但由于该仪器有数码显示系数，复式时标仅作应急之用，属于备用装置，通常可用开关将其从示波屏扫描线上消去。

同时将周期为100μs的脉冲依次经10分频得到1ms、10ms和20ms的周期信号，以10ms（或20ms）周期脉冲作为整机同步脉冲［其波形见图7-2中（1）］。

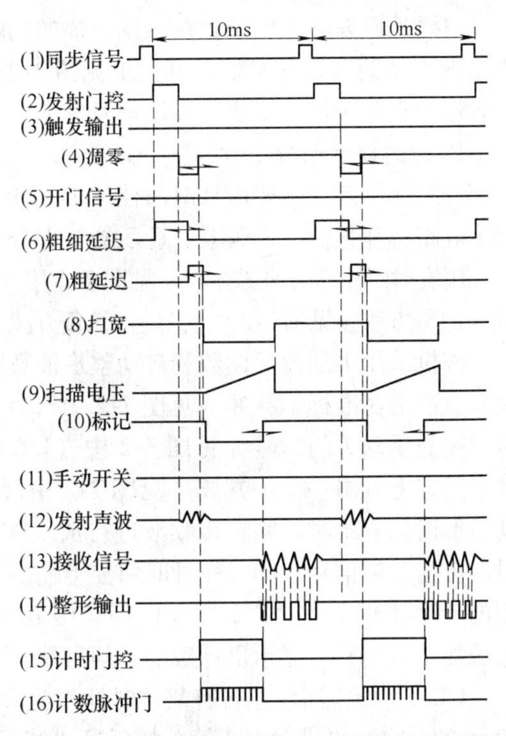

图7-2　CTS-25型非金属超声检测仪主要波形图

2. 发射与接收部分

同步脉冲后沿触发发射门控双稳器，使双稳器翻转，而由第二个10分频级间引出的200μs周期脉冲触发双稳器复原，于是发射门控双稳器输出周期为10ms（或20ms）、宽度为200μs的方波［见图7-2中（2）］。该方波后沿经由触发输入电路触发晶闸管导通，形成触发输出的周期性尖脉冲［见图7-2中（3）］。该触发脉冲激励探头压电体的机械振动，发出超声脉冲［见图7-2中（12）］。发射电压分200V、500V、1000V三档。显然，超声脉冲的重复频率即触发脉冲频率，因周期为10ms或20ms，故重复频率为50Hz、100Hz两档，用一开关转换，一般情况可用100Hz档，若测试距离较长，声时较大，可改用50Hz档。而超声脉冲本身的频率则取决于压电体的自振频率，与线路无关。因此，欲改变频率时只要更换探头，即可达到目的。

发射波的一部分漏入接收电路，经放大加至垂直偏转板，在扫描幕线上形成发射起始信号。

超声脉冲穿过试体到达接收探头，转换为电脉冲信号［见图7-2中（13）］，经由衰减器送到接收放大器放大。接收放大器为四级宽频带线性放大电路，最后经差分放大加在示波管的垂直偏转板上，显示其波形。其中衰减器用以转变接收信号的波幅，并定量指示其衰减值。若接收信号较弱，探头线较长，可在探头输出处加接一前置放大器，以提高信号幅度。

3. 扫描与示波部分

它由锯齿波发生器、可调的扫描延迟电路、扫描闸门发生器、锯齿波放大器等组成。为了可随意观察全部或部分信号，装置了由单稳器组成的可调扫描延迟电路，它由同步脉冲触发（比发射提前200μs），经过延迟后触发扫描［见图7-2中（6）、（7）］。显然，经延迟后在示波屏上只能显示从发射后某段时间的接收信号。

锯齿波发生器的扫描宽度，由扫描闸门的方波宽度所确定［见图7-2中（8）］，它控制锯齿波发生器产生线性锯齿波［见图7-2中（9）］，差分放大后加到示波管的水平偏转板上，产生扫描线。扫宽方波还经升辉电路加至示波管栅极，使扫描期间显示图像加亮。

扫描宽度分20μs、100μs、300μs、800μs、2000μs五档，用以调节接收信号的显示范围。

扫描延迟方波的后沿，在触发扫描的同时也触发标记单稳器，产生6～250μs的标记方波［由“微调”旋钮控制，其波形见图7-2中（10）］，该方波经混合电路和倒相放大后至示波管垂直偏转板上，作为标记信号。

4. 计时显示部分

计时显示部分主要由计时门控、10 MHz石英晶体振荡器、分频取样电路、计数脉冲门、清零电路、计数器、译码器、显示器等部分组成。

用发射门控输出的正方波［见图7-2中（2）］的后沿触发调零单稳器，产生宽度为1.2～15μs的负方波［见图7-2中（4）］。该负方波经微分整形后，其后沿作为计时门控的开门信号。

该机采用手动游标读数和自动整形读数两种读数方式。当采用手动游标读数方式时，将接收波前沿对准标记脉冲［见图7-2中（11）、（13）］，此时标记脉冲经微分整形后作为计时门控的手动关门信号［见图7-2中（11）］，在示波器上可看到该信号，即游标。于是从计时门控上输出一个正方波［见图7-2中（15）］，将正方波输至计显控制电路。当采用自动整形读数方式时，则将接收波进行放大整形［见图7-2中（14）］，取其首波前沿作为计时门控的关门信号，同时使计时门控上输出一个正方波，并输至计显控制电路。经过计显控制的计时脉冲［见图7-2中（16）］，由五级十进制计数器计数，并经译码器将十进制数码电位加于数码管，显示出计数的时间（最大为毫秒级）。

CTS-25型检测仪还备有复式时标作为测读的辅助或备用系统，它在扫描线上刻出每格10ms的分格，再借助100等分的延迟“精调”旋钮，也可读至0.1μs。

5. 电源部分

可用220V交流电源供电，也可用+12V直流电源供电，电源部分包括+12V整流稳压电路、+10V稳压电路、直流变换器等部分。

+12V整流稳压电路是将220V交流电经桥式整流后，由稳压电路输出+12V直流电压。+10V稳压电路是将+12V直流电压进一步稳定为+10V电压输出。直流变换器是将+10V的低电压变换成各种所需电压，供给示波管及有关电路。

7.2.2 智能式超声检测仪

随着超声检测技术的发展，信息处理技术的应用越来越多，以期能够充分运用波形所带出的材料内部的各种信息，对被检测的混凝土结构作更全面、更可靠的判断。智能型超声仪就是为了适应这一需求而发展起来的新一代仪器，它具备数据的高速采集和传输、大容量的存储与处理、高速运算能力和配置各种应用软件等条件。在现有的这类仪器中，北京市政工程研究院研制的NM系列非金属超声检测分析仪具有领先水平。

1. NM系列非金属超声检测分析仪的工作原理与技术指标

NM系列非金属超声检测仪以PC/AT 386以上计算机为核心，具有数字采集、声参量自动检测、数据分析与处理、结果存储与输出等功能。图7-3所示为NM-2B型检测分析仪的工作原理框图。它由计算机、高压发射与控制、程控放大与衰减网络、A-D转换与采集四大部分组成。高压发射电路受主机同步信号控制，产生受控高压脉冲，激励发射换能器，电声转换为超声脉冲传入被测介质，接收换能器接收到穿过被测介质后的超声信号，并转换为电信号，经程控放大与衰减网络对信号作自动调整，将接收信号调节到最佳电平，输送给高速

A-D 采集板，经 A-D 转换后的数字信号以 DMA 方式送入 PC，进行各种处理。

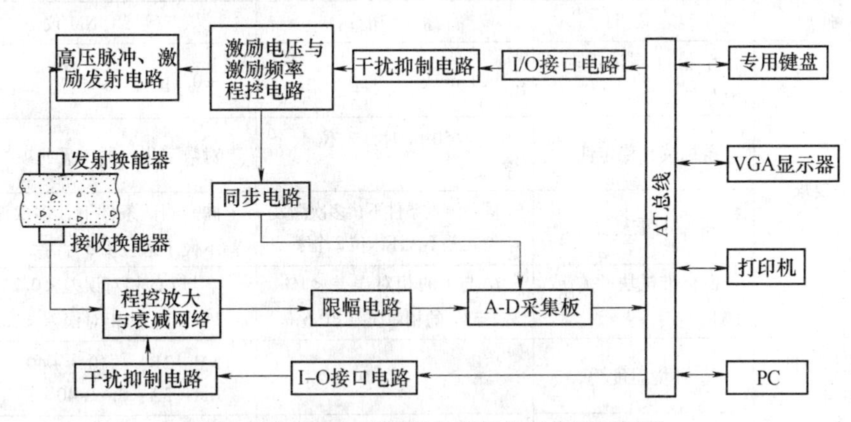

图 7-3　NM-2B 型检测分析仪的工作原理框图

JG/T 5004—1992《混凝土超声波检测仪》对超声仪性能指标的基本规定，以及 NM 非金属超声检测分析仪的主要技术指标见表 7-1。

表 7-1　《混凝土超声波检测仪》的基本规定及 NM 仪的主要技术指标

类　别	项　目	行标（智能式）	NM 仪
基本参数（JG/T 5004—1992 4.4）	测时范围/μs	1 ~ 9999 0.1 ~ 999.9	0.1 ~ 420000
	测读方式	手动游标读数程序判读声时	手动游标读数程序自动判读声时、幅度、主频
	发射方式和频率/Hz	单次激发或连续激发≥50	连续激发 50，100 可选
	发射电压/V	≥50 或分几档	250，500，1000 可选
基本参数（JG/T 5004—1992 4.4）	换能器标称频率/kHz	10 ~ 250 常用 20 ~ 100	10 ~ 250
	放大器频带/kHz	10 ~ 250	0.005 ~ 500
	接收灵敏度/μV	≤50	≤30
	示波器显示方式	外界或内装示波器	内装高分辨 CRT 显示器或真彩色（TFT）液晶显示器
	数据输出方式	显示波形和 t_1 显示或打印 V，*打印波形，分析出频率谱	高速动态显示波形（在 10MHz 采样频率，1k 采样长度条下重复采样率 54 次/s
	示波器显示扫描宽度/μs	50 ~ 100 分档	0.025 ~ 420 任意可选
	相对发射脉冲的扫描延时/μs	40 ~ 5000 连续可调	0 ~ 64000 任意可选
	游标调节	10 ~ 300 个采样间隔连续可调	0 ~ 65535 个采样间隔连续可调 具有双组双向游标
	衰减器衰减范围	0 ~ 80dB	放大与衰减可调范围 0 ~ 133dB 信号幅度量化范围 0 ~ 175dB
	衰减器精度	≤1	≤0.5

（续）

类别	项目	行标（智能式）	NM 仪
仪器的一般要求	t_1 值（测读声时）测量精度	±1μs 或 ±0.1μs	±0.1μs
	游标读数稳定性	当≤50μs 时，末位 1 个字/h	对数字化仪器，无此项指标
	测 t_1 的重复性	同一测试条件下，多次激发 t_1 值之差不大于末位2个字	同一测试条件下，多次激发 t_1 值之差不大于末位 1.5 个字
	测标准试块的 t_1 或测量 V_0	t_1 与 t 的相对误差 <1%，V_0 与 V_c 的相对误差 <0.5%	t_1 与 t 的相对误差 <0.2% V_0 与 V_c 的相对误差 <0.2%
仪器正常工作条件（JG/T 5004—1992 5.2）	环境温度/℃	0 ~ 40	NM—2B：-10 ~ +40 NM—3A：0 ~ +40
	环境相对湿度	<80%	<80%
安全要求（JG/T 5004—1992 5.3）	绝缘电阻 潮湿试验前	≥100MΩ	≥100MΩ
	绝缘电阻 潮湿试验后	≥2MΩ	≥2MΩ
电源适应能力（JG/T 5004—1992 5.4）	交流	(220 ±22) V (50 ±1) Hz	(220 ±22) V (50 ±1) Hz
	直流	标称值 ±5%	(12 ±0.6) V
连续工作时间（JG/T 5004—1992 5.5）		≥4h	≥8h

注：t 为标准声时，t_1 为测读声时，V_c 为空气标准声速，V_0 为空气声速测试值

2. NM 非金属超声检测分析仪的性能特点

（1）数字信号的采集　智能型超声仪均将波动信号的时间与幅度离散成数字量，变成数字信号，以便用数值计算的方法完成对信号的处理。由于数字信号可存储，可不受时间顺序的约束，能按照理论算法进行运算，从而使仪器具有高度自动化、智能化的处理功能。因此，数字化信号采集与处理功能是智能化超声检测仪的基本条件。

NM 仪数字信号采集功能的技术指标为：最高采样频率，20MHz，分 8 级可选；分辨率，8 bit 垂直分辨率；采样长度，64K 内长度可选；触发方式，外触发（仪器内提供同步信号触发），信号触发（外部激励源触发）；波形处理，5 点 3 次多项式加权平均数字滤波；波形显示，具有波形缩放功能，前后翻页功能，起点延迟功能，双组双向游标；重复采样刷新速度：在 10MHz 采样频率、1024 采样长度条件下达到 54 次/s。

NM 超声仪在高速 A/D 数据采集和 DMA 数据传输方式（直接将数据自 RAM 件存取而不经 CPU 控制的方法）的支持下，具有对重复周期信号的高速重复采集功能，在屏幕上可获得良好动感的数字波形动态效果，对于重复信号可实时监测被测信号，观察接收波形的动态变化，以及对于超声检测中观察换能器的耦合效果、在时域波形中识别后续波的波形离析反射信号、对孔检测时随换能器升降实现自动扫描检测等都具有重要的实用价值。

（2）声参量检测　超声仪的基本功能是产生、接收、显示超声脉冲，并经测量获取声时、波幅、频率等声学物理参数。声参量测试的准确性、精密性、重复性以及高速、简便、易操作等要求是衡量超声仪性能的重要指标。其主要检测步骤有：① 首波的判定与捕捉；

② 声时测量；③ 波幅测量；④ 频率测量及频谱分析。

（3）数据输入输出的文件管理

在 NM 超声仪主界面按文件按钮即进入文件管理界面，文件管理界面各部分的作用是：

1）标题栏：显示超声仪当前工作目录或当前文件名。

2）主显示区：显示数据文件内容、帮助信息等。

3）文件列表区：显示当前目录下指定类型的文件的列表。

4）功能按钮区：调用文件管理模块的各项功能。

文件管理模块主要功能是：

1）设置默认的用户操作目录。

2）对各类文件进行查看、读入、删除等操作。

3）新建或删除用户目录。

4）与通用计算机进行文件传输，U 盘存储。

5）查看存储空间。

6）选择打印机类型。

（4）配置分析软件包　分析处理软件主要包括四个部分：

1）超声回弹综合法检测混凝土抗压强度分析，简称测强分析。

2）超声法检测混凝土内部不密实区和空洞分析，简称测缺分析。

3）声波透射法基桩完整性检测分析，简称测桩分析。

4）单面平测法裂缝深度检测分析，简称测缝分析。

由系统主界面可以直接按测强、测缺、测桩、裂缝按钮进入相应的分析处理软件。

7.3 智能超声检测仪开发技术

7.3.1 智能超声损伤测试系统总体设计

本书介绍的超声波智能损伤测试系统是采用脉冲法测量原理，具有国内外先进水平的结构混凝土火灾特性智能超声测试系统。它具有测量精度高、操作简便、界面友好、安装调试简单、成本低、可靠性高等特点。在系统设计时，将超声波智能测试系统分为超声波测试装置和 RS-232 至 RS-485/RS-422 智能转换器两部分，另外，增加了计算机处理的功能，使系统功能更强，操作更简便。

1. 智能超声损伤测试系统概述

智能超声损伤测试系统包括智能超声检测仪、智能转换器和计算机，如图 7-4 所示。

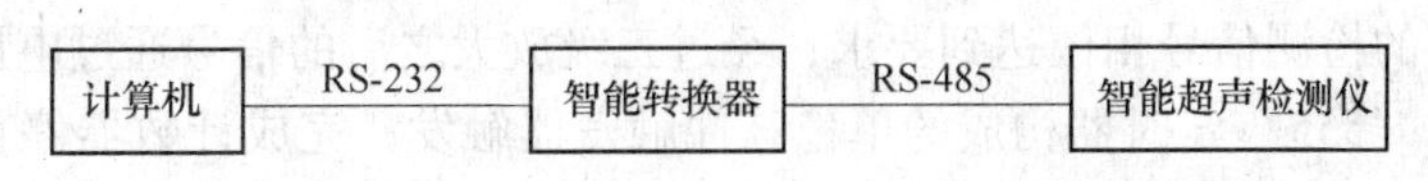

图 7-4　智能超声损伤测试系统组成框图

本系统只需具有智能测试装置即可进行正常工作，通过智能测试装置可完成测试装置的所有设置和检测功能；增加计算机处理接口的目的是为了提供更加友好的人机界面、更加方便的参数输入方法、更加灵活多样的数据处理和打印输出和更大的数据存储空间。超声测试装置和转换器是通过 RS-485 接口连接，连接距离最大限度可以达到 1200m。

计算机软件主要由通信检测子程序、参数传送和提取子程序、报表数据传送子程序、报表显示和打印子程序、图表显示子程序组成，可在线读取来自测试装置的参数、变量状况、测量数据报表，可通过计算机软件对测试装置进行参数传送、初始化测试装置，可随时打印检测报表。

2. 智能转换器

目前，我国应用的现场总线中，RS-485/RS-422 使用最为普遍，当用户要将基于标准的 RS-232 接口设备（如 PC）连接至由 RS-485/RS-422 构成的通信网络时，必须进行 RS-232 和 RS-485/RS-422 之间的电平转换，传统的做法是在设备内扩展一个通信适配卡，由通信适配卡实现电平转换，内部主机再通过并行总线读出或写入数据。显然，这种设计方法存在下列缺点：

1）由于适配卡是基于某一种总线标准扩展的，而不是基于 RS-232 电平标准，所以其应用范围受到限制，只能一种适配卡适用一种总线，如 ISA 适配卡不可能插入 STD 总线或用户自定义的总线，其通用性较差。

2）虽然实现的仅仅是电平转换，但是由于需要考虑与扩展总线的接口和增加一个标准的 UART，并且需要占用系统的其他宝贵资源，使硬件和软件变得过于复杂。

3）复杂的硬件设计大大增加了元器件的数目和电路板面，使适配卡的成本过高。

4）由于采用内置插卡方式，使变更通信方式比较麻烦（如将半双工通信方式设置为全双工方式等），另外维修和测试也比较麻烦。

5）对于现有的基于 RS-232 的设备，在无法变动系统软件和硬件的情况下，显然适配卡无法将这些设备连成基于 RS-485 或 RS-422 通信网络的分布式系统。

3. 智能超声损伤测试装置

智能超声损伤测试装置是该检测系统的核心部分，测试装置精度的高低和可靠性的好坏都在于对这部分的设计和制作，该测试装置的主要功能有：① 进行上电自检；② 产生换能器发射驱动信号；③ 检测处理接收信号并识别第一个正脉冲信号；④ 进行自动增益控制；⑤ 计算声路的传播时间；⑥ 向上位机回送测量的传播时间及状态；⑦ 进行周期性系统检测；⑧ 断电检测功能；⑨ 控制输入输出功能；⑩ 出错告警功能。

测试装置的微处理器采用 FLASH 单片机（AT89C52），实现测试装置的控制功能，包括传感器驱动控制、驱动/接收转换控制、A-D 和 D-A 控制、传播时间测量、通信控制、计数控制等；采用三级放大电路，第一级和第三级采用固定的高增益带宽积的精密运算放大器，第二级采用电压控制增益运算放大器，实现自动增益控制；在三级放大电路之间各加入一个带通滤波器，去除低频噪声，使有用信号顺利通过；在第三级放在之前加一个同相/反相转换器，以使最终的检测信号相位达到要求；经过三级放大之后的信号通过电压比较器输出标准信号，促使由“555”定时器构成的单稳脉冲触发器触发，完成计数器停止控制；计数器基准时钟采用 20MHz，对传播时间进行计数，从而得出传播时间；传感器驱动电路的输入控制信号通过高速光电隔离器件进行隔离，采用具有高速开关特性的 MOSFET 器件进行驱动控制；通过 A-D 和 D-A 转换电路实现信号大小的检测，信号增益的控制，最终实现自动增益控制；另外，具有 RS-485 串行接口。

图7-5所示为测试装置原理框图。考虑到测试装置的功能划分和可靠性方面的要求，将其设计成两块PCB板，其中一块叫控制板，进行测量控制、参数存储、通信控制及传播时间计算等功能，包括信号的放大、滤波、A-D、D-A、电压比较等功能。另一块板叫做驱动板，包括传感器驱动信号的隔离电路、驱动电路。图7-6所示为智能超声损伤测试装置电路板图。

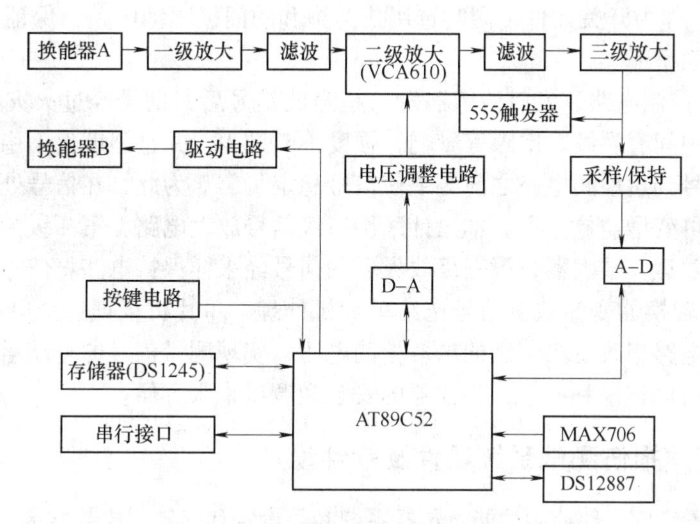

图7-5　超声测试装置原理图

4. 智能超声损伤测试系统的特点及难点分析

本书研究的“智能超声损伤测试系统”是由湖南省科技厅科技计划项目“火灾损伤后建筑结构安全性能智能诊断装置研制”支撑的。要求所研制的检测精度高，主要针对火灾后结构混凝土的检测，也适用于一般的建筑构件的检测，而且具有操作简便、成本低等特点，采用LED显示，操作方便实用。

图7-6　智能超声损伤测试装置电路板图

智能超声损伤测试系统的特点：① 适用于火灾后建筑构件安全性能的检测；② 精度为100ns以下；③ 显示方式为9位LED显示；④ 可通过计算机进行参数输入、数据处理和显示打印；⑤ 具有自检、出错告警和记录功能；⑥ 配备远距离传输接口，最长距离为1200m；⑦ 电源：220VAC，50Hz。另外，此测试装置还具有可靠性好、使用方便、可通过计算机处理、成本低、质量小、操作简便、维修服务快捷等特点。

在测试装置的研制中必须解决好以下几个难点：

1）高精度计时电路。计时电路的精度是检测的基础，若单片机主频12MHz，内部参考频率周期1μs，不能满足测时要求。要提高测量分辨力，就必须提高计数参考频率。为此选用了能输出频率为20MHz的计数电路，这样系统测试精度和分辨力得到提高，能满足测量要求。

2）传感器驱动电路。接收信号的大小和好坏直接取决于发射传感器的发射信号，由于传播距离的要求，发射电路的发射功率必须足够大。发射信号一般采用 5～8 脉冲信号，它的脉冲宽度与传感器的频率有关，当传感器选定后，这个频率就确定了。要增大发射功率，就要提高传感器的驱动电压，驱动电压一般要达到几百伏到上千伏。在驱动电路设计中为了保证该测试装置还可应用到传感器频率较高的情况下，在此选用高耐压、高速度的场效应晶体管（MOSFET）作为开关元件，同时选用快速饱和的门极驱动电路，保证场效应晶体管可以工作在要求的频率下。

3）自动增益控制电路。发射传感器发出超声波信号后，信号经过火灾后建筑构件传播到接收传感器，中间有裂纹、空隙等影响，强度不断减少，并且强度也不稳定。为了实现高精度的测量在信号到达检测电路之前必须使信号稳定可靠。为此，在信号处理时要采用自动增益控制，选用可变增益放大器。本设计采用三级信号放大电路，第一级为前置放大，第二级为电压控制增益运算放大器，第三级放大后的信号经采样保持电路将信号的峰值电压保持下来，经过 A-D 转换器变为数字信号送给单片机处理，单片机根据这个电压值通过 D-A 转换器和电压调节电路来改变第二级的增益控制电压，实现测量信号的自动增益控制，增益可以人工调节，也可以记录和显示，为仪器的安装和调试带来方便。

7.3.2 智能超声损伤测试系统硬件及软件设计

智能测试装置完成全部控制功能，包括系统参数设置和存储、控制显示、计算声时、对声时数据进行可靠性检验、控制输入输出功能、出错告警和通信等功能。它由控制板和驱动板组成。控制板主要完成传播时间测量，包括测量控制、信号的放大、滤波、A-D、D-A、电压比较、自动增益控制、峰值保持、计数、参数存储、数据传送等功能。驱动板的主要功能包括传感器驱动信号的隔离电路、驱动电路。智能测试装置的软件采用模块化结构设计，包括初始化模块、测量子模块、显示模块、发射模块等。以下分别说明测试装置的硬件、软件组成。

微处理器采用 51 系列单片机 AT89C52，显示器采用 9 位 LED 显示，存储器采用大容量闪速存储器 DS1245，容量为 128KB，时钟采用高精度实时时钟 DS12887，计数器采用高频精密函数发生器 MAX038，可使计数频率达 20MHz。另外，采用一个智能 RS-232 到 RS-485 转换器，进行测试装置与计算机之间的通信。测试装置有五组电源：+5V、－5V、+12V、－12V、+1000V。

1. LED 显示控制电路及软件设计

（1）LED 显示控制电路　LED 显示器耗电少，成本低，配置灵活，接口方便，单片机应用系统中常用它来显示键盘输入的数值、采集的信息和系统的工作状态等。LED 显示器有共阴极和共阳极两种接法。共阴极 LED 显示器的发光二极管阴极共地，当某个发光二极管的阳极为“1”时，发光二极管点亮。共阳极 LED 显示器的发光二极管的阳极接到电源上，当要点亮某个发光二极管时，只要使其阴极为“0”电平即可。LED 显示器有静态显示与动态显示两种方式。静态显示电路的最大优点是只要不送新的数据，则显示值不变，且单片机不像动态显示那样不间断地扫描，因而节省了大量机时，适用于过程控制及智能化仪器中。

（2）LED 显示软件设计　LED 静态显示软件设计框图如图 7-7 所示。

2. 存储器电路

存储器的主要作用是存储测试装置的各种参数，其次是存储测试装置的测量结果，包括计时时间、时间报表数据等。

由于要求存储器具有存储空间大、存取速度快、接口简单等特点，在此选用大容量存储器 DS1245 芯片，其容量为 128KB。它是一种带掉电保护的 SRAM 存储器，其读写时序与单片机内部 RAM 操作相同，比 2864 等 EEPROM 读写操作更加简便。

DS1245 存储器可以直接与 51 系列单片机接口，读写操作与外部存储器操作相同。用 AT89C52 的 P0 口作为存储器的数据输入输出端，通过 P0 口经 74HC373 输出低 8 位地址，P2 口和 P16、P17 作为存储器 A8 ~ A16 地址，$\overline{CE}$接 P27，$\overline{WE}$接 WR（P36），$\overline{OE}$接 RD（P37）。

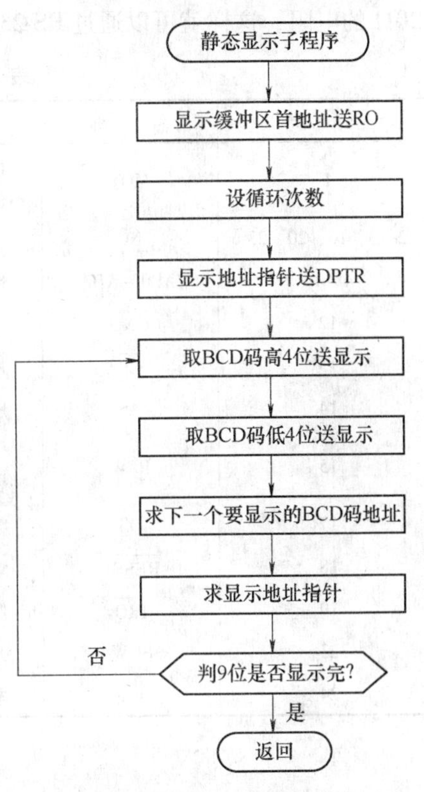

图 7-7　LED 显示软件设计框图

3. 实时时钟电路

时钟电路是提供系统时钟的，要求具有计时准确、接口简单、操作方便的特点，在此选用 DS12887 芯片。DS12887 实时时钟具有实时时钟、定时、一百年日历、可编程中断、方波发生功能。它是一个完整的子系统，取代了一般时钟器件典型应用中的 16 个器件，集成了锂电池电源、石英晶体振荡器和写保护电路等并且在无外接电源的情况下，时钟仍正常运转，存储器中的内容也会保存下来。时钟精度为每月不超过 1min，可计量年月日时分秒及星期几，有效时间可到 2100 年，在无外接电源的情况下，器件可正常工作 10 年以上；可选择二进制或十进制表示时间、日历和定时时间；具有 12h 或 24h 两种模式，在 12h 模式下可区分上午和下午；可选择夏时制时间；可选择 MOTOROLA 或 INTEL 总线时序，通过引脚选择；具有 14B 的时间和控制寄存器，及 114B 的通用 RAM；具有可编程方波输出；具有与总线兼容的中断请求输出，及可通过软件识别和测试的三种独立中断。

DS12887 的引脚功能见表 7-2。本课题用的微处理器是与 Intel 总线兼容的，1 脚 MOT 总线类型选择引脚接地表示是 Intel 总线类型。14 脚 AS 接微处理器的 ALE，15 脚的 R/$\overline{W}$ 接 WR（P36），17 脚 DS 接 RD（P37），18 脚$\overline{RESET}$可直接接 V_{CC}（+5V），AD0 ~ AD7 接 P0 口，时钟的 13 脚$\overline{CS}$接 74LS138 译码器 Y0（CS12887）。

4. 通信控制电路

（1）测试系统通信控制电路　在测试系统通信接口设计中，考虑到有时要求传输距离较远，选用 RS-485 接口，而大部分计算机只有 RS-232 接口，没有 RS-485 接口，为此设计了一个 RS-232 到 RS-485 的智能转换器，测试装置通信控制电路原理图如图 7-8 所示。RS-485 接口选用两片 MAX485 芯片，一片用于接收，一片用于发送。UL5 的接收和发送控制端（$\overline{RE}$和 DE）都接地，使此片 485 芯片连成接收形式，UL6 的接收和发送控制端（$\overline{RE}$和 DE）接 V_{CC}，使此片 485 芯片连成发送形式，两片 MAX485 的信号输出端 A、B 之间并接一个

120Ω 的电阻，这样就可以通过 RS-232 到 RS-485 的智能转换器与计算机进行通信。

表 7-2 DS12887 引脚功能

引　脚	名　称	功　能
1	MOT	提供复选信号，当与 V_{CC} 连接时，Motorala 总线被选中，当与 GND 连或不连时，Intel 总线被选中
2～3，16，20～23	NC	空脚
4～11	AD0～AD7	地址/数据复用线
12	GND	地
13	$\overline{CS}$	片选，低电平有效
14	AS	地址选通线，高电平有效
15	R/W	读写使能端。有两种模式，Motorala 总线时，高电平表明读周期，低电平表明写周期；Intel 总线，低电平有效表明写信号
17	DS	数据有效或数据读选能
18	$\overline{RESET}$	复位信号，低电平有效。$\overline{RESET}$保持低电平时间的长短取决于应用
19	$\overline{IRQ}$	低电平有效的中断请求信号
23	SQW	方波输出端
24	V_{CC}	电源

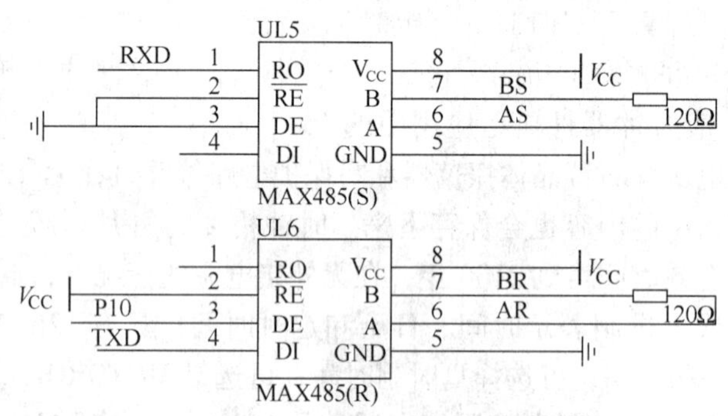

图 7-8 测试装置通信控制电路

（2）RS-232 到 RS-485 智能转换器电路

1）智能转换器的设计思路。RS-232 至 RS-485/RS-422 智能转换器作为一个独立的电平转换控制器，涉及线上取电发送和受状态的智能切换通信方式设置 RS-232 电平与 RS-485/RS-422 电平之间的转换等方面。

① 从 RS-232 接口上取电。标准的 RS-232 接口定义中，TXD、RTS 和 DTR 是 RS-232 电平输出，设计一个 DC-DC 转换器，便可从这些信号上为系统取得一定的电源功率。

② 低功耗微处理器。微处理器通过监测 TXD 信号的变化，决定是否允许数据发送和数据接收。另外，有关通信方式、波特率和半双工工作方式选择也是通过 TXD 信号或 I/O 口来设定的。

③ RS-232 电平与 TTL 电平之间的转换。

④ RS-485/RS-422 电平与 TTL 电平之间的转换。

2）工作原理。该智能转换器必须解决两个关键问题，即如何从 RS-232 线上获得电源和

RS-485/RS-422 接口驱动所需的功率以及如何智能控制 RS-485/RS-422 的收发使能。

① 电源方案。标准的 RS-232 定义中，有三个发送信号端口 TXD、RTS 和 DTR。每根线上的典型输出电流为 ±8mA，电压为 ±12V，考虑到 TXD 为负电平（处于停止发送或发送数字"1"时）的时间较多，因而电源转换决定采用负电输入，以最大限度地增加电流输入功率，升压至所需的工作电源。从 RTS 和 DTR 上输入功率 = 2 × 8 × 12mW = 192mW。另外，由于通信为间歇工作方式，所以输入电源端的储能电容和 TXD（为负电平时能够补充一定的功率。假设设计一个效率为 85% 输出电压为 3V 的 DC-DC 转换器，则输出电流可达 54.4mA。

② 智能控制收发功能。RS-232 通信接口采用电平方式传输，适用于点对点通信，无需专门的收发便能控制，而对于 RS-232，RS-485/RS-422 通信接口则不同，由于采用差分电平方式传输，且允许在一条通信总线上挂接多个节点，必然要求各个节点能够独立地控制总线驱动器关断或打开，保证不会影响到其他节点的正常通信。为了简化与转换器 RS-232 接口端相连的软件，更重要的是为了提高本转换器的通用性和灵活性（即插即用，无需要求用户更改任何相关软件和硬件），本转换器内置微处理器，实现收发使能的智能控制。具体方法：微处理器在检测到 UART 的通信起始位后，打开发送使能，允许串行数据发送至 RS-485/RS-422 通信网络，微处理器根据所设定的波特率延时至 UART 停止位发送一半时（如 11 位格式时，延时 10.5T，BAUD）开始检测是否有下一个起始位到来，在时间 T 内，若有下一个起始位到来，则保持发送状态，否则将关闭发送使能，结束数据发送。

3）硬件设计。由于本转换器供电来自 RS-232 信号线，其输入功率受到限制，因而在本设计中将尽可能地采用 +3V 供电的低功耗器件，保证总电流小 54.4mA。主要包括 4 个部分：DC-DC 转换器、RS-232 接口、RS-485/RS-422 接口和微处理器。

① DC-DC 转换器。

由于没有现成的 DC-DC 转换器能够直接实现 −12V 输入，+3V 输出的 IC，所以我们利用现有的 IC 稍作改动来实现该功能。图 7-9 所示的 DC-DC 转换电路，就是利用 MAX761 实现 −12V 输入，+3V 输出，效率高于 85% 的升压 DC-DC 转换器。该转换器实际输入电压范围为 −2.5 ~ −13.5V 静态工作电流仅 I_1 = 120μA，具有输出电流大于 54.4mA 的能力（如果前端输入功率未受到限制，则输出电流可达 300mA 以上）。由于 MAX761 采用高效率的 PFM 控制方式，且在本电路中，开关损耗较小（开关电流小于负载电流），所以能达到比 MAX761 典型应用更高的效率 MAX761 典型应用效率 86% 输出电压由下式确定

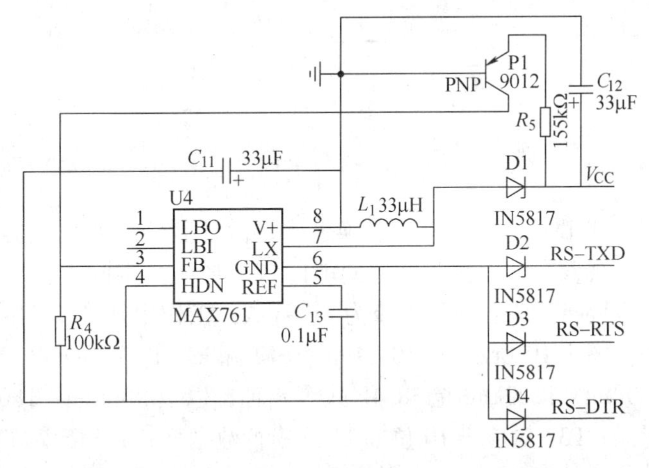

图 7-9　DC-DC 转换电路

$$V_{OUT} = V_{REF} \times R_1/R_2 + 0.7 \tag{7-1}$$

其中 $V_{REF}=1.5V$，$R_2=100K$。根据所需输出电压可求得 R_1。

② RS-232 接口。本转换器只需一片单发/单收 RS-232 接口就可以满足要求，但要求必须是 +3V 单电源，工作电流尽可能小的接口电路 MAX3221/MAX3221E（带 $\pm 15V_{ESD}$保护）刚好能够满足上述要求，且具有 1TX/1RX，其工作电压 3 ~ 5.5V，仅 1μA 的静态电流，负载电流小于 $I_2=2mA$。

③ RS-485/RS-422 接口。为兼顾 RS-485/RS-422 接口中半双工和全双工，要求转换器采用 MAX3491 作为 RS-485/RS-422 接口电路，其主要指标为：3 ~ 3.6V 单电源工作，工作电流 1mA，驱动 60Ω 负载时（半双工时，两个 120Ω 终端匹配电阻的并联值），峰值电流可达 $I_3=3V/60\Omega=50mA$。RS-232 至 RS-485/RS-422 智能转换器原理图如图 7-10 所示。

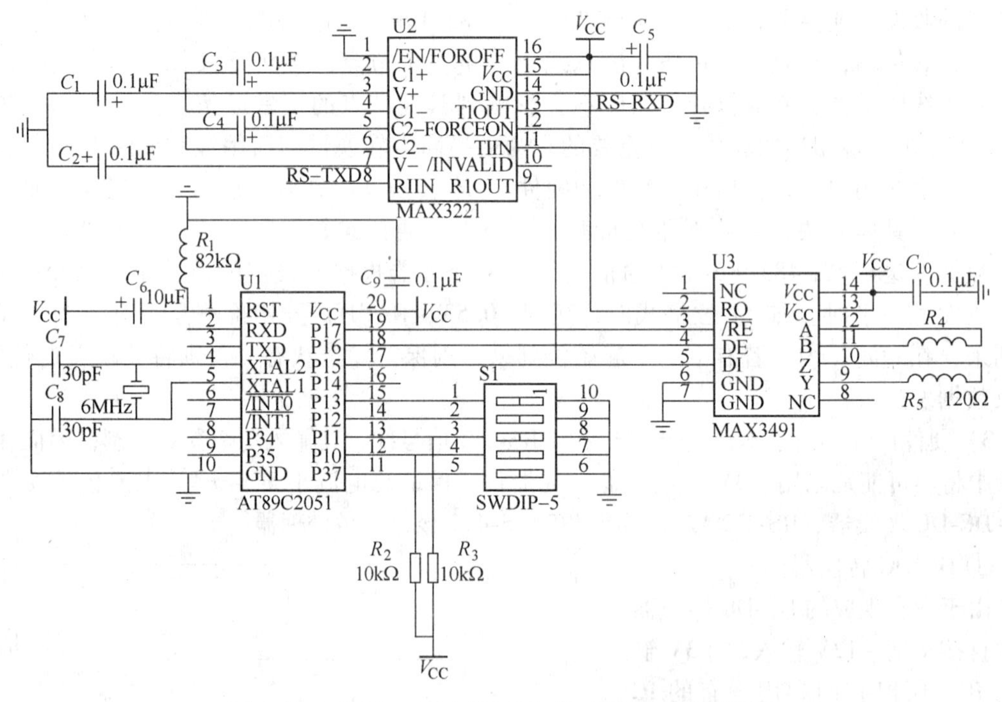

图 7-10 RS-232 至 RS-485/RS-422 智能转换器原理图

④ 微处理器。在本转换器中，微处理器所要完成的任务很简单，仅需要几根 I/O 线即可实现参数的设置和发送使能的自动控制。实际选择中，采用 ATMEL 公司的 AT89C2051，其主要指标为：工作电流为 $I<1mA$，工作电压为 2.7 ~ 6V，频率为 0 ~ 24MHz，15 条 I/O 线。图 7-10 所示中 P10、P11、P12 和 P13 四个引脚设定对应于 16 种常用波特率（300kbit、600kbit、1200kbit 至 38.4kbit 等 8 种，以及 900kbit、1800kbit 至 115.4kbit 等 8 种）的延时时间；P37 对应于 10 位或 11 位串行数据格式；P15 为 TXD 输入，用来检测 UART 何时发送和停止数据；P16 用来控制 MAX3491 的发送使能控制端；P17 用来控制 MAX3491 的接收使能。

本转换器的最大电流之和 $<I_1+I_2+I_3+I_4=$（0.12 + 2.0 + 50.0 + 1.0）mA = 53.12mA，小于 DC-DC 转换器的最小输出电流 54.4mA，因而通过 RS-232 信号线为本电路供电是完全可行的。实际上，由于输入电源端的储能电容 E 和 TXD（为负电平时）能够为电路补充一定的功率，所以设计上留有较大的电源功率余量。

5. 计数电路

在传统测时设计中，多采用单片机内部参考频率法测 t，超声波发出时启动内部计数器，收到超声波时停止计数。若单片机主频 12MHz，内部参考频率周期 1μs，则不能满足测时要求。要提高测量分辨力，就必须提高计数参考频率。因此，本系统在设计中采用了单片机控制的外扩计数电路，参考频率由输出频率为 20MHz 的 MAX038 时钟电路提供，实现了对超声波发射与超声波接收的时间间隔 t 的测量，满足了系统测量精度的要求。

（1）MAX038 引脚说明　MAX038 有 20 个引脚，每个引脚的功能见表 7-3。

表 7-3　MAX038 引脚功能

引　脚	名　称	功　能
1	REF	2.5V 参考电压输出
2	GND	地
3	A0	波形选择输入，TTL/CMOS 兼容
4	A1	波形选择输入，TTL/CMOS 兼容
5	COSC	外部电容接线端
6	GND	地
7	DADJ	占空比调节输入端
8	FADJ	频率调节输入端
9	GND	地
10	IIN	频率控制电流输入
11	GND	地
12	PDO	相位检测器输出，若相位检测器不用，可将此端接地
13	PDI	相位检测器参考时钟输入，若相位检测器不用，可将其接地
14	SYNC	TTL/CMOS 兼容输出，参考值在 DV+和地之间。 可以使内部振荡器与外部信号同步，若此脚不用，则让它开路
15	DGND	数字地，为使 SYNC 失效或 SYNC 不用，则让它开路
16	DV+	数字+5V 供电输入。如果不用 SYNC，则让它开路
17	V+	+5V 供电输入端
18	GND	地
19	OUT	正弦波、方波、三角波输出
20	V−	−5V 供电端

注：表中五个地（GND）在内部没有互相连接，应用时请把它们连接到靠近装置的一个静地点。

（2）MAX038 的内部结构框图　MAX038 的内部结构框图如图 7-11 所示。它的工作电源为 ±5V，其基本振荡器是一种通过以恒定电流对电容 CF 交替充放电的张弛振荡器，同时产生三角波和方波（OSCA 和 OSCB）。充放电电流由流入引脚 IIN 的电流来控制，由施加在引脚 FADJ 和引脚 DADJ 的电压来调节。进入引脚 IIN 的电流，可在 2～750μA 范围内变化，从而对任一个 CF 值产生多于 20 种的频率。在引脚 FADJ 施加 ±2.4V 电压，将使额定频率（$V_{FDAJ}=0$ 时）变化 ±70%，这种操作可用于精密控制。输出波形的占空比可以通过对引脚

DADJ 施加 ±2.3V 电压来控制，控制范围为 10% ~90%，这个电压改变 CF 充放电电流的比率，而保持频率接近恒定。引脚 REF 上具有一个稳定的 2.5V 参考电压，这样可用一个固定电阻简单地确定引脚 IIN、引脚 FADJ 和引脚 DADJ 上的电流或电压。当这每一引脚用电阻连接到引脚 REF 构成分压器时，可进行调节性的操作。引脚 FADJ 和引脚 DADJ 也可接地，而产生具有 50% 占空比的标称（额定）频率。输出频率与 CF 的容量成反比，通过选择 CF 的值可以产生高达 20MHz 的频率。一个正弦波形成电路使振荡器输出的三角波转换成具有恒定幅度低失真的正弦波。三角波、方波和正弦波输入到多路混合器，地址线 A0 和 A1 作为这三种波形的选择线。输出放大器产生恒定 2V 的峰值（±1V）。三角波也送到另一个比较器，产生高速方波，由引脚 SYNC 输出，用来使其他振荡器同步。该电路有独立的电源供应线，也可使此电路失效。

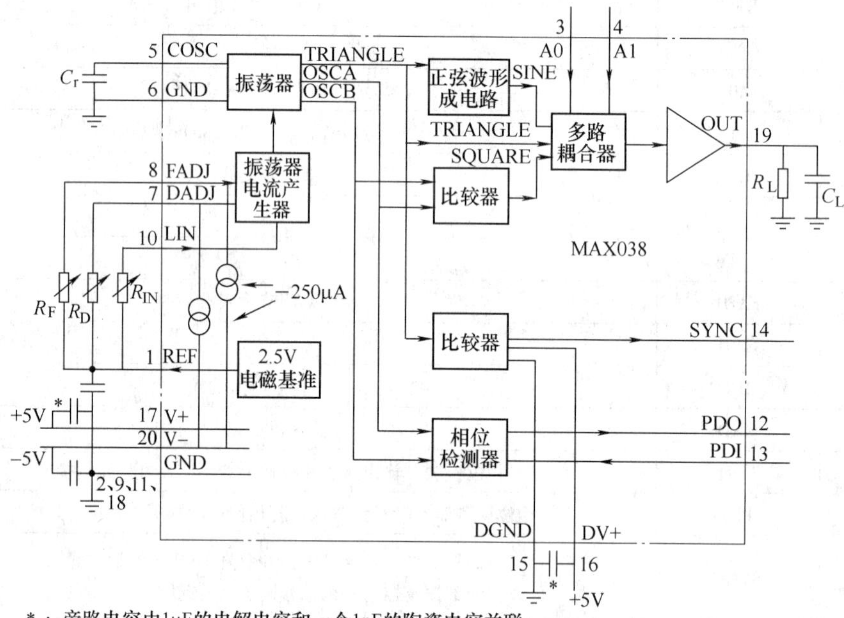

图 7-11　MAX038 内部结构框图

另外，在基本振荡器产生的两个相位正交的方波（OSCA 和 OSCB）送到“异或”相位检测器的一边。相位检测器的另一边的输入引脚 PDI 可以接到一个外部振荡器。相位检测器的输出引脚 PDO 是一个电流源，它可直接连接到引脚 FADJ，以使 MAX038 与外部振荡器同步。

MAX038 能产生正弦波、方波和三角波。可利用地址线 A0 和 A1 的不同编码选择所要输出的波形，其关系见表 7-4。

表 7-4　波的选择

A0	A1	波　形
X	1	正弦波
0	0	方波
1	0	三角波

（3）测时电路　单片机的 P10 脚控制超声波发射，接收电路接收到超声波后进行放大、滤波处理，由比较电路测出超声波，触发测试电路启动计数，以后来到的超声波被屏蔽掉。

测试电路的输入部分是由一个“555”定时器构成的单稳态触发器构成，其稳态输出为“0”，暂稳态输出为“1”。

工作原理：当单片机复位后，其I/O口均为高电平“1”，三片74HC573的输出控制状态引脚CT为“1”，所以输出均为高阻。P11为“1”时，两片十二级二进制计数器CD4040输出全为“0”。置位P12，关闭参考频率输入与门，禁止计数，然后清P11为“0”，准备计数。当P10控制超声波传感器开始发射超声波时，立即置P12为“0”，打开计数器；当“555”定时器构成的单稳态触发器触发时，单片机立即中断，中断服务程序立即置P12为“1”，关闭计数器。尽管以后来到的超声波负脉冲不断触发单稳电路，但与非门已被P12屏蔽封锁，不影响计数电路。然后单片机首先清P13为“0”，读74HC573A的数据，送内部RAM存储，置P13为“1”后，再依次将P14和P15清“0”，读74HC573B、C的数据送RAM存储，程序转去数据处理，通过串行口发送给计算机，即完成了一次测量。

6. 驱动电路

在测试装置的驱动板上有换能器的驱动电路，驱动电路有400～1000V的直流电压，因此将这部分电路与其他控制电路部分分别放在两块电路板上，减小测量电路的电磁干扰。控制驱动电路原理图如图7-12所示。驱动电路的高压是由脉冲变压器（T1）产生的，脉冲变压器输出端还有一个倍压电路，使驱动电压更高，大大地增强了驱动能力，尤其适应于高温下混凝土构件的测试。因为高温构件对超声波的衰减很大，要求测试装置的发射功率较大，以满足其测量精度，此种电路能够满足实际要求。

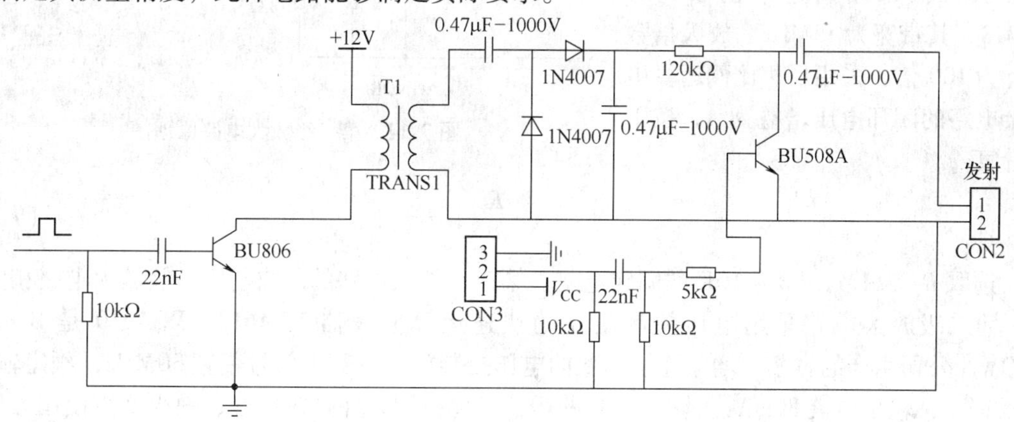

图7-12　控制驱动电路原理图

传感器驱动电路采用高速、高电压的三极管（NPN）电路作为输出驱动，选用BU508A。BU508A基极B接单片机P10（脉冲信号），发射极E接传感器一端接地，源极C通过一个耐高压电容与传感器另一端相连。图7-13所示为驱动电路板图。

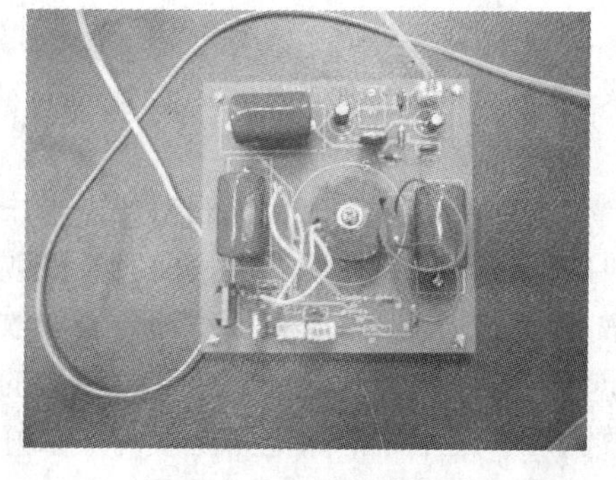

图7-13　驱动电路板图

7. 信号放大电路

由于超声波在高温混凝土构件中的衰减很大，必须选择低频高功率的换能器，一般在火灾结构损伤测试中选20～30kHz的传感器，本测试装置使用的超声波传感器的频率取25kHz。因声的接收波很弱，转换为电信号的幅值也较少，为此要求将信号放大10万倍左右。

信号放大电路采用三级放大，第一级和第三级放大采用固定增益放大，完成信号的基准放大，采用高速精密放大器LM318，其带宽为15MHz，放大倍数100倍时，能充分满足要求；第二级采用电压控制的可变增益运算放大器，选用VCA610芯片，增益为-40～+40dB即-100～+100倍，这样当第一级和第三级确定后，可以通过调节VCA610控制端的电压来调节整个放大电路的增益，使输出信号达到要求的幅值。传感器的输入信号一般为毫伏量级，当输入信号幅值为1mV时，输出检测端要求信号幅值为1V，则第一级和第三级的放大倍数均为30倍左右，考虑到滤波电路和正相/反相转换电路的损耗，这两级运算放大器的放大倍数应选取在100倍左右。

在信号输入端用两个稳压管进行输入保护，可使信号限制在一定的范围内，以免烧坏后续处理电路，稳压管的稳压范围为3.6～4.7V。第一级放大电路原理如图7-14所示。

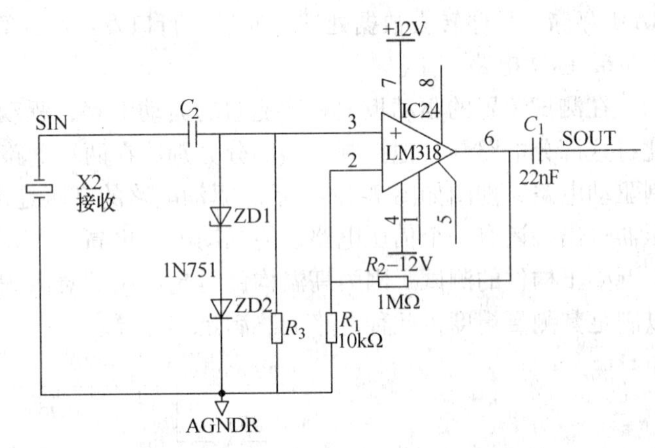

图7-14 第一级放大电路原理图

在第一级运算放大器之前用一个电容将信号的直流成分过滤掉，运算放大器采用高速精密放大器LM318，其带宽为15MHz，放大倍数设计为100倍，采用反相比例运算电路，电路的闭环电压增益为A，按下式计算

$$A=\frac{R_2}{R_1} \tag{7-2}$$

选取R_2为1M，R_1为10K的固定电阻。第三级放大电路的选取与第一级放大电路相同。

第二级放大电路采用电压控制增益的快速运算放大器VCA610。VCA610是BURR-BROWN公司生产的宽带、增益连续可变的电压控制放大器，小信号带宽30MHz，额定输出电压$3V_{PP}$，输出电流80mA，具有80dB的增益变化范围，并且线性好、噪声低、使用方便。增益控制端电压为-2～0V，相应的增益为-40～+40dB。其增益G为

$$G=10^{-2(V_C+1)} \tag{7-3}$$

$$G=-40V_C-40 \tag{7-4}$$

式中 V_C——控制端电压。

8. 滤波电路

为提高电路的抗干扰能力，需采用滤波电路进行滤波处理。滤波电路的功能是让指定频段的信号比较顺利地通过，而对其他频段的信号起衰减作用。滤波方法很多，谐振放大是较常用的方法。谐振放大虽然选频滤波效果好，但谐振有一个过程，需延迟若干个周期才会输出较强的信号，这个环节会产生较大的随机误差，使数字分散，降低了测量精度，不如直接放大后采用串联谐振电路滤波的效果好。因此，本系统采用由电感和电容组成的LC滤波电路。为了提高信噪比，减少干扰信号的影响，采用两级LC滤波，分别加在第一级和第二级

放大电路后。LC 滤波电路原理图如图 7-15 所示。

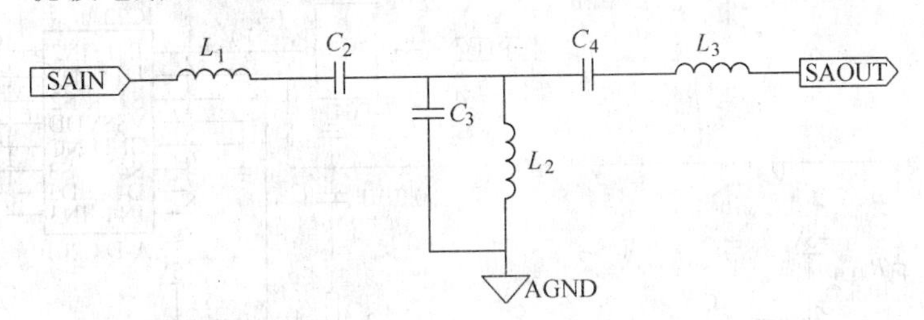

图 7-15 LC 滤波电路原理图

由 L_1 和 C_2 组成串联谐振，谐振频率为

$$f_0 = \frac{1}{2\pi\sqrt{LC}} \tag{7-5}$$

同样，由 L_3 和 C_4 也组成一个串联谐振，L_2 和 C_3 组成一个并联谐振，将 LC 滤波的谐振频率选为 25kHz，通过选取适当的电感和电容值即可达到谐振要求，实现带通滤波的目的。

9. 自动增益控制电路

自动增益控制电路主要由第二级放大电路、D-A 转换电路、电压调节电路、采样/保持电路、A-D 转换电路、电压调节电路、采样/保持电路和 CPU 控制电路组成。其工作原理框图如图 7-16 所示。

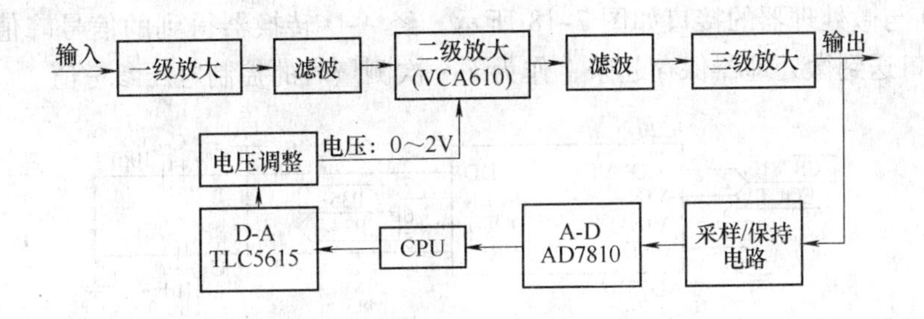

图 7-16 自动增益控制工作原理框图

当传感器的接收信号经过三级放大和滤波后，进入采样/保持电路，如图 7-17 所示。采样/保持电路采用了两个集成运算放大器，可选用 NE5532N，组成正峰值保持电路。复位开关选用 ADG201，复位后电容 C_{31} 两端电压为 0，a 点电位也为 0。A_2 只是缓冲放大器，A_2 输出与 a 点同电位，也为 0。A_2 的输出接 A_1 的反相输入端，输入信号加到 A_2 的同相输入端。如果输入为正，b 点电位正向逐渐增大，因此，二极管 VD_2 导通，电容 C_{31} 开始充电。这样，a 点电位也逐渐上升，A_2 输出也跟着增大。在 $E_{IN} \leqslant E_{OUT}$ 时，A_1 输出为负，VD_2 截止，电容 C_{31} 无充电电流，两端电压保持为 E_{IN}。若 A_2 的输入端的偏置电流很小，随着时间的增长，可以保持住这个电压。在 $E_{IN} \leqslant E_{OUT}$ 期间，保持的电压是不变的。然而，当 $E_{IN} \geqslant E_{OUT}$ 时 VD_2 再次导通，电容 C_{31} 充电到 E_{IN}。这样，电容 C_{31} 两端电压保持为 E_{IN}。

经采样/保持后的信号送到 A-D 转换器，A-D 转换器选用 AD7810 芯片，此芯片是一种低功耗 10 位高速串行 A-D 转换器，转换时间为 2μs，非线性误差为 ±1LSB，SPI 同步串行

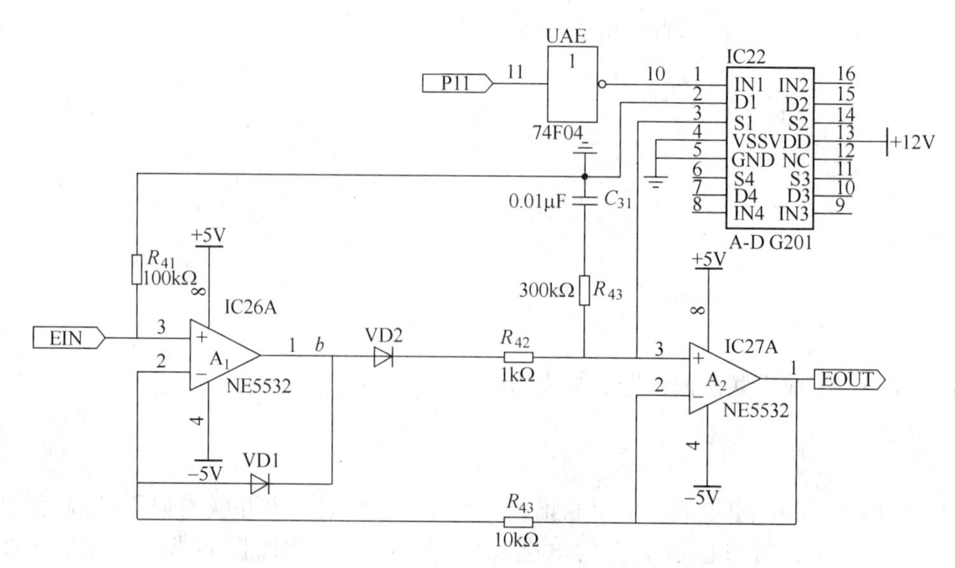

图 7-17 采样/保持电路工作原理图

输出，与 TTL 电平兼容。AD7810 有五个输入端和一个输出端，即转换启动输入信号（CONVST）、模拟信号同相输入端（V_{IN+}）、模拟信号同相输入端（V_{IN-}）、转换参考电压输入端（V_{REF}）、时钟输入端（SCLK）和串行数据输出端（DOUT），用微处理器的 P3 口与 AD7810 的端口连接，构成模拟串行接口，从而可以实现与微处理器之间进行高速数据传输。AD7810 与微处理器的接口如图 7-18 所示。经 A-D 转换器得到的信号峰值电压值通过模拟串行接口送到微处理器保存起来，作为下一次测量时的控制电压参考值。

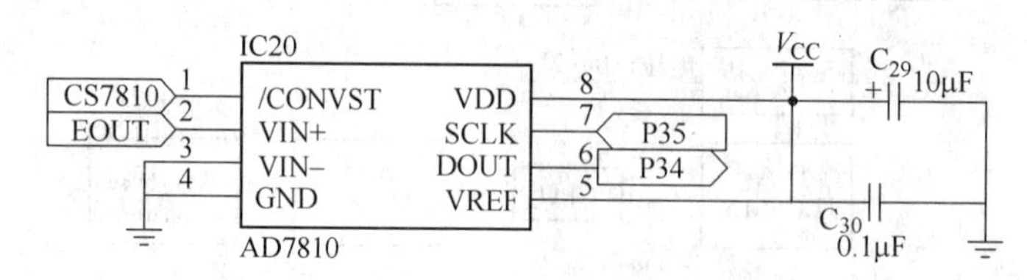

图 7-18 AD7810 与微处理器的接口电路图

在每次进行测量之前，应先根据上一次 A-D 转换器测得的电压值（第一次可给定一个初始值）来调节第二放大器增益控制端的电压。这个控制电压是由 D-A 转换器和电压调整电路构成的，增益控制端电压产生电路原理如图 7-19 所示。

D-A 转换器选用带有缓冲基准输入（高阻抗）的 10 位电压输出数模转换器（DAC）TLC5615，DAC 具有基准电压两倍的输出电压范围，且 DAC 是单调变化的。器件使用简单，用单 5V 电源工作，功耗低，具有上电复位功能以确保可重复启动。器件的更新频率可以达到 1.2MHz，典型建立时间为 12.5μs，并且在温度范围内保持单调性。CPU 根据上一次 A-D 转换器测得的电压值计算出本次测量时 D-A 转换器应补偿的电压值，通过与 TLC5615 的模拟串行接口将数据传送给 D-A 转换器，D-A 转换器将其转换为模拟电压输出。这个电压经过电阻分压后在运算放大器同相端产生一个电压，再经过运算放大器输出，这样就得到了 VCA610 增益控制端的电压。从而起到调节放大电路增益的目的，实现信号放大的自动增益控制。

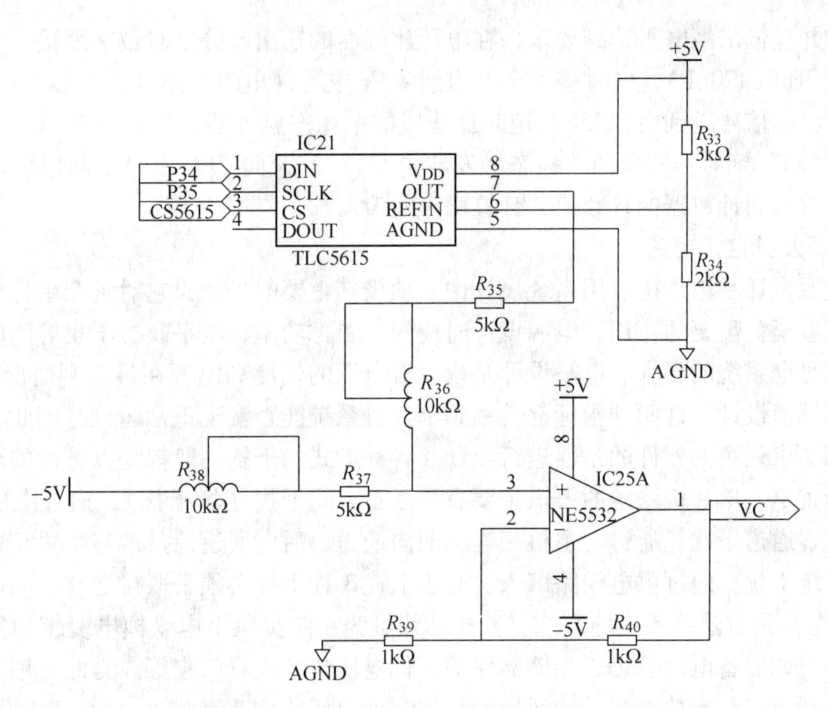

图7-19　增益控制端电压产生电路原理图

10. 电压比较触发电路

电压比较器采用LM311芯片，此芯片是由单电源供电的比较器。在电路设计中需要对信号进行过+0.2V的检测，电压比较触发电路原理图如图7-20所示。

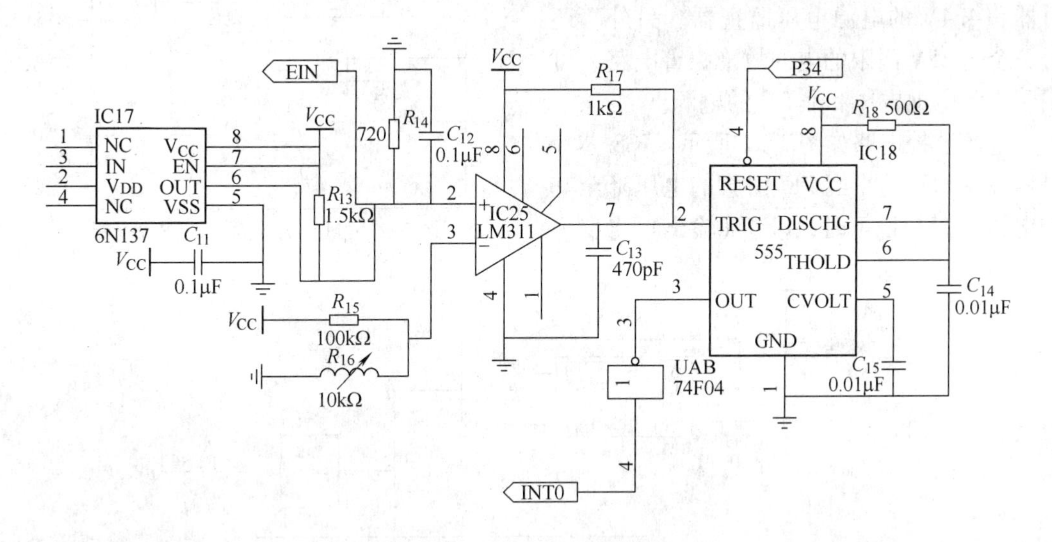

图7-20　电压比较触发电路原理图

信号输入端接SIN，信号经光电隔离（6N137）送入比较器的同相输入端，电压比较器的反相输入端接一个+0.2V基准电压，这个电压是由+5V电源经过固定电阻R15和可变电阻R16连接到数字地后通过分压处理得到的。为了提高输出信号的可靠性，使输出信号电压稳定可靠并且输出高电平达到要求，在电压比较器的输出端分别对数字地接一个陶瓷电容（电容大小可选取470pF），同时接一个电阻到+5V电源（电阻大小可选取1kΩ）。信号经过比较器后的输出信号送到由“555”定时器构成的单稳态触发器。当此方波信号上升沿到来时，触使“555”定时器构成的单稳态触发器置“1”态，向CPU发出中断申请。在中断服务程序中读取时间计数器的计数值并计算出声时值。

11. 电源及其监控电路

系统电源设计是单片机应用系统设计中一项极其重要的工作，它对整个单片机系统能否正常运行起着至关重要的作用。电源设计时应同时考虑功率、电平及抗干扰等问题。电源功率必须能满足全系统的要求。电平设计是指直流电压的幅度和电源在最不利情况下（满载）的纹波电压峰值设计。这两项指标都关系到单片机系统能否实现正常运行，因此，必须按系统中对电平要求最高的器件的条件进行设计。各种形式的干扰一般都是以脉冲的形式进入单片机的，干扰窜入单片机系统的渠道主要有3条：空间干扰（场干扰），通过电磁波辐射窜入系统；过程通道干扰，通过与主机相连的前向通道、后向通道及其他与主机相连的通道进入；供电系统干扰，通过供电线路窜入。对于上述3种干扰必须采取行之有效的措施应用监控μP监控芯片是首选技术措施之一。监控芯片可为系统提供上电、掉电复位功能，也可提供其他功能，如后备电池管理、存储器保护、低电压告警或看门狗等。为此选用MAX706芯片来监控电源，它具有功能多、功耗低的特点，而且工作温度范围宽（-40~+85℃），使用简单、价格低廉。

MAX706的内部结构框图如图7-21所示。它能在上电、掉电期间或手动情况下产生复位信号，它内含一个1.6s的看门狗定时器和4.4V的电源电压监视器。另外，还有一个1.25V门限的电源故障报警电路，可用于检测电池电压和非5V的电源。

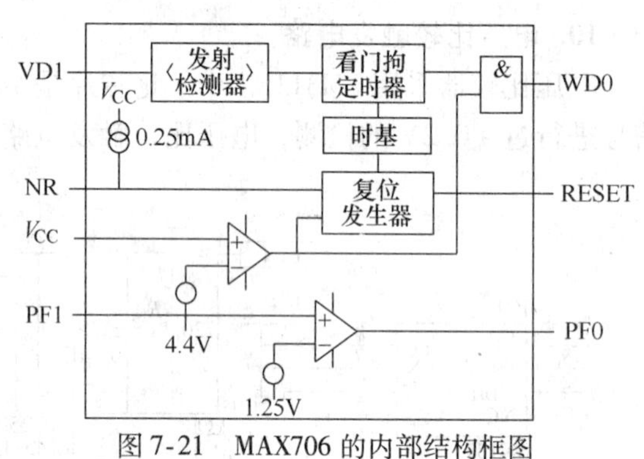

图7-21 MAX706的内部结构框图

电源监控电路如图7-22所示。IC8芯片是监控+12V的，当PFI引脚的电压降至基准电压1.25V以下时，$\overline{PFO}$（输出）将变为

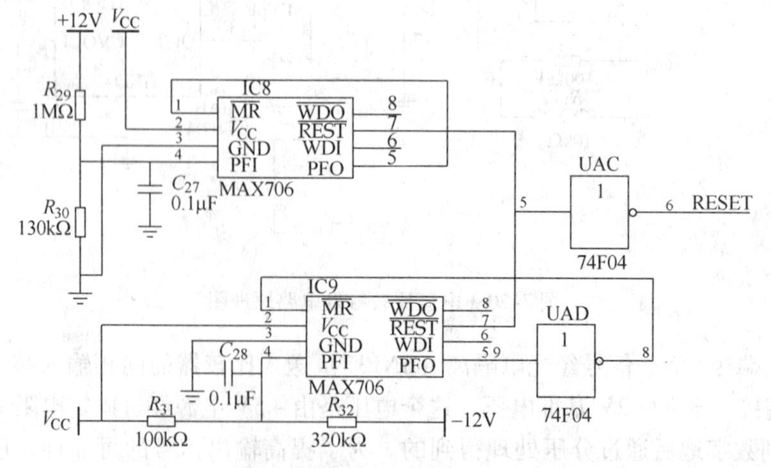

图7-22 +12V、-12V电源监控电路

低电平，$\overline{PFO}$引脚又与$\overline{MR}$引脚连接，故$\overline{MR}$（手动复位输入）为低电平，使 MAX706 产生复位信号（$\overline{RESET}$为低电平），实现监控 +12V 电源的目的。IC9 芯片是监控 -12V 的，当负电源正常时，$\overline{PFO}$为低电平。当负电源变差（不够负）时，$\overline{PFO}$变为高电平，促使 MAX706 产生复位信号，监控电路的精确度取决于 V_{CC} 电源线、PFI 门限电压的容限以及电阻。监控负电压的电阻匹配关系如下

$$\frac{5-1.25}{R_{31}}=\frac{1.25-V_{TRIP}}{R_{32}} \tag{7-6}$$

式中　V_{TRIP}——取值为 -10.87V。

12. 系统抗干扰设计

（1）硬件抗干扰设计　硬件在系统的抗干扰的能力中起着决定性的作用，硬件的设计合理与否，直接影响着系统的抗干扰性能。因此，抗干扰设计首先要从硬件设计开始。

供电系统的干扰和危害种类比较多，主要应考虑它的安全性和可靠性。设计供电系统时应根据需要来设计，有一些电源比较昂贵，但其可以随负载的变化而变化，有的智能电源可以自动调节输出功率，并有报警功能，它主要适应功率输出稳定的需要。本系统采用的是直流 ±5V、±12V 供电，所以主要是防止过压、欠压的危害。过压、欠压造成的危害是显而易见的，解决办法是使用各种稳压器、调节器和看门狗电路。如果，其对本系统造成了危害，那么，其作用时间一般应在 1s 以上。

该超声波损伤测试装置的供电系统采用了两组独立功能块供电，在独立功能块供电模块上采用了三端稳压集成块 7812、7912、7805、7905 组成稳压电源。一方面这里需要四种不同的供电电压以满足功能实现的需要；另一方面，功能块单独对电压过载进行保护，有时会因某块稳压电源故障而使整个系统破坏，也减少了公共阻抗的相互耦合以及和公共电源的相互耦合，大大提高了供电的可靠性，也有利于电源散热。

（2）软件抗干扰设计　计算机应用系统在工业现场使用时，大量的干扰源虽不会造成硬件系统的损坏，但常常使计算机系统不能正常运行，致使控制失灵，造成严重的后果。计算机系统的抗干扰不可能完全依靠硬件解决，因此，软件抗干扰问题的研究引起人们越来越多的重视。

根据数据采集时的干扰性质，干扰后果的不同，采取的软件对策不一，没有固定的对策模式，要灵活处理。该超声波损伤测试装置的频率测量中为了防止多种形式的干扰，在软件中采取了多种形式的抗干扰措施，在数据采集中脉冲值的测量要防止随机和系统误差。该程序设计中选取了 128 次保证其有一定的范围，对于因干扰而造成的偶然误差起到一个均化作用。在测量每一个值时，测量 10 次取其中间 3 个值，这是利用了“中值法”。这样能避免因为干扰而造成的采样数据偏大或偏小的情况。程序设计中还用到了“比较取舍”法，对于个别的异常值，采取前后比较对其剔除，来达到去除干扰对系统引起的误差。最终，对三次测量的中值数据进行平均，这是“算术平均法”它能减少系统的随机干扰对采集结果的影响。对于系统误差则需要视具体情况，经过试验建立数学模型进行处理。

对于常常出现的控制状态失常问题，该系统的软件设计采取了“软件冗余”的办法。例如：在控制显示输出时，为了防止数据因为干扰而失真或不能传输至显示单元，设计中就让其循环的进行数据传送，保证显示的正确性。对于采样频率值也是同样的让其循环的采样，保证采样程序能够正确的运行下去。该设计中也采用了“设自检程序”的方法，在一

些特定部位或某些内存单元设状态标志，开机后不断测试，一旦发现出了问题立即进行改正。对于显示中的“ACC.7”位判断显示器忙否就是按照这个原则进行的。当然软件的抗干扰法非常灵活，本设计中还有许多需要完善的地方，只有不断积累丰富的实践经验才能灵活地应用，达到最好的效果。

13. 软件构成

智能测试装置的软件采用模块化结构设计，包括初始化模块、测量子模块、显示子模块、发射子模块等。主要的程序流程图如图7-23和图7-24所示。

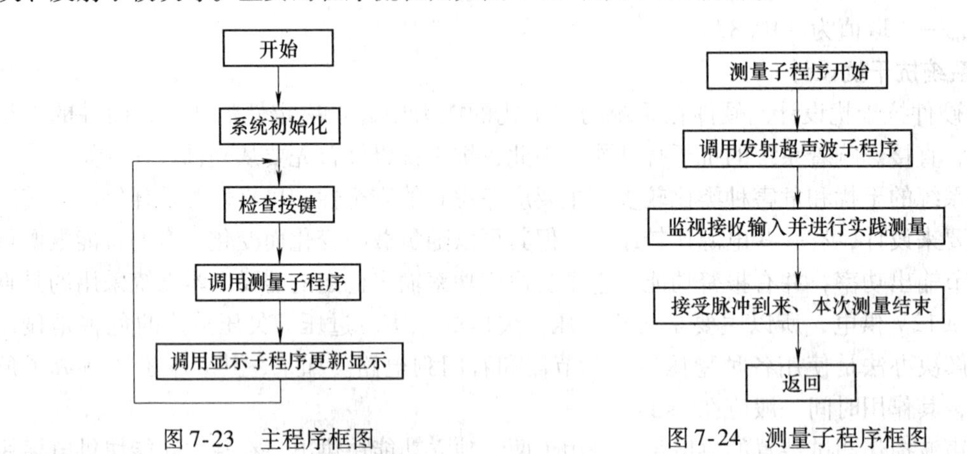

图7-23 主程序框图　　图7-24 测量子程序框图

第 8 章　土木工程测试数据处理方法

在任何测试过程中，无论采用什么检测方法，由于设备、测量方法、测量环境、人的观察力等多种因素的影响，都会造成测量结果与待求量真实值之间存在一定的差值，这个差值就是测量误差。这一规律在测量结果中普遍存在，故测量结果都带有误差。

在混凝土无损检测中也不例外，同样存在着误差。由于误差的存在，使人们对客观现象的本质及其内在规律的认识受到某种程度的限制。因此，就必须分析产生误差的原因、性质和误差对测试结果的影响，并采取有效的措施，以消除、抵偿和减少误差，从而提高检测结果的可靠性。

8.1　检测数据的误差处理

8.1.1　误差的来源与种类

首先，应了解什么是误差、相对误差和真实值。测量结果与被测物理量真实值大小之间的差异，叫做误差，即

$$误差=测量值-真实值$$

误差与真实值之比称为相对误差，即

$$相对误差=\frac{误差}{真实值}\approx\frac{误差}{测量值}$$

真实值是在某一时刻、某一位置或状态下，被测物理量的真正大小。在应用中，应根据所测误差的需要，用尽可能近于真实值的数值来代替真实值，如仪表指示值与修正值之和，就可作为真实值，即

$$真实值=测量值+修正值$$

若真值为 26.2μs，测量值为 26.6μs，则误差为

$$(26.6-26.2)\mu s=0.4\mu s$$

在一般的测试过程中，误差的来源可从以下几个方面考虑：① 设备误差，包含标准器误差、仪表误差、附件误差；② 环境误差，包括温度、湿度、磁场、振动等引起的误差；③ 人员误差，如观测人中读数的分散性等引起的误差；④ 方法误差，如经验公式的近似值等引起的误差；⑤ 测量对象变化误差，如被测对象变化使测量不准带来的误差等。

在试验中得到的测量数据，由于受各种因素的影响，总是存在着误差。为了最后确定检测结果的可靠程度，必须进行误差分析和数据处理，即所谓测量误差估计。

根据误差产生的原因和性质，常把误差分为随机误差（或称偶然误差）、系统误差、综合误差和粗差（或称过失误差）。

（1）随机误差　随机误差是指在实际相同条件下，多次测量同一量时误差的绝对值和

符号的变化，时大时小，时正时负，没有确定的规律，也不可以预定。随机误差常由测量仪器、测量方法和环境等因素带来。如仪器的电源电压、刻度线不一致、读数中的视差、度量曲线中线条宽度、峰谷之间的距离瞄准不精密、温湿度的影响、磁场的干扰等，都会给测量结果带来随机误差。随机误差无法避免，它在各项测量中单个表现为无规律，但在多次重复测量时，它就表现稳定的统计规律性。在实际测量中，往往很难区分随机误差和系统误差，因此许多误差都是这两类误差的组合。

（2）系统误差　系统误差是指在同一条件下多次测量同一量时，误差的绝对值和符号保持恒定；或在条件改变时，按某一确定规律变化的误差。系统误差的来源是多方面的，如仪器误差、测量误差。

1）仪器误差。非金属超声波检测仪 t_0 调整不对；回弹仪未调整成标准状态。

2）测量误差。这是由于使用中产生的误差；如非破损检测时，测区相对面位置不对，发收换能器未在一直线上，超声测距测量不准等。

另外，环境（温湿度等按某一规律变化）观察者的特有习惯等都可能产生系统误差。

系统误差有的可以通过查明原因或找出其变化规律，在测量结果中予以修正。例如，回弹仪检测时有角度和测试面修正；超声波检测仪当在混凝土浇筑的顶面与底面测试时，测区声速度应进行修正等。

（3）综合误差　随机误差与系统误差的合成叫综合误差。

（4）粗差　明显歪曲测量结果的误差称为粗差或过失误差。例如，试验者粗心大意测错、读错和记错等都会带来粗差。含有粗差的测量值为坏值和异常值，正确的结果不应包含粗差，所以坏值都应被剔除。

8.1.2　测量误差对测量结果的影响

误差有三类，即随机误差、系统误差和粗差。由于误差的性质不同，因而它们对测量结果的影响也不同，下面分别讨论它们对测量结果的影响。

（1）随机误差对测量结果的影响　随机误差是指在多次测量某一被测量时，误差的大小，符号变化不定的情况。一般地说，这种误差只有在仪器设备的灵敏度比较高，或分辨率足够高，并且对某一被测量只有进行多次测量或多次比较时方能发现。随机误差的存在，只影响测量结果的精密程度，而对其他无大影响。所谓精密程度，是指测量数据的重复性是好还是坏，重复性好即精密度高；反之，则精密度差。总之，精密度是反映随机误差大小的程度。

（2）系统误差对测量结果的影响　系统误差一般是一项固定的误差。假如在某项测量中，存在某项系统误差，而我们又未能及时发现，这个测量结果是不正确的。由此说明，系统误差的存在，直接影响测量结果的正确程度，也就是说，测量结果的正确与否，很大程度上取决该次测量的系统误差的大小。

（3）对于粗差　由于它明显地歪曲了测量结果，所以含有粗差的测量结果应从测量数列中剔除。

关于精密度、正确度和准确度之间的关系，可以用射击打靶的例子来说明。射击打靶可能会出现图 8-1 所示的三种情况：① 射击点在靶心附近（见图 8-1a）；② 射击点离靶心较远，但都密集在一处（见图 8-1b）；③ 射击点在靶心很近的某一处（见图 8-1c）。

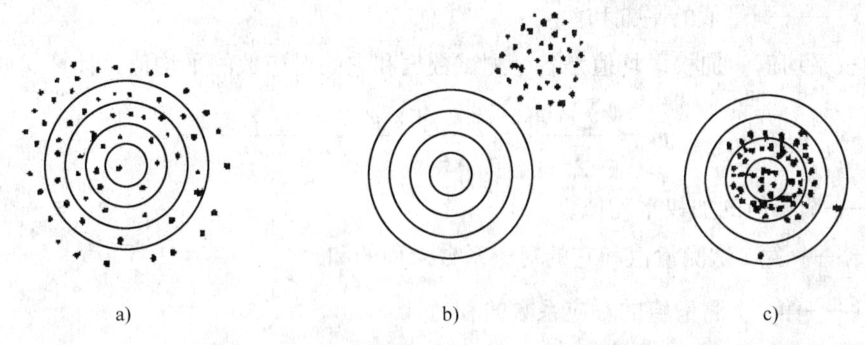

a)　　b)　　c)

图8-1　精密度、正确度和准确度图解

对第一种情况，我们说它的正确度高，精密度低。原因是射击较准，但分布却很零乱，所以精密度差。

对第二种情况，我们说它的精密度高，正确度差。原因是虽未射击在靶心但较集中。

对第三种情况，我们说它的正确度及精密度都较高。原因是大部分都落在靶心，而且分布也比较集中，所以既正确，又精密，即准确度高。

一般地说，精密度反映了随机误差的大小程度；正确度反映了系统误差大小的程度；准确度（精确度）反映了综合误差大小的程度。所以，在测量实践中，我们如果说某项测量的结果很“准确”，那就意味着在该测量结果中，系统误差，随机误差的影响很小，甚至可以忽略。否则就不能轻易用“准确”这个术语。

8.1.3　多次检测结果的误差估计

误差是随机变量，测量值也是随机变量。反映随机变量有三个重要的统计特征数——算术平均值、标准误差和变异系数。

1. 平均值

1）算术平均值。样本（数据即测量值）的均值是表示数据的集中位置。通常在数据处理中所用的均值，指的是算术平均值，即

$$m_x = \frac{1}{n}\sum_{i=1}^{n} x_i \tag{8-1}$$

式中　m_x——测量值的算术平均值；

n——测量次数；

x_i——第 i 次测量值。

实测得到的数据带有各种各样的误差，如仪器的误差、测量方法的误差、人为误差和环境误差，即系统误差与随机误差。这些误差有正有负，因此，求均值后，正负误差消去了一部分，从而反映了检测数据的真实面貌。

2）均方根平均值。均方根平均值对数的大小跳动反映较为灵敏，计算式如下

$$S = \sqrt{\frac{\sum x_i^2}{n}} = \sqrt{\frac{x_1^2 + x_2^2 + \cdots + x_n^2}{n}} \tag{8-2}$$

式中　S——测量值的均方根平均值；

$x_1, \cdots, x_n$——测量值；

$\sum x_i^2$——测量值的平方和。

3）加权平均值。加权平均值是各个测试数据和它的对应数的平均值，计算式如下

$$m = \frac{\sum x_i g_i}{\sum g_i} = \frac{x_1 g_1 + x_2 g_2 + \cdots + x_n g_n}{g_1 + g_2 + \cdots + g_n} \tag{8-3}$$

式中 m——测量值的加权平均值；

$\sum x_i g_i$——第 i 次测量值和它的对应系数乘积的和；

$\sum g_i$——第 i 次测量值的对应系数的和。

2. 误差计算

1）范围误差。范围误差也叫极差，是试验值中最大值和最小值之差。例如，三个混凝土试块抗压强度为31.8MPa、38.1MPa、32.1MPa，那么这组试块的范围误差为（38.1－31.8）MPa＝6.3MPa。

2）算术平均误差。计算式如下

$$\delta = \frac{\sum_{i=1}^{n} |x_1 - m_x|}{n} = \frac{|x_1 - m_x| + |x_2 - m_x| + \cdots + |x_n - m_x|}{n} \tag{8-4}$$

式中 δ——测量值的算术平均误差。

仍以上述三个混凝土的抗压强度为例，其平均值 $m_x = 34.0\text{MPa}$，则其算术平均误差为

$$\delta = \frac{|31.8 - 34.0| + |38.1 - 34.0| + |32.1 - 34.0|}{3}\text{MPa} = 2.73\text{MPa}$$

误差和偏差这两个术语含义是不同的，误差是指测量值和真值之差；偏差是指测量值和算术平均值之差。因此，严格地讲算术平均误差应称为算术平均偏差。

算术平均误差是一种常用表示误差的方法，它的缺点是不能反映出测量值的分布情况。

表8-1中A、B两组数据，它们的算术平均误差均为 $40 \times 10^5\text{MPa}$，很明显看出B组的各误差的数值大小参差不齐、而A组的各误差的数值比较均匀，由此说明算术平均误差不能反映这种情况。

表8-1 A、B数据

组别	A组			B组		
序号	$x_i/10^5\text{MPa}$	$\|x_i - m_x\|/10^5\text{MPa}$	$\|x_i - m_x\|^2/10^{10}\text{MPa}^2$	$x_i/10^5\text{MPa}$	$\|x_i - m_x\|/10^5\text{MPa}$	$\|x_i - m_x\|^2/10^{10}\text{MPa}^2$
1	2760	50	2500	2790	20	400
2	2830	20	400	2810	0	0
3	2850	40	1600	2780	30	900
4	2760	50	2500	2760	50	2500
5	2850	40	1600	2910	100	10000
$\sum$	14050	200	8600	14050	200	13800
平均	2810	40	1720	2810	40	2760

3. 标准误差

标准误差也称均方根误差、标准离差、均方差，用符号 s（或 σ）表示。

1）当测量次数为无限多时，用σ表示标准误差

$$\sigma = \sqrt{\frac{\sum_{i=1}^{n}(x_i - m_x)^2}{n}} = \sqrt{\frac{\sum_{i=1}^{n}x_i^2 - nm_x^2}{n}} \tag{8-5}$$

2）当测量次数为有限时，尤其是$n>5$时，其标准误差用s表示

$$s = \sqrt{\frac{\sum_{i=1}^{n}(x_i - m_x)^2}{n-1}} = \sqrt{\frac{\sum_{i=1}^{n}x_i^2 - nm_x^2}{n-1}} \tag{8-6}$$

标准误差对测量值的分布状况十分敏感。表8-1中A、B两组数据的标准误差分别为

$$\sigma_A = \sqrt{1720} \times 10^5\text{MPa} = 41.5 \times 10^5\text{MPa}$$

$$\sigma_B = \sqrt{2760} \times 10^5\text{MPa} = 52.5 \times 10^5\text{MPa}$$

它反映了B组测量值的分散性比A组大。在工程测试中，常用标准误差来表示误差的大小范围。

例如，有混凝土试块的28d抗压强度为37.3MPa、35.0MPa、38.4MPa、35.8MPa、36.7MPa、37.4MPa、38.1MPa、37.8MPa、36.2MPa、34.8MPa，求标准误差（见表8-2）。

$$\sum_{i=1}^{n}x_i = (37.3 + 35.0 + 38.4 + 35.8 + 36.7 + 37.4 + 38.1 + 37.8 + 36.2 + 34.8)\text{MPa} = 367.5\text{MPa}$$

表8-2 标准误差计算表

序 号	x_i/MPa	$(x_i - m_x)$/MPa	$(x_i - m_x)^2$/MPa^2
1	37.3	0.55	0.30
2	35.0	−1.75	3.06
3	38.4	1.65	2.72
4	35.8	−0.95	0.90
5	36.7	−0.05	0.00
6	37.4	0.65	0.42
7	38.1	1.35	1.82
8	37.8	1.05	1.10
9	36.2	−0.55	0.30
10	34.8	−1.95	3.80
$\sum_{i=1}^{10}$	367.5	0.00	14.45

平均值 $$m_x = \frac{1}{n}\sum_{i=1}^{n}x_i = \frac{367.5}{10}\text{MPa} = 36.75\text{MPa}$$

标准误差 $$s = \sqrt{\frac{\sum_{i=1}^{n}(x_i - m_x)^2}{n-1}} = \sqrt{\frac{14.45}{10-1}}\text{MPa} = 1.27\text{MPa}$$

4. 或然误差

或然误差用γ表示。它的意义是在一组测量中，如果不计正负号，误差大于γ的测量值

和误差小于γ的测量值将各占测量次数的一半。或然误差与标准误差之间有以下关系

$$\gamma = 0.6745\sigma \tag{8-7}$$

范围误差、算术平均误差、标准误差和或然误差都可以用来表示测量误差的大小。但是，有时仅指出误差的大小是不够的，还必须将其和所测的物理量相联系，从而表示出误差的严重程度，常采用相对误差

$$\varepsilon = \frac{\Delta x}{x} \approx \frac{\Delta x}{x_0} \tag{8-8}$$

式中 ε——相对误差；

Δx——测量误差；

x——测量值；

x_0——真值。

相对误差的量纲为1，通常以百分数（%）表示。

5. 极差估计法

极差是表示数据误差的范围，也可用来度量数据的离散性。极差是数据中最大值和最小值之差

$$w = x_{max} - x_{min} \tag{8-9}$$

当$n<10$时

$$\bar{\sigma} = \frac{1}{d_n} w \tag{8-10}$$

当$n>10$时，要将数据随机分成若干个数量相等的组，对每组求极差，并计算平均值

$$m_w = \frac{\sum_{i=1}^{m} w_i}{m} \tag{8-11}$$

$$\bar{\sigma} = \frac{1}{d_n} m_w \tag{8-12}$$

式中 d_n——与n有关的（见表8-3）极差估计法系数；

m——数据分组的组数；

n——每组内数据拥有的个数；

$\bar{\sigma}$——标准误差估计值；

w、m_w——极差、各级极差的平均值。

表8-3 极差估计法系数表

n	1	2	3	4	5	6	7	8	9	10
d_n	/	1.128	1.693	2.059	2.326	2.534	2.704	2.847	2.970	3.078
$1/d_n$	/	0.886	0.591	0.486	0.429	0.395	0.369	0.351	0.337	0.325

如有35个混凝土试块强度数据随机分成5块一组，共7组，计算如下：

第一组：44.2MPa，40.8MPa，45.7MPa，45.9MPa，44.7MPa，$w_1 = 5.1$MPa

第二组：40.2MPa，40.9MPa，41.7MPa，45.3MPa，42.5MPa，$w_2 = 5.1$MPa

第三组：39.7MPa，41.8MPa，46.5MPa，45.7MPa，42.3MPa，$w_3 = 6.8$MPa

第四组：39.8MPa，42.7MPa，45.9MPa，37.1MPa，40.8MPa，$w_4=8.8\text{MPa}$

第五组：39.5MPa，46.8MPa，44.3MPa，37.8MPa，40.7MPa，$w_5=9.0\text{MPa}$

第六组：41.5MPa，43.7MPa，42.4MPa，42.0MPa，39.9MPa，$w_6=3.8\text{MPa}$

第七组：45.9MPa，44.7MPa，42.9MPa，38.5MPa，42.1MPa，$w_7=7.4\text{MPa}$

$$m_w=\frac{1}{7}\times(5.1+5.1+6.8+8.8+9.0+3.8+7.4)\text{MPa}=6.6\text{MPa}$$

$n=5$，查表8-3知，$d_n=2.326\approx2.33$

$$\bar{\delta}=\frac{1}{d_n}m_w=\frac{1}{2.33}\times6.6\text{MPa}=2.83\text{MPa}$$

极差估计法计算较方便，但反映实际情况的精确度较差。

6. 变异系数

标准误差是表示绝对波动大小的指标，当测量较大的量值，绝对误差一般较大；测量较小的量值，绝对误差一般较小。因此要考虑相对波动的大小，即用平均值的百分率来表示标准误差，即变异系数

$$C_v(\%)=\frac{s}{m_x}\times100\% \tag{8-13}$$

式中　C_v——变异系数（100%）。

如甲、乙两个厂均生产42.5级矿渣水泥，甲厂某月的水泥平均强度为38.99MPa，标准误差为1.67MPa，同月乙厂生产水泥平均强度为37.1MPa，标准误差为1.59MPa，求两厂的变异系数。

甲厂
$$C_v=\frac{s}{m_x}=\frac{1.67}{38.99}\times100\%=4.28\%$$

乙厂
$$C_v=\frac{s}{m_x}=\frac{1.59}{37.1}\times100\%=4.29\%$$

从标准误差看，甲厂大于乙厂，但从变异系数看，甲厂小于乙厂，说明甲厂生产水泥强度相对跳动比乙厂小，产品稳定性较好。

7. 正态分布和概率

为弄清数据波动的规律，必须找出频数分布，画出频数分布直方图，如果组分得越细，直方图的形状逐渐趋于一条曲线，数据波动的规律不同，曲线的形状也不一样。实际中按正态分布曲线的最多，用得也最广。

正态分布曲线由概率密度给出

$$\varphi(x)=\frac{1}{\sqrt{2\pi}\sigma}e^{-\frac{(x-\mu)^2}{2\sigma^2}} \tag{8-14}$$

式中　x——试验数据值；

e——自然对数的底（e=2.718）；

μ——曲线最高点横坐标，叫做正态分布的均值，曲线与μ对称；

σ——正态分布的标准误差，其大小表示分散程度，σ越大数据越分散，反之数据集中。

有了均值μ和标准误差σ，就可画出正态分布曲线，如图8-2所示。

为了确定低于设计要求强度的概率，常用分布函数求得

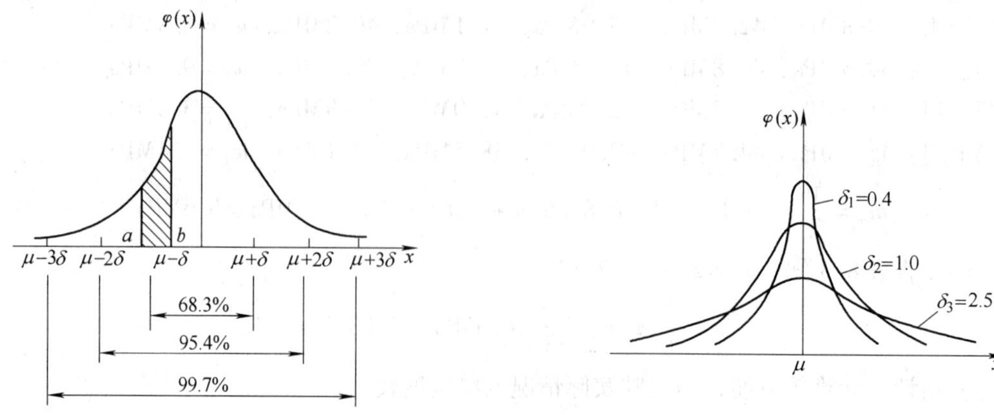

图 8-2　正态分布曲线

$$F(x) = \int_{-\infty}^{x} \varphi(x)\mathrm{d}x = \frac{1}{\sigma\sqrt{2\pi}}\int_{-\infty}^{x} \mathrm{e}^{\frac{-(x-\mu)^2}{2\sigma^2}}\mathrm{d}x \tag{8-15}$$

令 $t = \dfrac{x-\mu}{\sigma}$

则，概率密度函数为 $$\varphi(x) = \frac{1}{\sigma\sqrt{2\pi}}\mathrm{e}^{\frac{-t^2}{2}}$$

分布函数为 $$\Phi(x) = \frac{1}{\sigma\sqrt{2\pi}}\int_{-\infty}^{x} \mathrm{e}^{\frac{-t^2}{2}}\mathrm{d}t$$

绘制正态分布曲线，给指导生产带来很大好处，它的数据值 x 落入任意区间（a，b）的概率 $P(a<x<b)$ 是明确的。它等于 $x_1=a$，$x_2=b$ 时横坐标和曲线 $\Phi(x)$ 所夹的面积（图 8-2 中阴影部分），用下式求出

$$P(a < x < b) = \frac{1}{\sigma\sqrt{2\pi}}\mathrm{e}\int_b^a \mathrm{e}^{\frac{-(x-\mu)^2}{2\sigma^2}}\mathrm{d}x$$

8. 可疑数据的舍弃

在多次测量的试验中，有时会遇到个别测量值和其他多数测量值相差较大，这些个别数据就是所谓的可疑数据。

我们采用正态分布法来决定测量值的取舍。因为在多次测量中，误差在 -3σ 与 $+3\sigma$ 之间，其出现概率为 99.7%，也就是说误差出现的概率只有 0.3%，即测量 330 次才遇上一次，而对于通常只进行一二十次的有限次测量，就可以认为超出 $\pm3\sigma$ 的误差已不属于随机误差，应把它舍去。如果我们测量了 300 次以上，就可能遇上超过 $\pm3\sigma$ 的误差，因此，有时大的误差仍属于随机误差，不应该舍去。由此可见，对数据保留的合理误差范围是同测量次数 n 有关的。

表 8-4 是推荐的试验值舍弃标准，超过可以舍去，其中 n 是测量次数，d_i 是合理的误差值，σ 是根据测量数据算得的标准误差。

表 8-4　试验值舍弃标准表

n	5	6	7	8	9	10	12	14	16	18
d_i/σ	1.68	1.73	1.79	1.86	1.92	1.99	2.03	2.10	2.16	2.20
n	20	22	24	26	30	40	50	100	200	300
d_i/σ	2.24	2.28	2.31	2.35	2.39	2.50	2.58	2.80	3.20	3.29

例如，测定一批混凝土试块的抗压强度值，见表 8-5，试计算数据的取舍，平均强度及可能波动的范围：16.1MPa，15.1MPa，14.9MPa，16.3MPa，14.9MPa，15.6MPa，17.1MPa，17.8MPa，15.2MPa，15.7MPa。

解：
$$m_x = \frac{16.1 + 15.1 + \cdots + 15.7}{10}\text{MPa} = 15.87\text{MPa}$$

表 8-5　混凝土试块抗压强度值　（单位：MPa）

序　号	x_i	$d_i = x_i - m_x$	d_i^2
1	16.1	0.23	0.0529
2	15.1	−0.77	0.5929
3	14.9	−0.97	0.9409
4	16.3	0.43	0.1849
5	14.9	−0.97	0.9409
6	15.6	−0.27	0.0729
7	17.1	1.23	1.5129
8	17.8	1.93	3.7249
9	15.2	−0.67	0.4489
10	15.7	−0.17	0.0289
$\sum$	158.7	0.00	8.50

$$\sigma = \sqrt{\frac{\sum d_i^2}{n-1}} = \sqrt{\frac{8.50}{10-1}}\text{MPa} = 0.972\text{MPa}$$

数据“17.8”为可疑值 $d = 17.8 - 15.87 = 1.93$

$d/\sigma = 1.93/0.972 = 1.99$（表 8-4 中，$n = 10$，$d_i/\sigma = 1.99$）故“17.8”应当舍弃。现计算余下的 9 个数据

$$m_f = \frac{\sum f_i}{9} = 15.66\text{MPa}$$

$$\sigma = \sqrt{\frac{\sum d_i^2}{n-1}} = \sqrt{\frac{4.36}{9-1}} = 0.738$$

再检查是否还有应该舍弃的数据，数据 17.1 为可疑值。

$$d = 17.1 - 15.66 = 1.44$$

$$d/\sigma = 1.44/0.738 = 1.95 > 1.92$$

故“17.1”应舍弃。

现计算余下的 8 个数据，数据“16.3”为可疑数据。

$$m_f = \frac{\sum f_i}{8} = 15.47\text{MPa}$$

$$\sigma = \sqrt{\frac{\sum d_i^2}{n-1}} = 0.537$$

$$d = 16.3 - 15.47 = 0.83$$

$$d/\sigma = 0.83/0.537 = 1.546 < 1.79$$

故“16.3”应保留。

$$f = 15.47\text{MPa}$$

波动范围为 $m_f = m_f \pm 3\sigma = 15.47 \pm 1.61$

变异系数 $C_v = (1.61/15.47) \times 100\% = 10.4\%$

8.1.4 数字修约规则

当试验结果由于计算或其他原因位数较多时，须采用如下的数字修约规则进行凑整。数字修约规则是：

1）若舍去部分的数值，大于所保留的末位的0.5，则末位加1。

2）若舍去部分的数值，小于所保留的末位的0.5，则末位不变。

3）若舍去部分的数值，等于所保留的末位的0.5，则末位凑成偶数。即当末位为偶数（0，2，4，6，8），则末位不变；当末位为奇数（1，3，5，7，9），则末位加1。

以上修约记忆口诀为：五下舍去五上进，单收双弃指五整。

由数字修约引起的误差称为舍入误差，也叫凑整误差。上述修约规则第三条不但可以使末位成为偶数以便以后的计算，主要还在于凑整误差成为偶然误差而不造成系统误差。

8.2 检测数据的回归分析

回归分析是根据具有相互联系的现象之间的关系形态，选择一个合适的数学模式，用来近似地表达变量间平均变化关系。这个数学模式，称为回归方程式。

近年来，应用回归分析进行经济预报、天气预报和地震预报，在工农业生产实践、科学管理和科学研究中取得了一定成就。

回归分析是一种处理自变量与因变量之间关系的数学分析方法。用超声声速和回弹值检测混凝土强度时，声速 v 和回弹值 R 与混凝土抗压强度 f 随着原材料、养护方法和龄期等的变化而变化。这些变化值，在数学上统称为变量，属于非确定的量。如果已知变量 v（或 R）与 f 之间存在着某种联系，在此情况下混凝土强度 f 这一变量在某种程度上是随着 v（或 R）的变化而变化。通常称声速 v 或回弹值 R 为自变量，混凝土强度 f 为因变量。从大量的实测数据中可以发现这种不确定的量中确有某种规律性，这种规律的联系称为相关关系。回归分析的任务就是寻求非确定性联系的统计关系，找出能描述变量之间关系的定量表达式，去预测它们、确定因变量的取值，并估计其精度。

应用回归分析主要研究下列问题：

1）通过回归分析，观察变量之间是否有一定的联系，如存在着联系，选择合适的数学模式对变量之间的联系给以近似描述。

2）用统计指标说明变量之间的密切程度。这些统计指标还可以用来说明回归方程对观察值的拟合程度的好坏。

3）根据样本资料求得的现象之间的联系形式和密切程度，推断总体中现象之间的联系形式和密切程度。

4）根据自变量的数值，预测和控制因变量的数值，并应用统计推断方法，估计预测数值的可靠程度。

8.2.1　回弹（超声）法测强一元回归分析

一元线性回归是指一个因变量只与一个自变量有依从关系，它们之间关系的形态表现为线性。

1. 线性回归分析

为了直观说明问题，我们用一组数据来说明。如有30个试块进行了回弹值 R_i 和抗压强度 f_i 试验，并将所测数据作散点图，描在 fOR 平面上，如图8-3所示，根据散点图呈直线型，我们配合回归直线来表达两个变量 f_i-R_i 的关系。

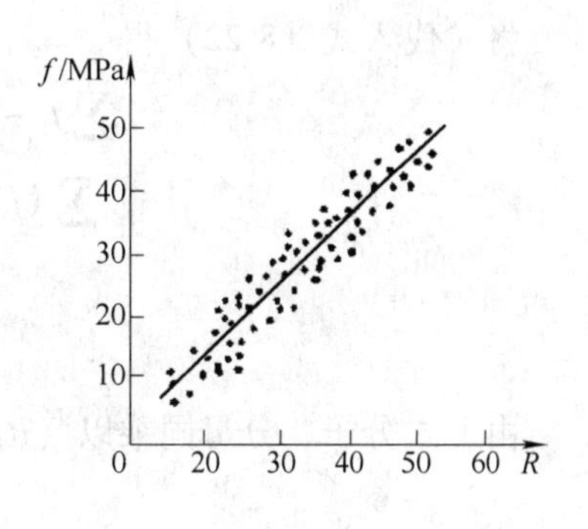

图8-3　散点图

由图8-3可以看出30个测试值分布在一条直线附近，这很自然地想到用一条直线来表示它们间的关系

$$\overline{f_i}=a+bR_i \tag{8-16}$$

式中　$\overline{f_i}$——换算值（或预测值）；

a——回归方程常数项；

b——回归系数；

R_i——实测回弹值。

现在的问题是如何确定 a、b 的数值。当 a、b 确定后，则对每个给定的自变量 R_i，由式（8-16）就可算出对应的预测值 $\overline{f_i}$，但实际检测结果对每一个 R_i 值就有两个 f_i 值（即测量值 f_i 和换算值或称预测值、或称换算值 $\overline{f_i}$），它们之间的误差为

$$e_i=f_i-\overline{f_i}\quad(i=1,\ 2,\ 3,\ \cdots,\ n) \tag{8-17}$$

显然，误差的大小是衡量 a、b 好坏的重要标志，现在我们的任务如何选用一种最好的方法来确定 a、b 值，使其误差为最小。经分析比较，通常是应用最小二乘法原则使总误差的平方和为最小。

设 Q 代表误差平方总和，则

$$Q=\sum e_i^2=\sum(f_i-a-bR_i)^2 \tag{8-18}$$

根据数学分析求极值的原理，要使 Q 为最小，只需在式（8-18）中分别对 a、b 求偏导数，并令其等于零，即

$$\frac{\partial Q}{\partial a}=-2\sum(f_i-a-bR_i)=0 \tag{8-19}$$

$$\frac{\partial Q}{\partial b}=-2\sum R_i(f_i-a-bR_i)=0 \tag{8-20}$$

由式（8-19）可写成

$$\sum f_i-\sum a-b\sum R_i=0\text{ 或 }\sum f_i=na+b\sum R_i \tag{8-21}$$

由式（8-20）可写成

$$\sum f_i-\sum a-b\sum R_i=0 \tag{8-22}$$

式（8-21）、式（8-22）称为规范方程式，根据此方程式求得 a、b 数值，以此代入式

(8-16)，即为所求的线性回归方程式。方程式中 a、b 值计算如下

$$a = \frac{\sum f_i - b\sum R_i}{n}$$

$$m_f = \frac{1}{n}\sum f_i \text{ , } m_R = \frac{1}{n}\sum R_i$$

$$a = m_f - bm_R \tag{8-23}$$

将 a 代入式（8-22）得

$$\sum f_i - \sum (m_f - bm_R) - b\sum R_i = 0$$

$$\sum (f_i - m_f) - b\sum (R_i - m_R) = 0$$

$$b = \frac{\sum (f_i - m_f)}{\sum (R_i - m_R)} \tag{8-24}$$

由上式分子、分母同乘以（$R_i - m_R$）得

$$b = \frac{\sum (f_i - m_f)(R_i - m_R)}{\sum (R_i - m_R)^2}$$

令

$$L_{XX} = \sum (R_i - m_R)^2 \tag{8-25}$$

$$L_{YY} = \sum (f - m_f)^2 \tag{8-26}$$

$$L_{XY} = \sum (R_i - m_R)(f_i - m_f) \tag{8-27}$$

$$b = \frac{L_{XY}}{L_{XX}} \tag{8-28}$$

2. 相关系数及其显著性检验

（1）相关系数的意义　前面采用最小二乘法求得的回归直线方程，实际上对任何两个变量 R_i、f_i 的一组测试数据都可以应用。但是，只有当两个变量大致成线性关系时，才适宜配回归直线。怎样判别该回归直线方程的两个变量之间线性关系的密切程度？必须给出一个数量的指标叫相关系数，用 r 表示，由下式确定

$$r = \frac{L_{XY}}{\sqrt{L_{XX}L_{YY}}} = \frac{\sum (X_i - m_X)(Y_i - m_Y)}{\sqrt{\sum (X_i - m_X)^2 \sum (Y_i - m_Y)^2}} \tag{8-29}$$

或写为，如回弹法

$$r = \frac{\sum (R_i - m_R)(f_i - m_f)}{\sqrt{\sum (R_i - m_R)^2 \sum (f_i - m_f)^2}} \tag{8-29a}$$

超声法

$$r = \frac{\sum (v_i - m_y)(f_i - m_f)}{\sqrt{\sum (v_i - m_y)^2 \sum (f_i - m_f)^2}} \tag{8-29b}$$

式中　X_i——自变量测量值；

m_X——自变量测量值的平均值；

Y_i——因变量测量值；

m_Y——因变量测量值的平均值；

R_i——测量回弹值；

m_R——测量回弹值的平均值；

v_i——测量声速值；

m_v——测量声速值的平均值；

f_i——测量强度值；

m_f——测量强度值的平均值。

相关系数 r 的物理意义如图 8-4 所示。

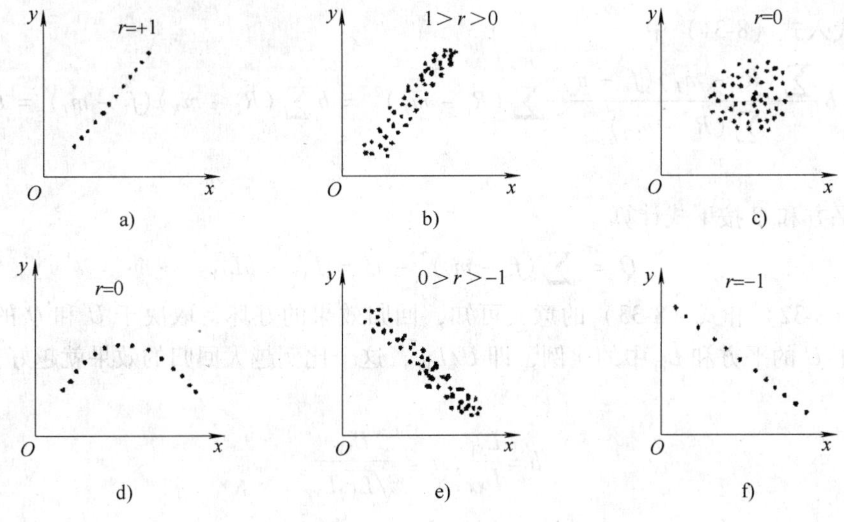

图 8-4 相关系数示意图

现分析一个算例 $L_{XX}=644.2137$；$L_{YY}=1827.9987$；$L_{XY}=994.9147$；$n=30$ 则由已知条件可得

$$r=\frac{L_{XY}}{\sqrt{L_{XX}L_{YY}}}=\frac{994.9147}{\sqrt{664.2137\times1827.9987}}=0.9029$$

相关系数 r 越接近于 1，说明所配的回归线越有意义。

（2）相关系数检验 对于所分析的自变量 x 和因变量 y，只有当相关系数 r 的绝对值大到一定程度时，才可能用回归线来表示它们之间的关系。通常采用给出的相关系数检验表，表中的数值叫做相关系数的限定值，求出的相关系数要大于表中的数，才能考虑用回归线来描述 x 和 y 之间的关系。此时所配的直线才是有意义的。

3. 线性回归方程效果的检验

回归方程在一定程度上反映了两个变量之间的内在规律，但是，在求出回归方程后，它的效果如何？方程所揭示的规律强不强？如何利用它根据自变量 x 的取值来控制因变量 y 的取值？以及控制的精度如何等等？这些都是人们所关心的问题。我们知道，由于随机因素的影响，在混凝土非破损测强试验中，即使回弹值 R_i（或声速值 v_i）给定了，f_i 值也不能完全确定，实际上对于一个固定的 R_i 时，f_i 是一个随机变量，一般假定 f_i 呈正态分布，所以只

要知道平均值与均方差，这个正态分布就完全确定了。全部 n 次测试的总误差，可由误差平方和表示，即

$$L_{YY} = \sum (y_i - m_Y)^2 \tag{8-30a}$$

或

$$L_{YY} = \sum (f_i - m_f)^2 \tag{8-30b}$$

回归平方和 U 按下式计算

$$U = \sum (f_i - m_f)^2 = \sum (a + bR_i - a - bm_R)^2 = b^2 \sum (R_i - m_R)^2 \tag{8-31}$$

$$b = \frac{\sum (R_i - m_R)(f_i - m_f)}{\sum (R_i - m_R)^2}$$

将 b 代入式（8-31）中

$$U = b \frac{\sum (R_i - m_R)(f_i - m_f)}{\sum (R_i - m_R)^2} \sum (R_i - m_R)^2 = b \sum (R_i - m_R)(f_i - m_f) = bL_{XY} \tag{8-32}$$

剩余平方和 Q 按下式计算

$$Q = \sum (f_i - m_f)^2 - U = L_{YY} - bL_{XY} \tag{8-33}$$

从式（8-32）和式（8-33）的意义可知，回归效果的好坏，取决于 U 和 Q 的大小，或者说取决于 U 的平方和 L_{YY} 中的比例，即 U/L_{YY}，这个比例越大回归的效果就越好。

又

$$b = \frac{L_{XY}}{L_{XX}},\ r = \frac{L_{XY}}{\sqrt{L_{XX}L_{YY}}}$$

$$\frac{U}{L_{YY}} = \frac{bL_{XY}}{L_{YY}} = \frac{(L_{XY}/L_{XX})L_{XY}}{L_{YY}} = \frac{{L_{XY}}^2}{L_{XX}L_{YY}} = r^2$$

$$U = r^2 L_{YY} \tag{8-34}$$

将式（8-34）代入式（8-33）得

$$Q = \sum (f_i - m_f)^2 - U = L_{YY} - r^2 L_{YY} = (1 - r^2) L_{YY} \tag{8-35}$$

剩余标准差按下式计算

$$s = \sqrt{\frac{Q}{n - k - 1}} \tag{8-36}$$

式中　n——抽样个数；

　　　k——自变量个数。

故式（8-36）又可写为

$$s = \sqrt{\frac{(1 - r^2) L_{YY}}{n - k - 1}} \tag{8-37}$$

剩余标准差可以用来衡量所有随机因素对因变量（f）的一次观测平均误差的大小，它的单位与因变量相同。

按式（8-37）可求出前例的误差值 s，由已知条件 $L_{YY} = 1827.9987$，$n = 30$，$k = 1$，$r =$

0.9029，可知

$$s=\sqrt{\frac{(1-r^2)L_{YY}}{n-k-1}}=\sqrt{\frac{(1-0.9029^2)\times 1827.9987}{30-1-1}}\text{MPa}=3.47\text{MPa}$$

可以证明，若 s 越小，从回归方程预报 f 值越精确。

现以 e_r 相对标准误差作为强度误差范围，e_r 按下式计算

$$e_r=\sqrt{\frac{\sum\left(\frac{f_i}{f_i^c}-1\right)^2}{n-1}}\times 100\% \tag{8-38}$$

式中　f_i——测量值；

f_i^c——换算值；

n——自变量个数。

前例的相对标准误差计算结果见表 8-6。

表 8-6　相对标准误差

序　号	R_i	f_i	f_i^c	$(f_i/f_i^c-1)^2$
1	27.1	12.2	12.9	0.094800
2	27.5	11.6	13.5	0.019808
⋮	⋮	⋮	⋮	⋮
30	36.0	28.3	6.0	0.007826
$\sum$				1.000895

按式（8-38）计算，前例的 $e_r=18.5\%$。

综上所述，通过回归分析、相关系数的显著性检验和回归方程的检验、实测数据与回归方程相关密切程度，主要由相关系数 r 来判断，r 越接近于 1，说明相关就越密切；对于回归方程所揭示的规律性强不强，以标准误差 s 和相对标准误差 e_r 表示，它们越小，说明回归方程预报的强度值越精确，反之亦然。

4. 非线性回归分析

（1）非线性回归分析　在实际问题中，有时自变量和因变量之间并不一定是线性的关系，而是某种非线性关系，又称曲线关系。例如：回弹法和综合法采用幂函数方程，就是一种非线性关系。对这类非线性问题，一般通过变量变换，转化为线性回归模型来解。

如 $f_i=AR_i^B$

方程两边取对数 $\ln f_i=\ln A+B\ln R_i$

令 $Y=\ln f_i$，$a=\ln A$，$b=B$，$x=\ln R_i$

则可写为 $Y=a+bx$，这样原方程便转换为一个线性方程，可按前述步骤进行线性回归分析。

（2）相关系数计算　在曲线配合中，我们用相关系数 r 来表示所配合的曲线方程与观察资料拟合的好坏程度。r^2 越接近于 1，则配合的曲线方程效果越好。相关系数计算公式为

$$r^2=1-\frac{\sum(f_i-f_i^c)^2}{\sum(f_i-m_f)^2} \tag{8-39}$$

8.2.2 二元（或多元）回归分析

1. 线性回归分析

前面介绍了一元回归分析的计算、相关分析和误差分析，但这些都是最简单情况。在多数的实际问题中，影响因变量的因素不止一个而是多个，这类问题的分析称为多元回归分析。例如，超声回弹综合法、考虑炭化深度回弹法测强分析，则属二元回归分析。

我们仍从讨论最一般的线性回归问题入手，这是因为许多非线性的情况，都可以化成线性回归来分析，其多元回归分析原理与一元回归分析基本相同，只是在计算上稍复杂一些。

2. 复相关系数

前面讨论了怎样用最小二乘法配合一个回归平面的方法。现在要进一步考虑配合的密切程度怎样？前面在谈到两个变量的时候，曾引用相关系数 r 来衡量回归直线对于观察值配合的密切程度。现在研究多个变量的情况，也需要引入一个指标，来度量配合的密切程度。

用 δ_i 表示测量值与理论值（换算值）之差，即

$$\delta_i = Y_i - \hat{Y}_i$$

如果每个测量值都与根据回归方程式计算的理论值相等，则

$$\sum \delta_i = \sum (Y_i - \hat{Y}_i) = 0, \sum \delta_i^2 = \sum (Y_i - \hat{Y}_i)^2 = 0$$

这是配合回归平面的密切程度最好的情况，在这种情况下，希望的指标的绝对值等于1。反之，如配合的回归平面方程是 $\hat{Y} = \overline{Y}$，这时总误差 Q 达到最大，$\sum (Y_i - \hat{Y}_i)^2 = \sum (Y_i - \overline{Y}_i)^2$，此时，指标值等于0。一般情况下，指标值是在0与1之间，满足上述要求的指标称为“复相关系数”，用符号 $R_{Y,1,2,3\cdots\cdots n}$ 表示

$$R_{Y,1,2,3,\cdots,n} = \sqrt{1 - \frac{\sum (Y_i - \hat{Y}_i)^2}{\sum (Y_i - \overline{Y}_i)^2}} \tag{8-40}$$

式中 Y_i——测量值；

$\overline{Y}_i$——测量值平均值；

$\hat{Y}_i$——理论（换算）值。

复相关系数的定义类似两个变量时的简单相关系数 r，但复相关系数只取正值。在两个变量的情况下，回归系数有正、负值之分，研究相关时也有正、负相关之分，在研究多个变量时，复相关系数只取正值。

式（8-40）是复相关系数的定义公式。为了减少计算工作量，还有其他计算公式。

因为

$$\sum (Y_i - \overline{Y})^2 = \sum Y_i^2 - 2\sum Y_i\overline{Y} + n\,\overline{Y}^2 = \sum Y_i^2 - n\,\overline{Y}^2$$

$$\sum (Y_i - \hat{Y})^2 = \sum Y_i^2 - a\sum Y_i + b_1\sum X_1Y_1 - b_2\sum X_2Y_i$$

故复相关系数又可用下列公式计算

$$R_{Y,1,2\cdots\cdots n}^2 = 1 - \frac{\sum Y_i^2 - a\sum Y_i - b_1\sum X_1Y_i - b_2\sum X_2Y_i}{\sum Y_i^2 - n\,\overline{Y}^2}$$

$$= \frac{a\sum Y_i + b_1\sum X_1Y_i + b_2\sum X_2Y_i - n\overline{Y}^2}{\sum Y_i^2 - n\overline{Y}^2} \tag{8-41}$$

若 X、Y 都以平均数作为原点，设：$x = X - \overline{X}$，$v = Y - \overline{Y}$，上式中 $a\sum Y_i = 0$，$n\overline{Y}^2 = \overline{Y}\sum Y_i = 0$，则

$$R^2_{Y,1,2\cdots,n} = \frac{b_1\sum x_1y_i + b_2\sum x_2y_i}{\sum y_i^2} \tag{8-42}$$

3. 偏相关系数

偏相关系数是衡量任何两个变量之间的关系，而使与这两个变量有联系的其他变量都保持不变。例如，在研究综合法测强时，回弹值、超声声速值都会对强度推定有影响，应用简单相关系数往往不能说明现象间的关系程度。这时，必须在消除其他变量影响的情况下来计算两个变量之间的相互关系，这种相关系数称为偏相关系数。

例如，变量 X_1、X_2、X_3 之间彼此存在着关系，为了衡量 X_1 和 X_2 之间的关系就要使 X_3 保持不变，计算 X_1 和 X_2 的偏相关系数，用 $r_{12,3}$ 表示。偏相关系数的大小是由简单相关系数决定的。

上面所举的例子中有三个偏相关系数，即

1）$r_{12,3}$ 是 X_1 和 X_2 的偏相关系数，X_3 保持不变，计算式如下

$$r_{12,3} = \frac{r_{12} - r_{13}r_{23}}{\sqrt{1 - r_{13}^2}\sqrt{1 - r_{23}^2}} \tag{8-43}$$

2）$r_{13,2}$ 是 X_1 和 X_3 的偏相关系数，X_2 保持不变，计算式如下

$$r_{13,2} = \frac{r_{13} - r_{12}r_{23}}{\sqrt{1 - r_{12}^2}\sqrt{1 - r_{23}^2}} \tag{8-44}$$

3）$r_{23,1}$ 是 X_2 和 X_3 的偏相关系数，X_1 保持不变，计算式如下

$$r_{23,1} = \frac{r_{23} - r_{21}r_{31}}{\sqrt{1 - r_{21}^2}\sqrt{1 - r_{31}^2}} \tag{8-45}$$

偏相关系数的数值和简单相关系数的数值常常是不同的，在计算简单相关系数时，只考虑某一个自变量和因变量之间的关系，所有其他自变量都不予考虑，但在计算偏相关系数时，要考虑其他自变量对因变量的影响，只是把它们视为常数。

偏相关分析的主要用途为：根据观察资料应用偏相关分析计算偏相关系数，可以判断哪些自变量对因变量的影响较大，而选择作为必须考虑的自变量。至于那些对因变量影响较小的自变量，则可以舍去。这样在计算多元回归时，只要保留起主要作用的自变量，用较少的自变量描述因变量的平均值。

8.2.3 非线性回归分析

在混凝土无损检测技术中，用回弹法和超声回弹综合法检测混凝土强度，拟合曲线的选定是经过多种组合计算分析后确定的，现在确定的幂函数形式，属于二元非线性回归方程。对这类曲线的分析，同一元非线性回归分析基本相同，也是通过变量变换，转化为线性回归模型来解。

如超声回弹综合法测强拟合曲线

$$f_i^{c} = A v_i^{B} R_i^{C}$$

取自然对数 $\ln f_i^{c} = \ln A + B\ln v_i + C\ln R_i$

令 $\ln f_i^{c} = y$，$\ln A = a$，$B = b$，$\ln v_i = x$，$C = c$，$\ln R_i = z$

则上式可写成 $y = a + bx + cz$

8.3 先进数据处理方法

8.3.1 函数链神经网络及其应用

图 8-5 所示是函数链神经网络，$W_j (j=0, 1, 2, 3)$ 为网络的连接权值。连接权值的个数与反非线性多项式的阶数相同，即 $j=n$。假设神经网络的神经元是线性的，则函数链神经网络的输入值为：1，x_i，x_i^2，x_i^3。

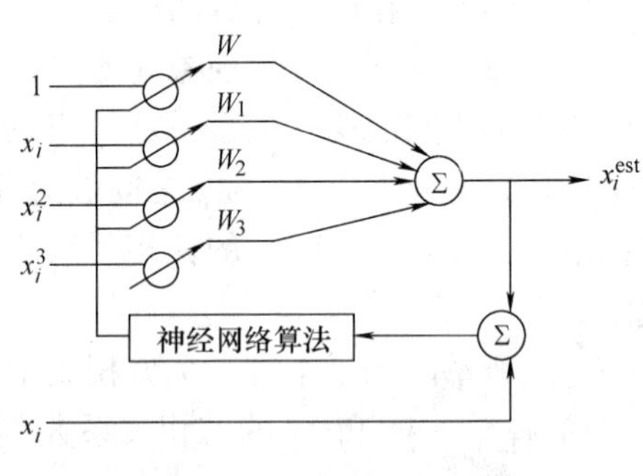

图 8-5　函数链神经网络

函数链神经网络的输出值 $x_i^{est}(k)$ 为

$$x_i^{est}(k) = \sum_{j=0}^{n} x_i^j W_j(k) \tag{8-46}$$

式中　$W_j(k)$ ——第 k 步时的权值。

$W_j(k+1) = W_j(k) + \eta_i e_i(k) x_i^j, e_i(k) = x_i - x_i^{est}(k)$

η_i——学习因子，它的选择影响到迭代的稳定性和收敛速度，取 $\eta_i = 1 - k/M$；

M——最大迭代次数；

x_i——对应的第 i 个情况下所对应的实际值。

函数链神经网络的输出值 $x_i^{est}(k)$ 与第 i 个值所对应的实际值进行比较，经函数链神经网络学习，求出函数链神经网络的输出估计值与第 i 个值对应的实际值 x_i 均方差在全局范围内的最小值

$$\min\sum_{i=1}^{n}\left[x_i^{est}(k) - x_i\right]^2 = \min\sum_{i=1}^{n}\left[(W_0(k) + W_1(k)x_i + W_2(k)x_i^{2} + W_3(k)x_i^{3} - x_i\right]^2 \tag{8-47}$$

即该最小值是关于权值 W_0，W_1，W_2，W_3 的函数。

一般而言，权值 W_0，W_1 为同一数量级，W_2 比 W_1 低一个数量级，W_3 比 W_2 低更多数量级。所低的数量级由拟合模型非线性的非线性程度确定。当得到最优解 W_0，W_1，W_2，W_3 后，有 $c_0 = W_0$，$c_1 = W_1$，$c_2 = W_2$，$c_3 = W_3$，将所求得的待定系数 c_0，c_1，c_2，c_3 存入内存。

传感器的非线性输出是影响系统精度的重要指标之一。智能传感器系统都具有非线性自动校正功能，可以消除整个传感器系统的非线性误差，提高测量精度。与经典的传感器相比，智能化非线性校正技术是通过软件实现，不在乎非线性的严重性，也不必在改善测量系统的非线性中耗费大量的精力，只要要求传感器由输入-输出特性具有良好的重复性。通常实现非线性校正的技术有三种：查表法，曲线拟合法，函数链神经网络法。由于查表法比较简单，这里不再介绍。

1. 曲线拟合法

采用 n 次多项式来逼近反非线性曲线（见图8-6）。该多项式方程系数由最小二乘法确定。

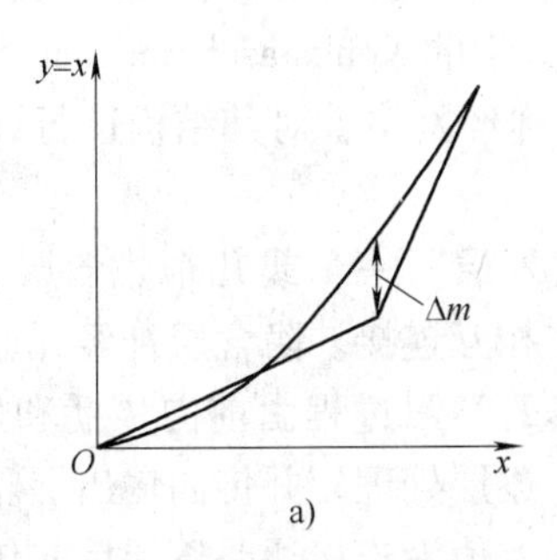

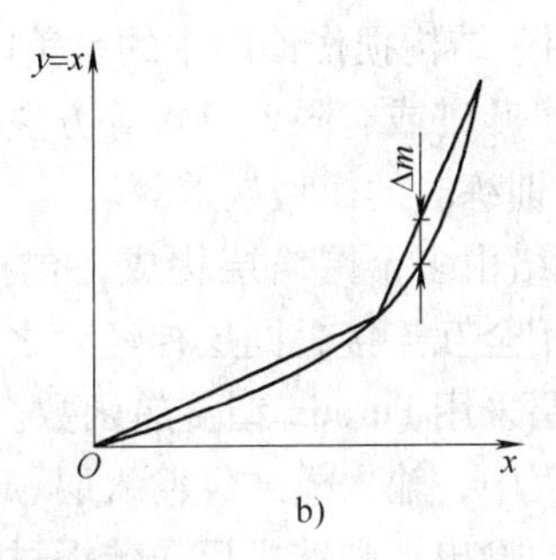

图8-6　曲线的折线逼近

具体步骤如下：

1）列出逼近反线性曲线多项式方程

$$x_i(u_i) = a_0 + a_1u_i + a_2u_i^2 + a_3u_i^3 + a_4u_i^4 + \cdots + a_nu_n^n \tag{8-48}$$

n 的值根据要求的精度所定，一般情况 $n=3$ 精度足够。即式（8-48）为

$$x_i\ (u_i)\ = a_0 + a_1u_i + a_2u_i^2 + a_3u_i^3 \tag{8-49}$$

2）运用最小二乘法求解待定常数 a_0，a_1，a_2，a_3。

3）将所得常系数 $a_0 \sim a_3$ 存入内存。

2. 函数链神经网络法

本系统设计采用函数链神经网络法校正加速度传感器的非线性。它的基本思路用函数链神经网络法确定式（8-49）中的 a_0，a_1，a_2，a_3，…，a_n。

具体步骤如下：

1）传感器及其调理电路的试验标定。有静态标定试验数据列出标定值 n 组：

$$\left.\begin{matrix}\text{输入：} & u_i: x_1,\ x_2,\ x_3,\ x_4,\ x_5,\ \cdots,\ x_n \\ \text{输出：} & u_i: u_1,\ u_2,\ u_3,\ u_4,\ u_5,\ \cdots,\ u_n\end{matrix}\right\} n \text{ 为标定的个数 } i=1,\ 2,\ 3,\ \cdots,\ n$$

2）列出反非线性特性的拟合方程，本系统采用 $n=3$，见式（8-49）。

3）函数链神经网络

$$a_0 = W_0,\ a_1 = W_1,\ a_2 = W_2,\ a_3 = W_3$$

根据经验，本系统权重初始值取 $W_0=10$，$W_1=1$，$W_2=0.1$，$W_4=0.01$，$\eta=1$。由于试验室没有标定加速度装置，故采用查表得到加速度的相应的电压值，代替实际的加速度值。表8-7是系统实际输入电压与标定值。

表8-7　对应的实际加速度与通过函数链神经网络得到的值

实际加速度/g	0	1	2	3	4	5
传感器输出加速度/g	−0.010	1.0025	2.008	3.0075	4.0000	4.990
校准后加速度/g	−0.001	1.0005	2.0003	3.0007	4.0001	4.998

8.3.2 BP 神经网络及其应用

BP 网络模型结构简单，算法容易实现，因而它最早被应用于结构的损伤检测中。最早将 BP 网络应用于结构损伤诊断中的是美国 Purdu 大学的 Venkatasubramanian 和 Chan。此后，多位学者将傅里叶谱或有限元分析等方法融入 BP 神经网络，对其结构进行训练，从而提高 BP 神经网络在训练时的模型误差等。

BP 神经网络由多个网络层构成，包括一个输入层、一个或几个隐含层、一个输出层，层与层之间采用全互连接，同层神经元之间不存在相互连接。隐含层神经元通常采用 S 型传递函数，输出层采用 Purelin 型传递函数。BP 网络的学习过程由前向传播和反向传播组成，在前向传播过程中，输入模式经输入层、隐含层，逐层处理，并传向输出层。如果在输出层不能得到期望的输出，则转入反向传播过程，将误差值沿连接通路逐层反向传送，并修正各层连接权值。对于给定的一组训练模式，不断用一个训练模式训练网络，重复前向传播和误差反向传播过程，直至网络相对误差小于设定值为止。神经网络的训练采用了变步长和带动量因子的算法，既可以加快网络训练速度，又可以防止网络限于局部极小点。具有单隐含层的 BP 神经网络如图 8-7 所示。

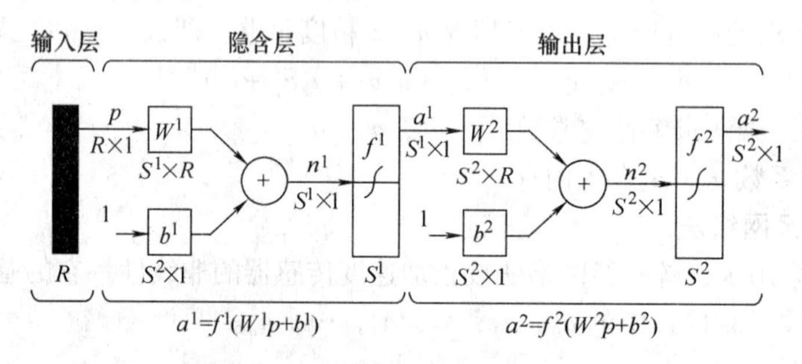

图 8-7 具有单隐含层的 BP 神经网络

图中，p 为输入矢量；R 为输入矢量的维数；S^1 为单隐含层 BP 神经元的个数；S^2 为输出层神经元的个数；W^1 为 $S^1 \times R$ 维隐含层神经元的权值矩阵；W^2 为 $S^2 \times R$ 维输出层的权值矩阵；a^1 为隐含层神经元输出矢量；a^2 为输出层神经元输出矢量；b^1 为隐含层神经元的阈值；b^2 为输出层神经元的阈值；n^1 隐含层节点的输入；n^2 为输出层节点的输入；f^1 为 S 型传递函数；f^2 为 Purelin 型传递函数。

BP 网络训练的关系式如下：

节点输出为

$$a_i = f(\Sigma W_{ij} \times a^i + b^j) \tag{8-50}$$

式中 a^i——节点输出；

W_{ij}——节点连接权值；

f——传输函数；

b^j——神经元阈值。

权值修正

$$\Delta W_{ij}\ (n+1)\ = \eta \times E_i \times a^i + h \times \Delta W_{ij}\ (n) \tag{8-51}$$

式中 η——学习因子（根据输出误差动态调整）；

h——动量因子；

E_i——计算误差。

误差计算

$$E_i = \frac{1}{2} \times \Sigma \left(t_{pi} - a_{pi} \right)^2 \tag{8-52}$$

式中 t_{pi}——i 节点的期望输出值；

a_{pi}——i 节点计算输出值。

8.3.3 RBF 神经网络及其应用

由于 BP 网络对内插数值推理效果比较理想，而对训练学习以外的外插值的推理效果不理想，因此对训练学习以外的检验样本推理效果比较理想的 RBF 神经网络被应用于结构损伤检测与诊断之中。Catelsni 等人运用 RBF 神经网络来实现故障的自动诊断与分类，首先用故障数据库来训练神经网络，然后将新的输入数据放入训练后的网络分类器进行模式匹配，得到故障的类别。该神经网络由 3 层组成，输入层（N 个神经元）；一个隐含层，输出层（M 个线性求和神经元，对应着 M 种故障类别）。2000 年，Albrecht 等人提出在输出层与中间层之间增加反向连接，使一般 RBF 神经网络可自组织地形成贝叶斯分类器，它具有异常检测的功能，并用语音分类识别问题验证了该分类器的有效性与准确性。

交通事故是不可重复的、随机的事件，它经常影响正常的交通流量并成为公路交通的瓶颈问题。由于交通问题的复杂性，使得建立准确的数学模型和知识的明确表达比较困难，基于此，Adeli 等人充分利用高级信号处理方式、模式识别和分类技术，提出了一个多策略的智能系统方法，它有效地将模糊理论、小波分析、神经网络技术有机地结合在一起，用来提高方法的可靠性和鲁棒性。它运用小波分析的去噪声技术，首先将从传感器中观测到的、不希望出现波动的数据删除掉，再用模糊聚类技术提取实测数据中的信号信息并减少它的空间维数，最后用一个 RBF 神经网络对去噪声后、聚类过的实测数据进行分类。这种方法的主要优点就是去噪声、加强了损伤检测信号和降低了错误预报。

RBF 神经网络即径向基函数（Radial Basis Function）神经网络，其结构如图 8-8 所示，它很容易扩展到多输出节点的情形，在此只考虑一个输出变量 Y。RBFNN 包括一个输入层、一个隐含层和一个输出层的最简模式。隐含层是有一组径向基函数构成，与每个隐含层节点相关的参数向量为 C_i（即中心）和 σ_i（即宽度）。径向基函数有多种形式，一般取高斯函数。

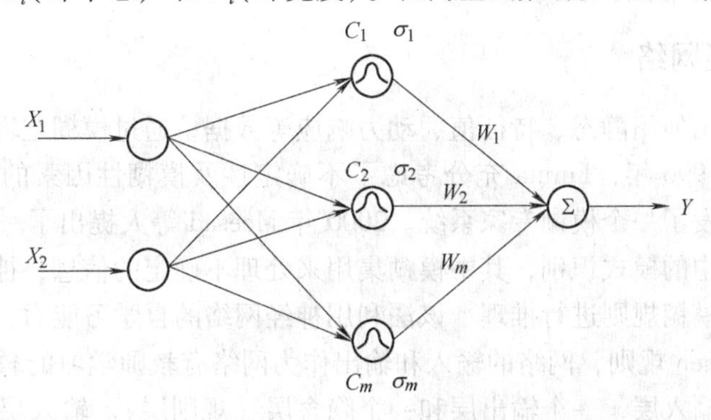

图 8-8 RBF 神经网络结构

$$y = f(x) = \sum_{i=1}^{m} \omega_i \phi(\| X - C_i \|, \sigma_i) = \sum_{i=1}^{m} \omega_i^{-\frac{\| X - C_i \|^2}{2\sigma^2}} (X, C_i \in R_n) \tag{8-53}$$

式中 m——隐含层结点数；

$\| \cdots \|$——欧几里得范数；

ω_i——第 i 个基函数与输出结点的连接权值（$i=1$，2，…，m）。

RBF 神经网络是一种性能良好的前向网络，它具有最佳逼近性能，在结构上具有输出—权值线性关系，训练方法快速易行，不存在局部最优问题。该网络的学习算法有很多种，下面将带遗忘因子的梯度下降法应用于 RBF 神经网络的参数调整，即在考虑当前时刻（k 时刻）的网络状态的变化时，将前一个时刻[$(k-1)$时刻]的网络参数变化也包括进去，其具体算法如下

$$J = \frac{1}{2}\varepsilon(W, k)^2 = \frac{1}{2}[Y(k) - y(W, k)]^2 \tag{8-54}$$

式中 J——误差函数；

$Y(k)$——希望的输出；

$y(W, k)$——网络的实际输出；

W——网络的所有权值组成的向量。

隐含层-输出层连接权值矩阵的调整算法为

$$W(k+1) = W(k) + \mu(k)\left(-\frac{\partial J(W)}{\partial W}\right) \Big| W = W(k) + \alpha(k)[W(k) - W(k-1)] \tag{8-55}$$

隐含层中心值矩阵的调整算法为

$$C(k+1) = C(k) + \mu(k)\left(-\frac{\partial J}{\partial C}\right) \Big| C = C(k) + \alpha(k)[C(k) - C(k-1)] \tag{8-56}$$

隐含层标准偏差矩阵的调整算法

$$\sigma(k+1) = \sigma(k) + \mu(k)\left(-\frac{\partial J}{\partial \sigma}\right) \Big| \sigma = \sigma(k) + \alpha(k)[\sigma(k) - \sigma(k-1)] \tag{8-57}$$

式中 $\mu(k)$——学习率；

$\alpha(k)$——动量因子，也称为遗忘因子，又称动量项或阻尼项。

称为遗忘因子可从对于新旧信息的学习与遗忘的角度来理解；称为动量项或阻尼项，是因为在网络的学习训练中，此项相当于阻尼力，当训练误差迅速增大时，它使网络发散得越来越慢。总之，它使网络的变化趋于稳定，有利于网络的收敛。

8.3.4 其他神经网络

Sawyer 等人提出使用静态、特征值、动力响应等数据，通过模糊逻辑推理进行数据结构损伤检测的方法。1996 年，Furuta 充分考虑了不确定性及模糊性因素的影响将神经网络与遗传算法集成，开发了一个模糊专家系统。2000 年 Meesad 等人提出了一个模糊神经网络系统，进行振动检测中的模式识别，其中模糊集用来处理不确定的信息，神经网络框架则用有教师学习算法来对模糊规则进行推理。该法利用神经网络的自学习能力，可以自动构造模糊推理系统中的 if - then 规则，网络的输入和输出作为网络有教师学习的教师。模糊神经网络系统有 3 层：一个输入层，一个输出层和一个隐含层（规则层）。输入层中的每个神经元与一个 M 维的输入矢量相连；隐含层为规则层，分前提和结果两部分，它们共同构成模糊推

理系统中的一条规则；输出层由一个聚合程序和一个反模糊化程序组成，聚合的作用是将所有隐含层的推理结果通过模糊“或”操作（最大）聚合为一个变量，反模糊化再将“或”操作中的均值作为最后的输出。

Kulkarni 等人提出了一个模糊神经网络，用来进行模式识别，该模型有三层，第一层为代表输入特征矢量的输入层；第二层映射输入特征与对应的模糊隶属函数值；第三层实现推理机，对应模式类别。学习过程包括两个阶段：第一阶段通过梯度下降法修正后两侧之间的权值；第二阶段是隶属函数的修正。

Zhao 等人提出了一种基于模糊知识的大桥损伤诊断与管理专家系统。系统中对于涉及的不确定性和不准确的知识采用模糊逻辑进行处理，考虑到影响因素的空间维数组合爆炸问题，运用主成分分析法来进行降维，用改进的爬山聚类法来获取知识，产生的规则库用梯度法进一步优化，最后将系统产生的规则与专家的经验进行比较，发现二者吻合良好。

神经网络具有自适应、自学习的能力，它能够通过训练（学习）阶段，获得健康结构和损伤结构所具有的有关知识与信息；神经网络还具有联想、记忆及模式匹配的能力，能够存储学习过程中的损伤知识，然后将此信息与实测数据进行模式匹配与比较，神经网络具有抽取、归纳的能力，它具有滤出噪声及在有噪声情况下抽取事物本身内在特征、得出正确结论的能力，比较适合具有大量噪声和测量误差的结构的在线健康检测与状态评估；同时神经网络本身就是一个输入—输出的映射函数关系，它具有分辨原因及结构损伤类型的能力。总之，神经网络非常适合应用于结构的损伤检测与状态评估。

针对不同的工程实际问题，采用不同的网络模型，其效果也不同。BP 网络构造简单，算法容易实现，因而工程应用最广泛。但它容易陷于局部最优解，且网络结构采用试算法，训练时间过长，对内插值推理效果比较理想，对外插值的推理效果不太理想。径向基函数神经网络采用高斯核函数，使得网络训练速度加快，能够估计测试实例与原来分类器的接近程度，并且能更好地处理学习数据以外的测试实例，因而泛化能力得到进一步加强，但决定高斯核函数形状的 σ 参数经常需要人们的经验来设定。自回归神经网络和概率神经网络分别具有计算准确、训练时间短和模式分类精度高等优点，特别是后者将贝叶斯决策规则放入神经网络框架中，使其能够较好地处理不确定性信息。但二者均采用高斯函数作为核函数，决定其形状的 σ 参数都取决于人们的经验。

对偶传播神经网络的优点是数据集不必经过多次的轮转循环，也没有限制收敛的误差标准，网络的结构是由数据决定的，而不是由用户指定的。它的缺点是为了得到理想的函数，常常需要很多的数据点，因而对计算内存及时间要求比较高，这就要求与特征提取、空间降维等数据前处理技术相结合。模糊神经网络的显著优点就是将能较好处理不确定性信息的模糊逻辑与具有并行推理性能的神经网络有机地融合在一起，具有二者的共同优点，缺点是网络结构比较复杂，实现相对较难。

基于神经网络的损伤检测方法还存在许多问题和难点亟待解决：

1）可能的损伤样本组合爆炸问题。由于许多神经网络在训练时，要考虑大量可能的损伤样本，对于大型复杂结构来说，可能的损伤样本太大，则训练模式太多，虽然神经网络可以避免传统方法对大内存空间的要求，但训练时间太长使得该方法不实用。

2）非唯一问题。这会导致损伤位置和损伤程度的任意性结果。

3）建模误差及测量误差问题。测量噪声和模型误差在损伤检测过程中是不可避免的，它们对损伤检测的结果会产生严重的影响，如何较好地将这些不确定性的因素与确定性的损伤与诊断理论有机地结合起来，是解决该问题的关键。

4）缺乏对复杂结构进行系统损伤检测、诊断的理论与技术，特别是能够应用于实际工程结构损伤检测与诊断的方法与技术。

8.3.5 遗传算法

遗传算法（Genetic Algorithem，GA）是模拟自然界生物进化过程与机制求解极值问题的一类自组织、自适应人工智能技术。美国 J. H. Holland 教授于 1975 年出版的《自然界和人工系统的适应性》一书，全面介绍了遗传算法，为遗传算法奠定了基础。遗传算法根据适者生存“优胜劣汰”的自然法则利用遗传算子对染色体进行选择、交叉和变异，逐代产生优选个体，最终搜索到较优的个体。与传统的优化算法相比，该算法具有算法简单、高度并行、不需要梯度信息可进行全局搜索等优点。遗传算法的基本步骤为：

1）在目标准则函数条件下，在设定优化参数的范围内随机生成 n 组染色体。

2）适应能力评价：把第（$i=1, 2, \cdots, n$）个父代个体代入目标准则函数，函数值越小，说明该个体的适应能力越强。

3）选择：把已有的父代个体按照目标准则函数值从小到大排序，构造与目标函数值成反比的适应度函数 p_i，使 p_i 满足 $p_i>0$ 和 $\sum p_i=1$，这表明适应度 p_i 就是概率值。在这些父代个体中以概率 p_i 选择第 i 个个体，适应度大的个体被选中的机会多，共选出各有 n 个父代个体 2 组。

4）交叉：从前面得到的 2 组个体中，分别抽取 1 个个体两两配对。重新组成各有 n 个个体的新的子代个体 2 组。

5）变异：任取前面的一组子代个体，将其二进制码的某段值按照变异率 $C_0=1$ 进行反转，即原始为 1 变为 0、原始为 0 的变为 1。将以上得到的 n 个父代个体作为新的父代个体，算法转入第 1 步，进入下一步进化过程，重新评价、选择、交叉、变异。如此循环，直到搜索到最优的系数值。

本节采用以下两类优化准则进行混凝土超声回弹测强公式系数的搜索，相应的目标函数分别为

$$\sum_i |f_i^c - f_i|^2 \Rightarrow \min \tag{8-58}$$

$$\sum_i |f_i^c - f_i| \Rightarrow \min \tag{8-59}$$

8.3.6 先进数据处理方法的综合应用

1. 面向损伤检测的有限元模型

基于振动的损伤检测方法需要一个精细的有限元模型作为基准模型，所谓“精细”是指结构在健康状态下实测数据与理论模态数据吻合很好。基于神经网络的损伤检测也需要这样一个精细的有限元模型作基准，来模拟产生真实结构的健康状态下和各种不同损伤状态下的模态特征模式。

对于成千上万个不同构件组成的复杂结构，常涉及许多不同的材料，如混凝土、钢、柔

性索等。如果把每个构件作为一个独立单元，则复杂结构有限元模型的自由度可能有上万个。作为反问题的损伤检测来说，拥有如此巨大自由度的结构模型会导致许多设计参数和巨大的空间维数，更严重的是，它将会导致理论分析自由度数远大于实测自由度的数量。为了处理不完整的模态数据，常常需要采用有限元模型简化技术和模态数据夸张技术。然而，当理论分析模型的自由度与实测模态扩张到理论模型的阶段时，虽然结构的损伤位置比较清楚了，但识别问题的大小会引起计算上的困难，同时扩张过程中产生的误差可能掩盖实测中的损伤信息；另一面，对有限元进行简化直至达到实测自由度的数量，简化后的有限元模型在进行损伤定位时，增大了建模误差，有限元简化技术也会损坏那些对损伤检测很重要的信息。

在复杂结构如悬索桥或斜拉桥的设计阶段，对桥进行分析时常近似地将桥面板简化为一些连续梁，这样建立的近似有限元模型分析结构的响应是可行的，但用来进行损伤检测是不可行的。即使该有限元经过数值验证损伤是可以检测的，但应用于实际结构时是否能够进行检测也很难说。从模态分析的角度来看，由近似有限元模型产生的模态误差可能远大于由损伤引起的模态改变，模型预报的模态阶数与实测模态不一致的情况也可能会出现，同时简化的有限元模型也可能会掩盖真正的损伤位置。

为了得到简化模型，一些技术如等效连续体技术、子结构技术被用到损伤检测中。如前所述，等效连续体技术可能导致较大的建模误差和掩盖单个损伤构件。对于大型超静定结构来说，根据结构构件对损伤灵敏度的先验知识，可以将冗余的物理参数从识别程序中排除，同时要求该模型足够准确，能够计算单个主要构件的模态灵敏度，等效连续体技术则做不到这一点。传统的子结构技术在降低模型的维数和减少要修正的系统参数方面是一种可行的方法，但其要求发生损伤的子结构足够小并能够对损伤位置和损伤程度给出准确的评价。

一般来说，在建模阶段就知道损伤区域的先验知识是比较困难的，从损伤检测评估的角度看，一个比较完善的建模方法应该满足以下的规则与要求：① 模型的理论模态参数与真实结构在健康状态下的实测模态参数具有良好的相关性；② 由建模误差引起的模态不确定性要远小于由实际损伤引起的模态参数的变化，使建模过程的误差不能掩盖真实的损伤；③ 有限元模型的自由度大小适当。

2. 异常检测

异常检测的目的就是判断一个新的模式在某些重要方面是否偏离先前已经建立的模式，在这个阶段，设计一个神经网络，运用它的自联想及函数逼近功能来判断结构是否发生异常（损伤）并发出警告信号。

（1）问题的提出　异常检测是通过许多正常的样本模式建立一个模型来描述正常状态的模式特性，然后将一些未曾见过的检验模式放入该模型并与该模型比较异常指标。从概率的角度讲，异常检测可以看做是一个来自基本数据产生器的检验模式属于正常模式数据库的概率大小，基本数据产生器可以定义为无条件概率密度函数 $p(x)$，通过对正常模式数据库的学习，异常检测产生一个对无条件概率密度函数 $p(x)$ 的估计量 $\hat{p}(x)$。对于一个检验矢量 x_t，如果 $\hat{p}(x_t)$ 低于某个异常阈值，则将该检验模式划分为新奇、异常。

Bishop 使用 Parzen 窗口估计器来对 $p(x)$ 进行估计建模，其表达式为

$$\hat{p}(x)=\frac{1}{n(2\pi)^{D/2}\sigma^{D}}\sum_{j=1}^{n}\exp\left[-\frac{(x-x_j)^2}{2\sigma^2}\right] \tag{8-60}$$

式中 x_j——训练学习模式；

n——学习模式数量；

D——模式的空间维数；

σ——高斯核函数的总体圆滑参数。

1997 年 Worden 提出用多层前馈神经网络来检测结构的异常，使用传递函数作为网络的输入、输出，产生了一个具有自联想记忆的神经网络过滤器。值得引起注意的是，该过滤器规定其输出层神经元数量必须与输入层的相同，隐含层的神经元数量也必须小于输入层的数量。神经网络如此配置，且由于隐含层非线性神经元的存在，使得只有输入层中的重要特征才能够有效地传递给输出层，使该神经网络具有过滤器的作用。Ko 等人则将桥在健康状态下不同方向的整体或局部实测模态频率作为网络的输入和输出，建立了不同的神经网络过滤器、异常指标及阈值，通过异常指标与阈值的大小来判断检验样本是否偏离正常（健康）状态的样本，以此对大桥进行异常模拟检测。Albrecht 于 2000 年提出在输出层与中间层之间增加反向连接，使径向基函数神经网络可以自组织地形成贝叶斯分类器，并用来进行结构的异常检测。

通过分析发现，已有的异常检测研究方法主要存在 4 个方面问题：① 网络结构比较复杂，如输入空间维数比较高，网络训练时间比较长，对计算的内存有一定的要求与限制；② 输入特征参数不能很好地反映结构的响应特征，如结构裂缝的存在对振动模态频率影响不明显，无法将该种损伤较好地反映出来；③ 异常指标设计不合理，不能较好地对结构的异常给出反映和判断；④ 大多数神经网络异常过滤器采用 BP 网络，它是一种全局逼近神经网络，即每一个输入输出对网络的每一个权值均需要调整，从而导致全局逼近神经网络的学习速度很慢。

基于此，深入细致地研究神经网络过滤器的设计原理与方法，合理地构造异常指标及阈值，对结构的异常检测具有很现实的指导意义。

（2）全局逼近神经网络过滤器　结构的异常检测就是设计一个神经网络，用来判断结构是否发生损伤并发出警告信号。这个神经网络经常采用自联想网络，也就是输出层神经元数量与输入层的相同，隐含层神经元数小于输入层的多层前馈感知器网络，其作用相当于一个判断损伤是否出现的预警系统。由于神经网络的隐含层神经元数小于输入层的数量，其作用相当于瓶颈，压缩了输入层中的冗余信息，在输出层中仅保留了重要的模式特征，具有过滤器的作用。它在构建、训练、检验阶段不需要任何结构模型的信息，只要给出结构响应方面的信息来构建训练样本和检验样本即可，当然训练所用的结构响应必须是健康结构的实测数据，能够反映结构的基本特性。

神经网络过滤器中经常采用的输入输出特征参数有响应的传递函数、固有频率。采用这些特征参数虽然具有采集与处理简单、方便的优点，但对于一些复杂的工程结构来说，一些局部的损伤（如裂缝等）往往对结构的频率无影响或灵敏度比较低。因此，应该考虑采用结构模态方面的信息作为特征参数，如模态矢量（或振型）的组分、固有频率与模态矢量组分结合的损伤信号指标等，其中损伤信号指标包含了固有频率和模态矢量组分的信息，它仅是损伤位置的函数而与损伤程度无关，表示式如下

$$DSI_i = \frac{\{\phi_{ni}\} - \{\phi_{di}\}}{f_{ni}^2 - f_{di}^2} \tag{8-61}$$

式中　$\{\phi_{ni}\}$、$\{\phi_{di}\}$——结构在健康和损伤状态下第 i 阶模态的模态矢量值；

f_{ni}、f_{di}——结构在健康和损伤状态下的第 i 阶固有频率。

图 8-9 所示为一个自联想神经网络异常过滤器的结构示意图。

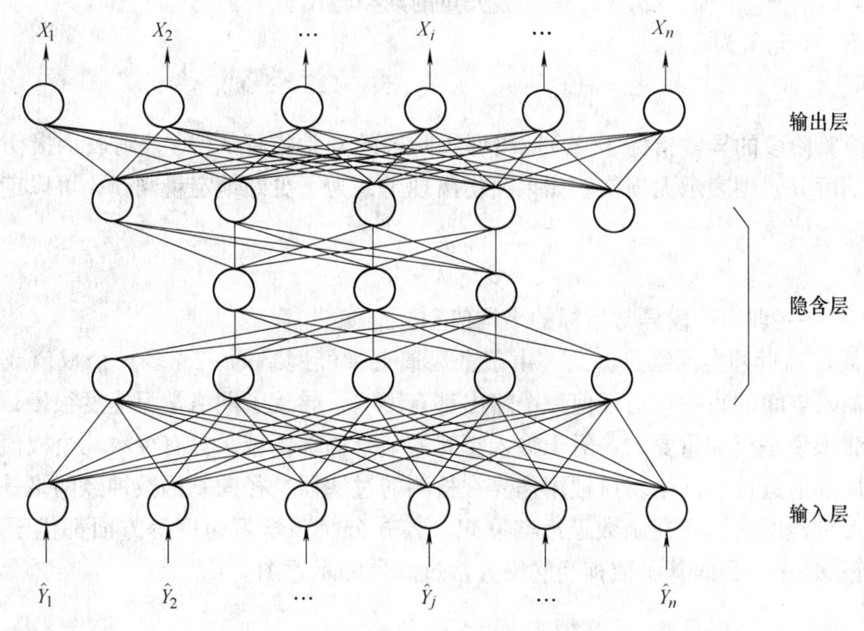

图 8-9　自联想神经网络异常过滤器

当自联想神经网络用来进行结构异常检测时，将一系列结构在健康状态下得到的测量数据作为网络的输入和输出来训练这个神经网络，训练完成后，将训练所用的输入输出再放入训练后的神经网络来产生一系列新的输出，计算该输出与期望输出之间的欧几里得距离，即异常指标。在检验阶段，将来自同样结构、未知状态的测量数据放入训练后的神经网络，它能够形成检验阶段的异常指标，如果检验阶段的异常指标偏离训练阶段的异常指标，则表示出现损伤并给予报警。

假设神经网络过滤器由输入层、隐含层和输出层组成。在训练阶段，网络的输入为 $X=\{x_1, x_2, \cdots, x_n\}^{\mathrm{T}}$，输出为 $Y=\{y_1, y_2, \cdots, y_n\}^{\mathrm{T}}$，为了便于计算和观察，将输出 Y 变换为包含输入 X 的信息，即神经网络的输出 Y 为

$$y_i = k(x_i - m_i) + m_i \quad (i=1, 2, \cdots, n) \tag{8-62}$$

式中　k——一个正的常数；

m_i——训练样本集中输入矢量的第 i 个元素的平均值。

当网络训练完成之后，再将训练中的输入 X 放入网络中，得到网络输出模式估计 $\hat{Y}$，则训练阶段的异常指标 $\lambda(\hat{Y})$ 可用欧几里得距离函数表示为

$$\lambda(\hat{Y}) \equiv \| \hat{Y} - Y \| \tag{8-63}$$

检验阶段，一系列来自同一结构、未知来源的模态数据 X_t 放入训练后的神经网络中，得到网络输出 $\hat{Y}_i$，其对应的检验阶段异常指标为

$$\lambda(\hat{Y}_t) \equiv \| \hat{Y}_t - Y_t \| \tag{8-64}$$

式中 $X_t = \{x_{1t}, x_{2t}, \cdots, x_{nt},\}^{\mathrm{T}}$——检验矢量的输入；

$Y_t = \{y_{1t}, y_{2t}, \cdots, y_{nt},\}^{\mathrm{T}}$——检验矢量的期望输出。

其中第 i 个元素为

$$y_{it} = k(x_{it} - m_i) + m_i \quad (i = 1, 2, \cdots, n) \tag{8-65}$$

如果检验阶段的异常指标 $\lambda(\hat{Y}_t)$ 偏离训练阶段的异常指标 $\lambda(\hat{Y})$，则表示损伤产生；若两个序列不可分，则表示无损伤。如果损伤出现了，为了更好地定量判断，可以定义一个训练异常指标阀值 δ_λ

$$\delta_\lambda = \bar{\lambda} + 4\delta_\lambda \tag{8-66}$$

式中 $\bar{\lambda}$、δ_λ——训练阶段异常指标的平均值和标准偏差。

（3）局部逼近神经网络过滤器　由于全局逼近神经网络的一（多）个权值或自适应可调参数在输入空间的每一点对任何一个输出都有影响，导致了网络学习速度很慢，这对于结构在线检测来说是至关重要的。对于输入空间的某个局部区域，只有少数几个权值影响，网络输出的局部逼近神经网络就可被用作异常检测的过滤器。径向基函数神经网络是一种典型的局部逼近神经网络，它在函数逼近与联想、模式分类、学习速度等方面都优于 BP 网络。图 8-10 所示是一个径向基函数神经网络异常过滤器的示意图。

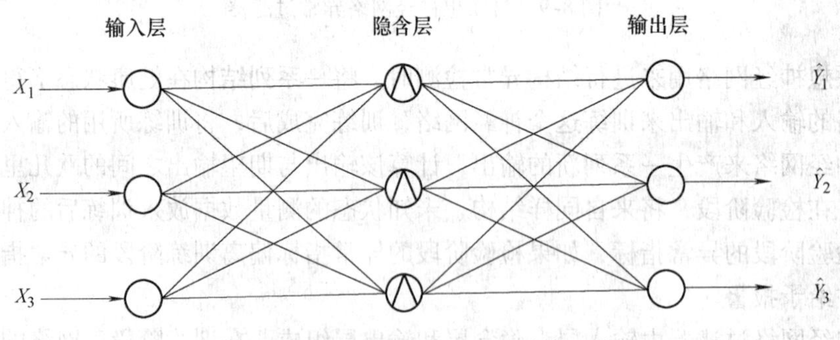

图 8-10　径向基函数神经网络异常过滤器

该神经网络过滤器由输入层、隐含层（径向基层）和输出层 3 层组成，网络的输入、输出信息与全局逼近神经网络过滤器相同。至于异常指标，也分别按式（8-63）和式（8-64）进行计算。如果检验阶段的 $\lambda(\hat{Y}_t)$ 明显偏离训练阶段的 $\lambda(\hat{Y})$，则表示损伤产生；如果检验阶段的 $\lambda(\hat{Y}_t)$ 序列与训练阶段的 $\lambda(\hat{Y})$ 序列不可区分，则表示无损伤产生。当然，也可以采用式（8-66）的训练异常阀值 δ_λ 来判断损伤是否发生。

（4）神经网络过滤器的优点　运用神经网络异常过滤器进行结构损伤检测具有许多优点，主要可以归纳为以下几点：① 即使损伤引起的模态参数的改变小于由于环境的不确定性和测量噪声引起的模型误差，仍然能够对损伤给出预警；② 不需要任何结构模型或损伤模型；③ 无论是来自装置系统的静态响应信号，还是通过周期激励试验得到的局部传递函数，都可以比较容易地与整体模态参数结合起来，使其对结构是否发生损伤给出预警。

3. 损伤类型检测

神经网络的模式分类与识别的能力早已经得到人们的认可并被应用于实际工程中，而复杂结构往往有许多类型的损伤。因此，在构建神经网络模型时，应通过建立的有限元模型计算带有不同类型损伤的结构模型及其相关参数，组合、设计不同的模式样本，按照这些不同类型损伤引起的模态参数的改变方式划分为一些模式类。一般来讲，不一定非要一种损伤类型就划分为一个模式类。与此相反，一种类型的损伤可能在不同的位置产生不同的模态变化方式，也可以将它划分为几个模式类。通过分析，当确定共有 M 种模式类时，神经网络的输出层确定为 M 个神经元，每个神经元是一个二值型，或为 1 或为 0，表示损伤是否发生。从有限元模型得到的理论模态数据用来训练神经网络，实测模态数据用来测验、识别损伤的类型。神经网络模型可以采用 BP 网络，也可以采用概率神经网络、径向基函数神经网络等。

4. 损伤定位

对于几种分布的损伤，人们往往希望能够给予准确地定位损伤，神经网络就可以用来解决这个问题，即神经网络输出层的第 i 个单元的值或为 1 或为 0，表示损伤是否在第 i 个位置出现。虽然固有频率比较容易测量且相对比较准确，但由于它不能区分对称位置的损伤，所以应考虑采用模态的信息，如将“组合损伤指标”作为神经网络的输入矢量，它包含了固有频率、模态的信息，且它仅是损伤位置的函数而与损伤程度无关。由于本阶段的主要目的就是确定损伤位置，同时考虑到多种损伤组合容易出现“组合爆炸”，因此只采用单一损伤程度在所有可能损伤位置的损伤样本用来训练神经网络，这样将会极大地减少训练样本。

在损伤定位识别中应用广泛的神经网络是 BP 网络，然而 BP 网络由于凭经验设定网络结构和训练时间过长等缺陷而使其应用受到限制，并且训练后的 BP 网络不能继续保存噪声。另外，由于测量误差和结构不确定的影响是不可避免的，因而更强大的损伤识别方法应该具有强大的容错性，如测量噪声和结构特性的变化。概率神经网络（PNN）以贝叶斯概率的方法描述测量数据，它在具有噪声条件下的损伤识别方面显示了巨大的潜力。

PNN 的早期研究工作是同贝叶斯分类器一起发展的，贝叶斯定理提供了一个完成最优分类的方法，因而它成为评价其他分类方法好坏的标准。PNN 通过具有无参估计的已知数据集的概率密度函数来实现贝叶斯决策，并将它放在神经网络框架中，进行判断未知数据最大可能属于哪个已知数据集，PNN 进行结构损伤定位的实质就是判断未知来源地检验矢量究竟属于哪一类损伤位置的模态类。

PNN 有基本形式和自适应形式两种。基本形式表现为一次学习完成且基函数在测量空间中具有相同的宽度，即 σ 参数对所有的模式类都是统一的且是凭经验而设定的，称为传统 PNN；自适应形式表现为基函数在每一维具有不同的宽度，即在不同的空间维数上具有不同的 σ 参数，称为自适应 PNN。

（1）传统 PNN　PNN 是将具有 Parzen 窗口估计的贝叶斯决策放进神经网络框架中，对具有 θ_1，θ_2，…，θ_q，…，θ_k 的多类问题来说，一个 p 维矢量 $X=\{x_1, x_2, \cdots, x_i, \cdots, x_p\}^{\mathrm{T}}$ 的测量集，基于贝叶斯决策准则来判断 $\theta \in \theta_q$ 的状态，可以表述为

$$d(X) \in \theta_q \quad [h_q l_q f_q(X) > h_k l_k f_k(X), k \neq q] \tag{8-67}$$

式中　$d(X)$——检验矢量 X 的决策；

θ_q——表示是第 q 类；

h_q、h_k——θ_q 和 θ_k 类的先验概率；

l_q——本为 θ_q 而被错分为其他类的损失；

l_k——本为 θ_k 而被错分为其他类的损失；

$f_q(X)$、$f_k(X)$——θ_q 和 θ_k 类的概率密度函数。

对于损伤检测问题来说，常常假定 h 和 l 对所有类都是相同的，因此使用式（8-67）的关键就是评价基于训练模式的概率密度函数的能力。这里用 Parzen 窗口来估计核密度的概率密度函数

$$f_q(X) = \frac{1}{n_q(2\pi)^{p/2}\sigma^p}\sum_{i=1}^{n_q}\exp\left[-\frac{(X-X_{qi})^{\mathrm{T}}(X-X_{qi})}{2\sigma^2}\right] \tag{8-68}$$

式中 X——待分类的检验矢量；

$f_q(X)$——q 类在 X 点的概率密度函数值；

n_q——训练矢量中 q 类的数量；

p——训练矢量的维数；

X_{qi}——q 类中第 i 个训练矢量。

图 8-11 所示是一个四层 PNN 的拓扑结构示意图，它由输入层、模式层、求和层、决策层组成，一个待分类的矢量 X 作为输入层的神经元同时也提供同样的输入值给所有的模式层中的神经元。在模式层中，每一个神经元完成一个给定类的权矢量 W_j 与模式矢量 X 之间的点乘积，即 $z_j = X_g W_j$，同时在输出到求和层之前完成对 z_j 的非线性操作，其传递函数采用 $g(z_j) = \exp[(z_j-1)/\sigma^2]$。求和层中的每一个神经元接收与其相连的给定模式类的所有模式层的输出并求和。决策层的神经元是一种竞争神经元，它接收从求和层输出地各类概率密度函数，概率密度函数最大的那个神经元输出为 1，即所对应的那一类即为待识别的样本模式类别，其他神经元的输出全为 0。例如，q 类的求和层神经元的输出为

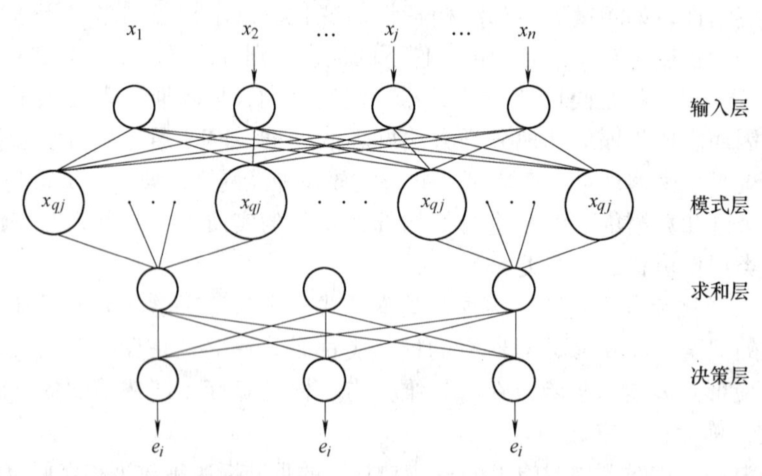

图 8-11 四层 PNN 的拓扑结构示意图

$$f_q(x) = \sum_{j=1}^{n_q} Z_{qj}\exp[(XW_{qj}-1)/\sigma^2] \tag{8-69}$$

如果权矢量 W_{qj} 取为 q 类的训练矢量 X_{qj}，且 X 和 X_{qj} 都归一化，则很容易证明求和层的输出式（8-69）与式（8-68）的形式是一样的。也就是说，通过设置对应的训练矢量为权矢量，

并将概率密度函数的核密度估计量放到 PNN，不管训练矢量和分类之间具有多么复杂的关系，PNN 能够保证收敛到贝叶斯分类器。传统 PNN 对所有高斯核函数都采用统一的 σ 值，使传统 PNN 具有构造容易、训练一次完成的优点。

当 PNN 被用来进行损伤定位时，输入层中的输入矢量 X 由 p 个模态参数组成。在模式层中，有 s 个模式类，每一类代表一个可能损伤的位置，每一个模式类有自己的模式样本。通过结构的有限元精细模型分析计算每一个模式类的模态参数，为了考虑测量误差等因索的影响，对每一模式类，在分析模态参数的基础上再加上正态分布随机噪声，以形成一系列训练样本矢量，被随机噪声污染的分布及程度由周围条件引起的测量误差和结构不确定来决定。将所有被噪声污染的训练模式类矢量设置为输入层和模式层之间的权值，损伤定位的 PNN 就配置好了。如果 n_k 作为第 k 类的训练矢量个数，则模式层中神经元的总数是 $\sum_{k=1}^{s} n_k$，这里的 s 为模式类数，求和层有 s 个神经元，每个代表一类的概率密度。决策层与求和层相同，也有 s 个神经元，不过只有一个为 1，其余为 0。当将一个未知来源的、新的实测模式矢量（检验矢量）X 提供给神经网络时，求和层计算出检验矢量点每一模式类的概率密度估计值，具有最大概率密度函数的模式类暗示当前输入（检验）矢量的类别及损伤位置，决策层那种模式类的神经元输出为 1，其余输出为 0。

（2）自适应 PNN　PNN 产生贝叶斯分类是通过贝叶斯决策与 Parzen 窗口估计量结合起来的概率窗来表示的，因而高斯核函数的宽度参数的选择成为概率密度函数估计和损伤分类的一项重要工作。

传统 PNN 的高斯核函数中各个输入变量（测量空间的所有维数）使用一个宽度，这可能导致分类结果不准确和计算效率低下。自适应 PNN 对传统 PNN 的重要改进是，通过重复迭代的方法优化确定不同的测量空间维数选用不同的 σ 参数，因而它牺牲了传统 PNN 不需学习的特点，但却换来了较高的分类精度。

传统 PNN 的一个最大缺陷就是所有的参数具有同一个 σ 参数，使得各个输入变量对正确分类结果具有相同的影响和作用，不能真实地反映各个输入变量对正确分类结果的实际作用。由于 PNN 是基于检验矢量和训练矢量之间的距离来完成分类的，所以 σ 参数越大，其对分类结果的影响越小，这样 σ 参数就可以用来反映各个输入变量的重要程度了。自适应 PNN 被设计成每一个输入变量具有不同的 σ 参数，每一个 σ 参数以优化的方式得到使其成为某个参数相对重要性的一种度量。因此，应该选用一个应用更普遍的距离函数，下式用来计算检验矢量与第 q 类训练矢量 X_{qi} 之间带权值的欧几里得距离

$$D(X,X_{qi}) = \sum_{j=1}^{p}\left[\frac{X_j - X_{qi}(j)}{\sigma_j}\right]^2 \tag{8-70}$$

则高斯核函数的概率密度估计值为

$$f_q(X) = \frac{1}{n_q}\sum_{i=1}^{n_q}\exp[-D(X,X_{qi})] \tag{8-71}$$

给出训练矢量和输入矢量的 σ 参数集，可以通过式（8-71）计算出检验点每一类的概率密度估计值。为了确定优化的 σ 参数，一个连续的能够计算导数的优化误差标准取为

$$e_q(X) = [1 - b_q(X)]^2 + \sum_{j\neq q}[b_j(X)]^2 \tag{8-72}$$

这里贝叶斯可信度 $b_q(X)$ 通过下式得到

$$b_q(X)=\frac{h_q(X)}{\upsilon(X)} \tag{8-73}$$

$$\upsilon(X)=\sum_{q=1}^{s}h_q(X) \tag{8-74}$$

$$h_q(X)=\sum_{i=1}^{n_q}\delta_q(i)\exp[-D(X,X_{qi})] \tag{8-75}$$

$$\delta_q(i)=\begin{cases}1 & (i\in q\text{ 类})\\0 & (i\notin q\text{ 类})\end{cases} \tag{8-76}$$

优化 σ 参数可以通过传统的优化方法如梯度下降法等技术得到，Tian 等人分别采用最小分类误差和最大似然估计的学习方法来寻找最优的 σ 参数集，并用两种学习算法优化后的 PNN 对卫星云图数据进行了分类识别。这些优化方法都需要优化标准函数关于 σ 参数的导数，这要求优化标准函数连续可导，但有些优化标准函数求导比较复杂，且容易导致局部最优解。基于这些原因，采用遗传算法（GA）来优化自适应 PNN 的 σ 参数，用 GA 进行参数优化具有两个优点：① 不需对优化标准函数求导数；② 能够减少收敛到局部最优解的机会。因此，在商业软件 Neuroshell Classifier 中，用遗传算法来优化自适应 PNN 的 σ 参数。遗传算法经过选择、复制、交叉、变异等过程，检验 σ 参数，直到找到一组最优的 σ 参数集，使训练数据中的分类正确率最高。

自适应 PNN 不仅极大地提高了损伤定位分类的精度，还可以用来进行特征向量选择与简化，但不足的是增加了训练时间。

5. 损伤程度评估

神经网络的损伤检测方法中，通常在单一阶段的方法中就可以将结构的损伤位置和损伤程度识别出来。由于神经网络在预报损伤程度时，常用不同损伤程度的样本来训练神经网络，当可能有很多损伤位置时，单一阶段的方法可能拥有巨大的训练样本，而基于神经网络的多级结构损伤监测方法在对损伤位置及损伤程度进行检测时可以避免这个问题。如果损伤定位阶段所用神经网络模型是 BP 神经网络，那么在损伤程度评估阶段的神经网络模型可以与前一阶段（损伤定位阶段）神经网络模型相同。由于损伤定位阶段对损伤位置已经识别出来了，可以在不同损伤位置增加不同损伤程度的样本，用来重复训练前一阶段训练过的 BP 神经网络。

为了保证神经网络具有良好的泛化能力，在异常检测阶段应先完成模态灵敏度分析。此外，可以将结构的诊断特性与局部损伤或无损伤检测方法结合起来，建立一些与结构构件强度有关的特征参数，再用神经网络来进行结构构件强度或承载力的评估与预报。

第9章 土木工程测试应用实例

9.1 基于进化神经网络的火灾模拟试验实例

1. 试验方法

本试验共设计了150mm×150mm×150mm的立方体试块108个，集料分别采用湖南省建筑施工中常用的两种材料——碎石和碎卵石，其中碎石为石灰石，碎卵石由湘江卵石加工而成，最大粒径小于20mm。实测标准立方体试块28d抗压强度：碎石集料为52MPa；碎卵石集料为60.6MPa。

集料为碎石的试件共54块，水泥采用湘乡水泥厂的普通硅酸盐42.5级水泥，长×宽×高=150mm×150mm×150mm，配合比见表9-1。

表9-1 集料为碎石的试件配合比 （单位：kg/m^3）

水泥	砂	碎石	水
400	600	1200	170

中砂、碎卵石的直径为5~20mm，集料为碎卵石的试件共54块，试件配合比见表9-2。

表9-2 集料为碎卵石的试件配合比 （单位：kg/m^3）

水泥	砂	碎卵石	水
400	560	1250	170

试件受火温度分别为300℃、500℃、700℃和900℃。高温后试件的冷却方式分为自然冷却和喷水冷却两种，整个试验在中南大学火灾试验室完成，试件采用湖南煤勘电炉厂生产的型号为SX-12-12的箱形电阻炉加温，加热室大小为500mm×300mm×200mm，最高加热温度达1200℃。对试件进行热处理时，先将温度调至指定温度，当温度达到时电炉自动恒温，恒温时间分为1h、2h。

本试验中试件的喷水冷却，是指当试件在炉中达到指定温度，恒温指定时间后，从炉中取出，立即用自来水喷射，直到表面温度降至70℃以下。自然冷却的试件，则是从炉中取出，置于室外干燥通风处使其内外温度自然冷却。热处理后的试件放置约一周后，进行超声回弹试验。

用回弹法检测混凝土强度，每一测区取16个回弹值。从各测区的16个回弹值中剔除3个最大值和3个最小值，然后将余下的10个回弹值按下式计算

$$R_m = \frac{\sum_{i=1}^{n} R_i}{10} \tag{9-1}$$

式中 R_m——测区平均回弹值，精确至0.1；

R_i——为第 i 个测点的回弹值。

用回弹法共测得不同集料、温度、恒温时间及冷却方式共测得80组样本数据，其中取70组样本用于RBF网络的学习训练，10组样本用于测试。

2. RBF算法实现

为了加快求解速度，遗传算法的搜索空间局限在训练输入集内而不是在整个实数空间 R^n 中搜索。在这种简化下，确定RBFNN结构和参数的问题就转化为如何从 N 个元素的训练输入集中选择 n_c 相异元素构成的子集以满足一定的性能指标。把输入数据 X_i 编号（$i=1$，2，…，N），把RBFNN编码为变长度的整数串，长度变动范围为［1，N］，见表9-3。

表9-3 变长度整数串

4	44	16	22

表9-3为具有4个隐层节点，中心 $C_1=X_4$，$C_2=X_{44}$，$C_3=X_{16}$，$C_4=X_{22}$ 的RBFNN，因为网络中相同的中心不能提高网络的逼近能力，所以每个子串只能由相异整数构成。

若RBFNN的 C_i 已知，则可通过对最接近 C_i 的 l 个中心求平均值得到宽度，即令

$$\sigma_i = (1/\sqrt{2})\left[(1/l)\sum_{j=1}^{l}\|C_j - C_i\|^2\right]^{1/2} \tag{9-2}$$

如果 C_i，n_c 和 σ_i 已知，则连接权值 W 很容易用最小二乘法（LS）求得，所以用遗传算法搜索最优或次优的 c_i 和 n_c，就可以得到具有最优或次优网络结构和网络参数的RBFNN模型。具体算法如下：

1）随机选择 P 个染色体 b_i（$i=1$，2，…，P）作为种群初始化，每个染色体代表一个网络和其中心位置。

2）对每个染色体解码，计算每个染色体 b_i 的适应度值 f_i 和 σ_i，且计算从隐含层结点到输出结点的连接权重 W，设进化代数为 N_g，从 $g=0$ 开始计数，到 $g=N_g$ 为止。

3）按其适应度值计算复制概率。

4）设初始计数 $k=1$，把上述遗传因子用来创造子代：① 利用复制概率选出个体，两两配对；② 利用交叉概率 P_c，对两个双亲串进行交叉，创造出两个新的染色体；③ 利用变异概率 p_m 对子代进行变异操作；④ 以给定的概率对两个子代个体进行删除和添加操作；⑤ 对两个个体解码，根据式（9-2）计算 σ_i，用LS方法计算从隐含层到输出层的连接权值，计算它们的适应度 $f(b_i)$（$i=1$，2，…，P）；⑥ 比较子代个体和父代个体的适应度，取两个最好的个体保留下来；⑦ $k=k+2$，如果 $k>P$，则转到5），否则返回①。

5）$g=g+1$，若 $g>N_g$，停止；否则，返回3）。

3. 仿真结果分析

取温度、恒温时间、集料、冷却方式作为RBF的输入，其中集料和冷却方式要进行标准化处理：自然冷却用0表示，喷水冷却用1表示；集料为碎石用0表示，集料为碎卵石均用1表示；混凝土的抗压强度作为输出。

（1）GARBFNN的评估结果与线性回归计算结果的对比　高温后混凝土强度，GARBFNN的评估结果与线性回归计算结果的对比分析结果如表9-4所示。其中试验值（R_e）、GARBFNN评估值（R_g）与回归计算值 R_c 单位均为MPa。对 R_g 和 R_c 分别与 R_e 进行

线性回归分析，其分析结果分别如图9-1、图9-2所示。

表9-4 GARBF评估值与计算值比较

测试样本	温度/℃	恒温时间/h	冷却方式	集料	Re/MPa	Rg/MPa	Rc/MPa
1	300	2	自然冷却	碎石	49.3	45.82	45.54
2	500	2	喷水冷却	碎石	38.7	35.87	35.97
3	900	2	喷水冷却	碎石	10	11.24	9.99
4	700	1	自然冷却	碎石	22.2	22.86	19.95
5	500	2	自然冷却	碎卵石	39.1	41.95	37.08
6	700	2	喷水冷却	碎卵石	30.0	25.68	24.41
7	300	1	自然冷却	碎卵石	53.5	49.93	51.35
8	900	1	自然冷却	碎卵石	7.8	7.91	7.63

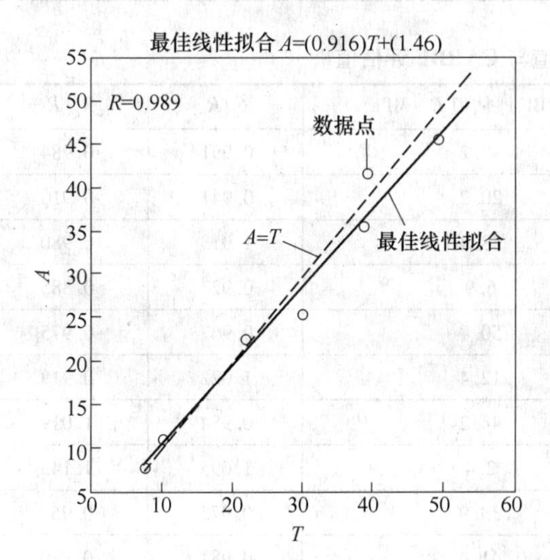

图9-1 GARBFNN仿真结果与试验值线性回归分析结果

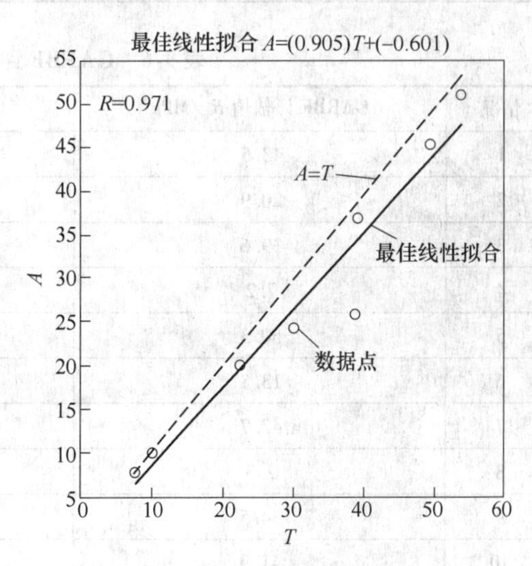

图9-2 回归计算值与试验值线性回归分析结果

从表9-4和图9-1、图9-2得到：回归方程方法的强度平均相对误差 $\delta=7.76\%$，相对标准差 $e_r=10.91\%$，相关系数为0.971；GARBFNN方法的强度平均相对误差 $\delta=7.44\%$，相对标准差 $e_r=9.49\%$，相关系数为0.989。根据《“超声－回弹”综合法检测混凝土强度技术规程》中规定地区或专用测强曲线的强度相对标准误差规定如下：地区测强曲线：相对标准误差 $e_r\leqslant14.0\%$；专用测强曲线：相对标准误差 $e_r\leqslant12.0\%$。因此，这两种方法均满足要求，而神经网络方法中的平均相对误差 δ 和相对标准差 e_r 均比回归方法计算值小，因此神经网络方法比线性回归方法具有更高的精度。

（2）GARBF评估值与CARBF评估值对比 用遗传算法（GA-Genetic Algorithm）对其网络结构和参数进行优化，与常规的聚类算法（CA-Clustering Arithmetic）优化进行比较。在MATLAB环境下，通过编写程序，完成网络的训练及评估。用回弹法测得用于测试的样本数据（见表9-5），高温后对混凝土强度的GARBF神经网络评估值与CARBF神经网络评估值的比较（见表9-6）（R_g，R_c，R_e 单位均为MPa）。

表 9-5 回弹法测得的抗压强度值

测试样本	温度/℃	恒温时间/h	冷却方式	集料	回弹测试值/MPa
1	300	2	喷水冷却	碎石	43.9
2	700	1	自然冷却	碎石	22.2
3	500	2	自然冷却	碎卵石	39.1
4	900	1	自然冷却	碎卵石	7.8
5	20	3	喷水冷却	碎石	52
6	700	3	自然冷却	碎石	13.5
7	300	4	喷水冷却	碎石	43.4
8	900	4	喷水冷却	碎卵石	2.1
9	500	3	自然冷却	碎卵石	35.4
10	300	1	喷水冷却	碎卵石	42.7

表 9-6 GARBF 评估值与 CARBF 评估值

情况	GARBF 评估值 R_g/MPa	CARBF 评估值 R_c/MPa	R_g/R_e	R_c/R_e
1	43.5	43.2	0.991	0.984
2	20.9	20.2	0.941	0.910
3	39.6	38.3	1.013	0.980
4	7.2	6.9	0.923	0.885
5	50.3	50.7	0.967	0.975
6	13.8	12.4	1.022	0.919
7	42.7	44.2	0.984	1.019
8	2.3	2.4	1.095	1.143
9	34.5	33.9	0.975	0.958
10	41.9	41.4	0.981	0.970

由表 9-6 可知，基于 GARBF 网络较 CARBF 网络评估结果精度高，其中 R_g/R_e 的平均值为 0.989，标准方差为 0.0475；R_c/R_e 的平均值为 0.974，标准方差为 0.0715。基于 GARBF 网络最大相对误差为 4.5%，CARBF 网络最大相对误差为 8.3%。

9.2 桥梁测试实例

9.2.1 桥梁静态与动态检测实例

工程概况：某框架桥跨度为 19.20m（净跨为 16.0m），宽为 4.3m，检修道宽为 1.05m。采用钢筋混凝土结构，现场浇筑施工，框架两端上部采用耳台挡土与路基相连，下端利用既有河道两侧挡墙，框身主体以下采用钢筋混凝土承台加钻孔桩。

1. 静态检测

（1）静态检测目的

1）验证设计理论和计算方法。

2）检测施工质量，判断结构的强度和刚度是否满足设计和规范要求。

3）检验结构的承载能力及其工作状态。

4）检验结构的整体受力性能。

（2）静载检测项目　根据结构的特点，检测项目主要有：

1）跨中界面最大正弯矩作用下的挠度及应力状态。

2）两侧墙中截面最大负弯矩作用下的截面应力。

3）两侧墙1/4截面最大负弯矩作用下的截面应力。

4）两侧墙顶截面最大负弯矩作用下的截面应力。

5）1/4跨截面最大正弯矩作用下的挠度及应力状态。

6）裂缝的出现及扩展情况。

（3）测点布置

1）应变测点布置及检测。在框架桥梁底部$L/4$、$L/2$处沿横截面各布置3个测点，在试验框架侧墙$H/4$、$H/2$、$3H/4$处沿中轴线各布置2个测点，测点布置如图9-3所示。静应变检测采用东华3816静态应变仪。

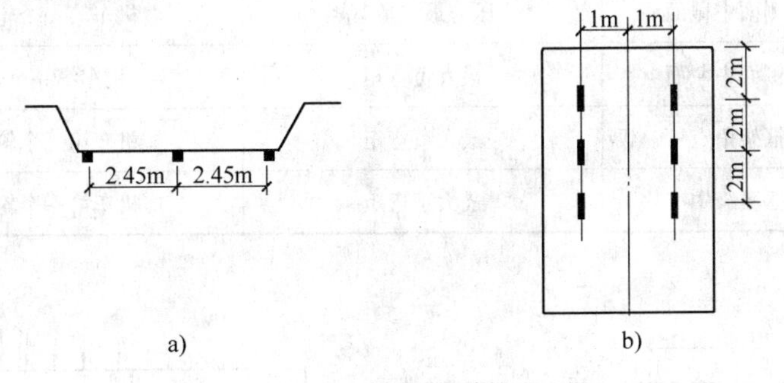

图9-3　应变测点布置示意图

a）框架顶底面$L/2$、$L/4$截面应变测点布置示意图

b）框架侧墙横截面应变测点布置

注："■"应变测点　　"▌"应变测点

2）挠度测点布置及检测。在框架桥跨$L/4$、$L/2$、$3L/4$处及两端截面布置10个挠度测点，左右两侧对称布置，测点布置如图9-4所示。挠度检测采用高精密水准仪，检测时须找到不受荷载影响的稳定后视点。检测荷载达到最大时，测试各点静挠度，以便绘出相应的挠度曲线。此项工作主要为评判桥梁的竖向刚度提供依据，同时还可监测各支点的沉降。

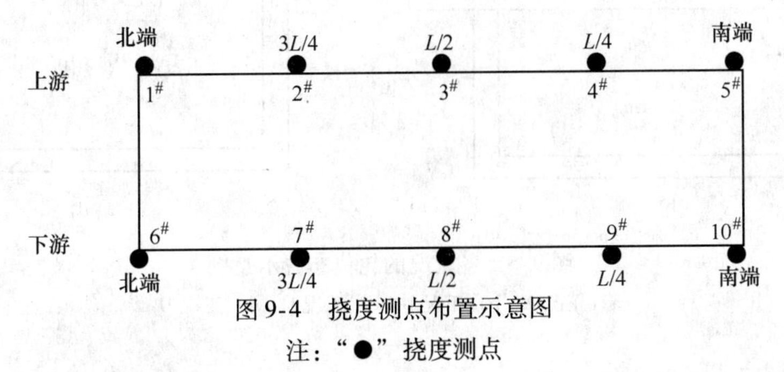

图9-4　挠度测点布置示意图

注："●"挠度测点

3）裂缝观测及检测。该桥为普通钢筋混凝土桥，检测过程中及加载后，需对梁体控制截面进行裂缝的详细观测，包括裂缝的出现及扩展情况。若出现裂缝，则采用20倍的刻度放大镜或临时安装千分表进行裂缝宽度检测。

4）检测荷载及检测工况。检测荷载采用东风7型牵引机车进行加载，机车参数如图9-5所示。根据理论分析，该框架桥共进行4个静载检测工况见表9-7。采用东风7型牵引机车加载时，各工况的轮位布置如图9-6所示。

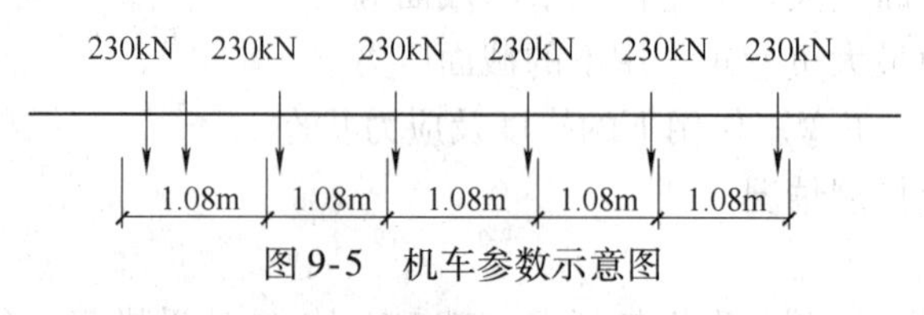

图9-5 机车参数示意图

表9-7 静载检测工况表

工况编号	控制截面	控制元素	轮位布置
A	左侧面中截面	土压力最大负弯矩	机车第一个轮对距离跨中9.1m
B	左侧面中截面	最大负弯矩	机车第一个轮对距跨中0.9m
C	框架角点	最大负弯矩	机车第一个轮对距离跨中1.8m
D	框涵跨中	最大正弯矩	机车第一个轮对距离跨中3.8m

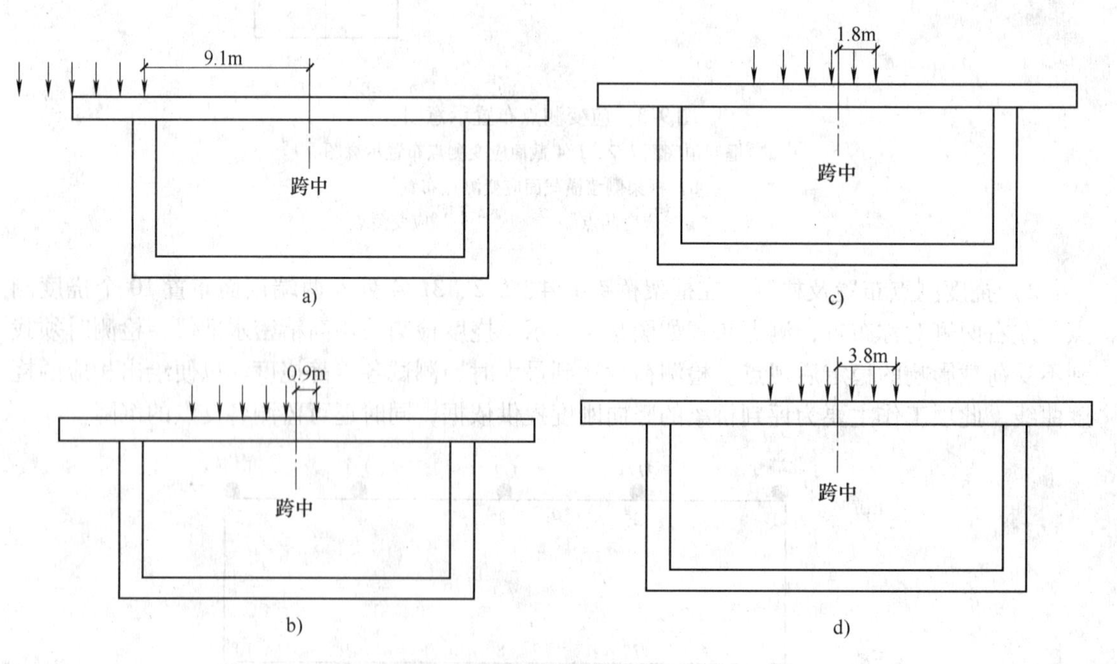

图9-6 各工况的轮位布置示意图

a）工况A b）工况B c）工况C d）工况D

5）检测程序。静载检测按预加载→正式加载→卸载的程序进行。预加载的目的是使结构进入正常工作状态，消除结构的非弹性变形，同时也可检验仪器设备工作是否正常和人员组成是否完善。加载和卸载的持续时间以结构的变形达到稳定为原则，同时考虑温度变化对检测造成的影响，一般为15min，且加载车辆就位后需关闭发动机。加载完毕，读数完成后，卸去桥上所有检测荷载，让结构变形恢复约30min，再读一次数作为结构的残余变形值。

6）静载检测结果。四种工况测得的最大拉应变在框架顶$L/2$处，为$63\mu\varepsilon$，最大压应变在框架墙壁$L/4$处，为$-35\mu\varepsilon$，故该框架桥在四种最不利工况作用下混凝土所受的拉压应力都很小，强度检测结果满足规范要求。挠度检测的荷载-挠度曲线如图9-7～图9-14所示。四种工况测得的最大挠度在框架顶$L/4$处，为5.0mm，刚度检测结果满足规范要求。各种加载工况作用下，框架桥均未出现裂缝。

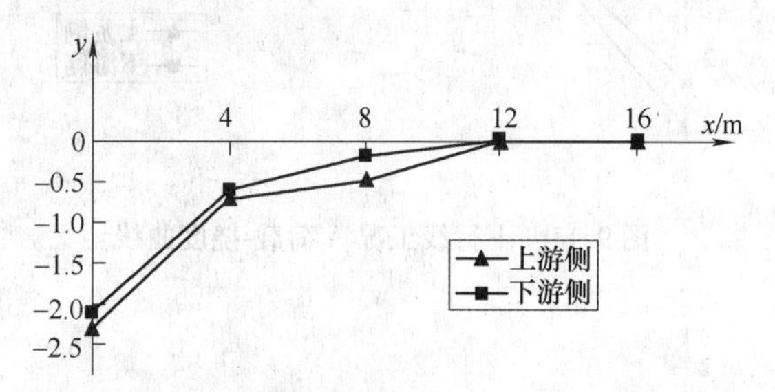

图9-7　上行线工况A荷载-挠度曲线

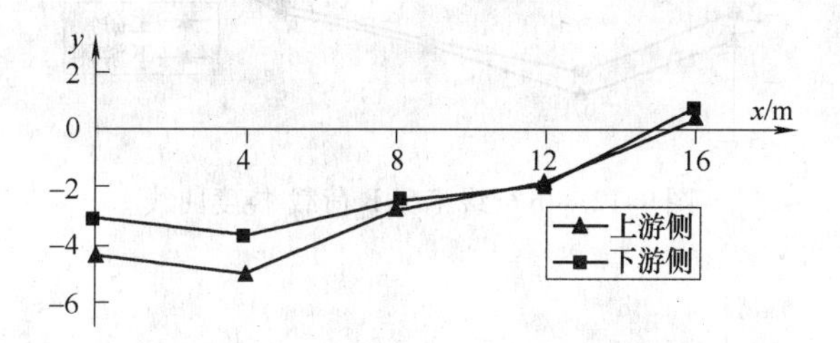

图9-8　上行线工况B荷载-挠度曲线

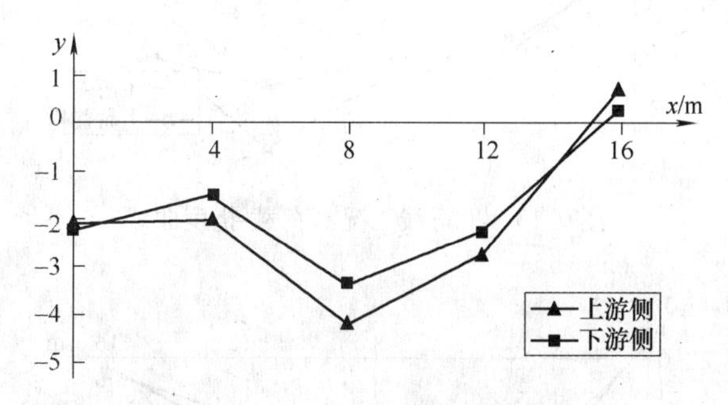

图9-9　上行线工况C荷载-挠度曲线

2. 动态检测

（1）动载检测目的　列车通过桥梁时，检测桥梁结构的动力性能，对桥梁结构的动力性能进行正确的评估。

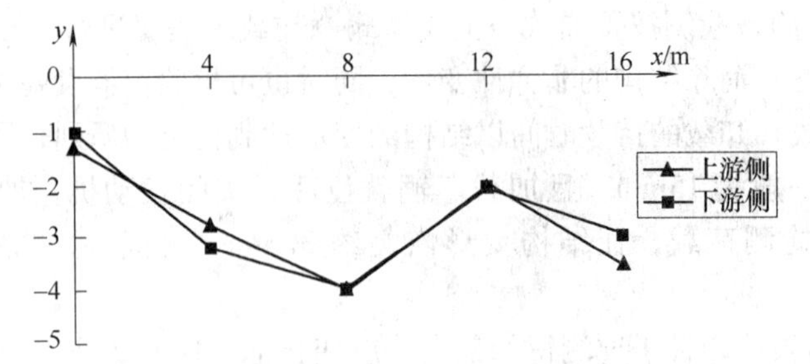

图 9-10 上行线工况 D 荷载-挠度曲线

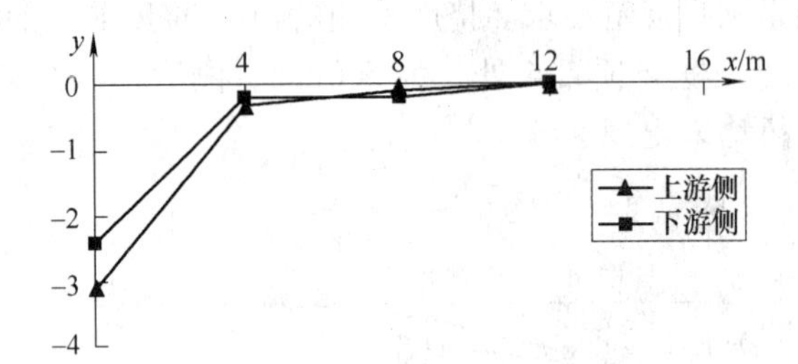

图 9-11 下行线工况 A 荷载-挠度曲线

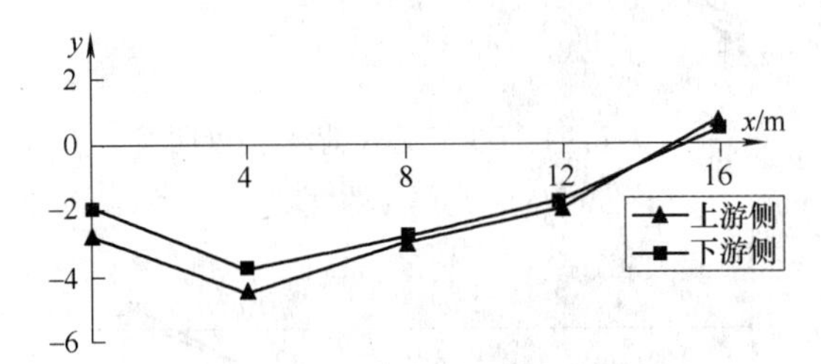

图 9-12 下行线工况 B 荷载-挠度曲线

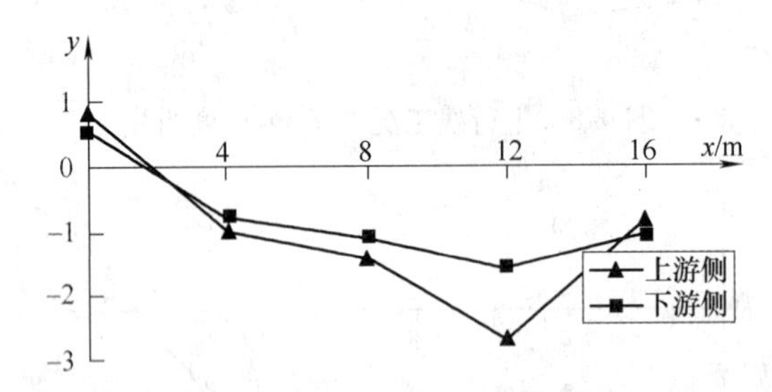

图 9-13 下行线工况 C 荷载-挠度曲线

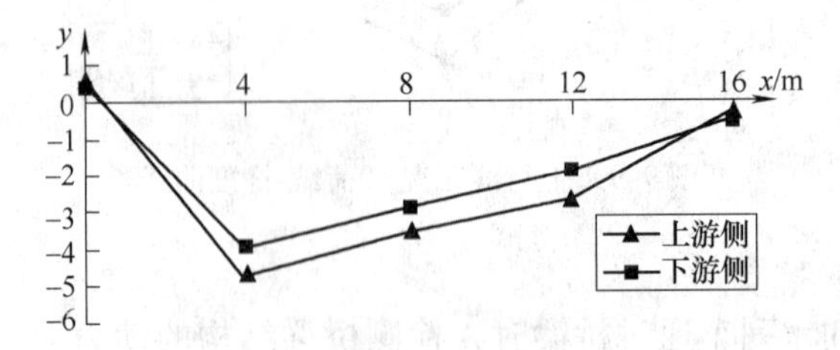

图 9-14 下行线工况 D 荷载-挠度曲线

(2) 检测荷载及运行

1) 检测荷载。根据《铁路桥涵设计基本规范》，采用铁路标准荷载，即“中－活载”。由于该框架桥只有一跨（跨度为19.2m)，故检测荷载采用一台东风7型牵引机车。

2) 检测机车的运行。检测机车通过桥梁时，运行速度采用如下速度：5km/h、20km/h、30km/h、40km/h、50km/h，每个速度运行三次，取得相同条件下的3次有效检测数据。

(3) 检测内容及方法

1) 桥上轨道垂直力、水平力检测。对于桥上轨道垂直力和水平力，采用剪力法对跨中断面进行测试，轨道水平力与垂直力检测原理如图9-15所示，测点布置如图9-16所示，并在轨道上布置速度点。

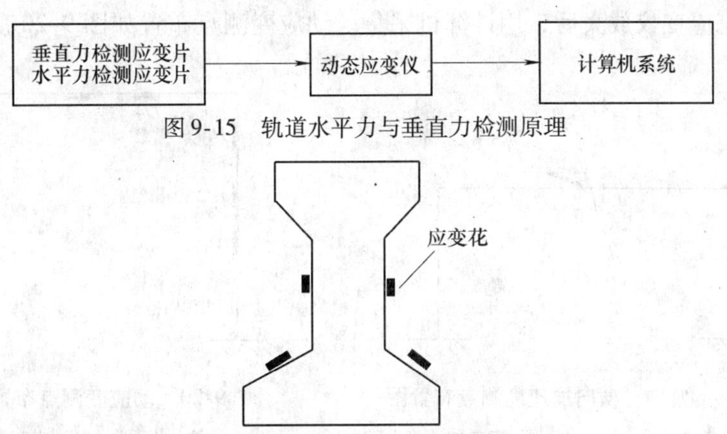

图9-15　轨道水平力与垂直力检测原理

图9-16　水平力及垂直力的测点布置示意图

2) 桥梁的自振频率检测。桥梁的自振频率采用脉动法检测。大地脉动信号采用哈尔滨工程力学研究所生产的941型拾振器拾取，经941放大器放大后，用INV306D大容量数据采集和处理系统采集。为验证检测结果的可靠性，采用车桥振动余波分析法校核。自振频率检测原理如图9-17所示，测点布置如图9-18所示。

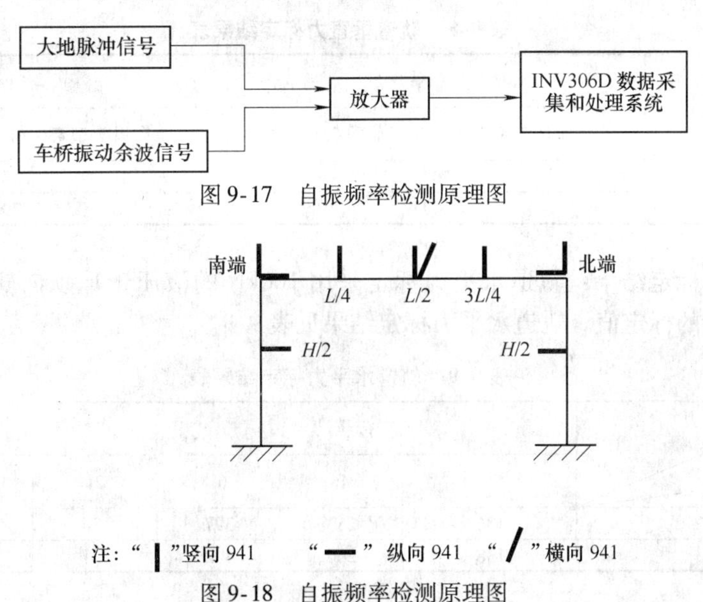

图9-17　自振频率检测原理图

图9-18　自振频率检测原理图

3）桥梁的竖向、横向、纵向振幅检测。桥梁的竖向、横向、纵向振幅采用车桥振动方法获得。采用941型拾振器拾取桥梁的竖向、横向、纵向振动信号，经941放大器放大后，由INV306D大容量数据采集和处理系统采集。检测原理同自振频率检测，测点布置同自振频率检测的测点布置图。

4）桥梁的竖向、横向加速度检测。桥梁的竖向、横向加速度采用车桥振动方法获得。采用YD36加速度传感器拾取桥梁的竖向、横向振动信号，经YD36加速度放大器放大后，由INV306D大容量数据采集和处理系统采集。检测原理同自振频率检测，测点布置如图9-19所示。

5）桥梁的动应变检测。桥梁的动应变采用车桥振动方法获得。用胶基应变片拾取动应变信号，经动态应变仪放大后，用计算机采集。动应变测点布置如图9-20所示（每个截面两个测点）。

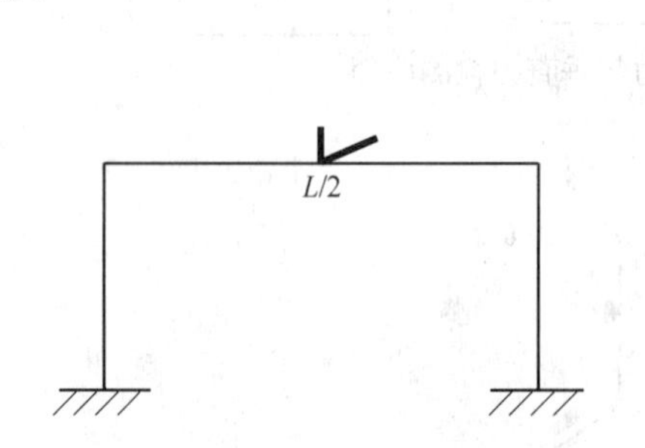

图9-19 竖向、横向加速度测点布置图

注："▎"竖向加速度YD36"／"横向加速度YD36

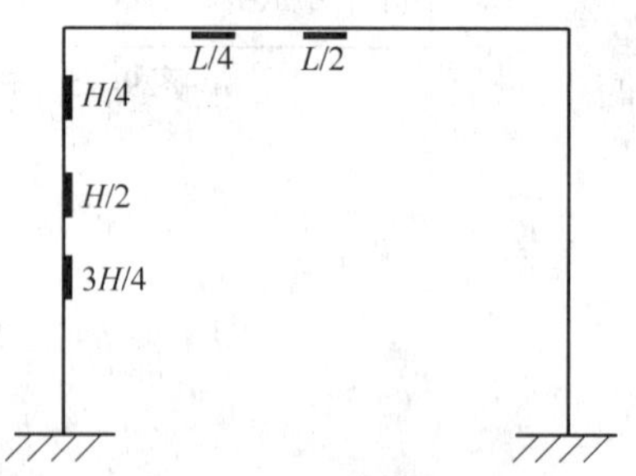

图9-20 动应变测点布置示意图

注："━"、"▎"应变测点

（4）检测结果

1）桥上轨道垂直力、水平力检测结果。轨道垂直力标定结果：轨道垂直力标定采用一台东风7型牵引机车以5km/h的速度通过桥梁，获得轨道垂直力的标定值。轨道垂直力标定结果见表9-8。

表9-8 轨道垂直力标定结果表

力 / 应变/με / 位置	上行线	下行线
	东风7型牵引机车（轴重23t）	东风7型牵引机车（轴重23t）
内轨	287	293
外轨	269	279

轨道水平力标定结果：轨道水平力标定采用100kN的液压千斤顶向轨道施加水平力，获得轨道水平力的标定值。轨道水平力标定结果见表9-9。

表9-9 轨道水平力标定结果表

力 / 应变/με / 位置	上行线			下行线		
	2t	4t	6t	2t	4t	6t
内轨	136	257	397	134	253	395
外轨	138	266	402	137	259	401

机车脱轨系数检测结果：机车脱轨系数检测结果见表9-10。由表9-10可知，随着机车运行速度的增加，机车脱轨系数也相应增大。实测最大脱轨系数的最大值为0.617，机车的运行速度50km/h，脱轨系数检测结果满足规范要求（安全限值1.2）。

表9-10 机车脱轨系数检测结果表

上行线			下行线			安全限值
车速/(km/h)	实测最大脱轨系数	轮位	车速/(km/h)	实测最大脱轨系数	轮位	
20	0.335	1	23	0.312	2	1.2
20	0.343	2	23	0.307	1	
20	0.338	1	23	0.313	3	
35	0.415	3	30	0.398	2	
40	0.427	2	32	0.378	1	
40	0.433	2	32	0.351	3	
47	0.578	1	39	0.427	2	
50	0.612	1	39	0.431	2	
50	0.617	3	40	0.433	1	

机车轮重减载率检测结果：机车轮重减载率检测结果见表9-11。由表9-11可知，随着机车运行速度的增加，机车轮重减载率也相应增大，实测最大轮重减载率的最大值为0.417，机车的运行速度50km/h，轮重减载率检测结果满足规范要求（安全限值0.65）。

表9-11 机车轮重减载率检测结果表

上行			下行			安全限值
车速/(km/h)	实测最大减载率	轮位	车速/(km/h)	实测最大减载率	轮位	
20	0.241	2	23	0.251	3	0.65
20	0.247	2	23	0.257	2	
20	0.250	3	23	0.249	3	
35	0.312	1	30	0.289	1	
40	0.361	3	32	0.293	3	
40	0.365	2	32	0.295	2	
47	0.415	2	39	0.343	1	
50	0.417	3	39	0.345	1	
50	0.398	3	40	0.362	2	

2）桥梁的自振频率检测结果。采用脉动法测得该框架桥的一阶自振频率为10.34Hz，二阶自振频率为12.26Hz。余波分析法测得该框架桥的横向自振频率为12.74Hz，竖向自振频率（一阶自振频率）为10.49Hz。两种方法实测的一阶自振频率吻合较好，说明测试结果可靠。余波分析法实测该框架桥的横向自振频率为12.74Hz，满足规范要求$\left(f<\frac{90}{L}=5.5\text{Hz}\right)$。

3）桥梁的竖向、横向、纵向振幅检测结果。桥梁的竖向、横向、纵向振幅检测结果，实测最大竖向振幅在框架顶1/2处为1.121mm，机车的运行速度50km/h。实测最大横向振幅在框架顶1/2处为0.433mm，机车的运行速度40 km/h，实测最大纵向振幅在北支座处为0.596mm，机车的运行速度23km/h。横向振幅检测结果满足规范要求（规范 $< L/9000 = 1.8\text{mm}$）。

4）桥梁的竖向、横向加速度检测结果。桥梁的竖向、横向加速度检测结果，实测最大竖向加速度在框架顶 $L/2$ 处为 0.698m/s^2，机车的运行速度40km/h。实测最大横向振幅在框架顶1/2处为 0.228m/s^2，机车的运行速度23km/h，横向加速度检测结果满足规范要求。(规范 $< 1.4\text{m/s}^2$)

5）桥梁的动应变检测结果。桥梁的动应变检测结果，实测最大拉应变在框架顶 $L/2$ 处为 $100\mu\varepsilon$，机车的运行速度30km/h、32km/h，最大压应变在框架壁 $L/4$ 处为 $-81\mu\varepsilon$，机车的运行速度20km/h。

以上检测结果说明：该桥的强度、刚度、自振频率、横向振幅、横向加速度、脱轨系数、轮重减载率均满足规范要求，故在“中-活载”作用下，该桥处于安全运营状态。

9.2.2 特大桥高墩成桥检测实例

工程概况：某特大桥是洛湛铁路DK435+839里程处单线铁路桥梁，上部结构形式为后张法32m预应力钢筋混凝土简支梁，下部结构形式为混凝土矩形空心桥墩。桥跨形式为16m×32m，桥全长534.20m，桥址位于丘陵地段，沟谷幽深，两边为坡地，植被以林地夹杂灌木为主，相对高差100m。设计基础为钻孔桩基础，2#~8#桥墩混凝土矩形空心墩，其他10个墩台为实心墩台。

试验对象为该桥5#和6#混凝土矩形墩，检测段桥梁概貌如图9-21所示。

图9-21 检测段桥梁概貌

检测方法：

（1）试验目的 通过对该特大桥5#和6#墩进行静、动载测试，结合理论分析成果，对试验数据整理分析，校验结构的静力、动力性能。

（2）试验方法 为提高荷载效应，静、动载试验荷载采用双机联挂+车辆编组（《铁路桥梁检定规范》第11.3.7条）。

（3）试验内容

1）静载试验：墩顶最大支反力和墩底最大弯矩最不利加载工况下的梁体变形和墩顶位移观测。

2）试验跨梁体竖向、横向振幅与基频，高墩墩顶横向、竖向振幅。

3）高墩墩身混凝土回弹试验。

1. 外观及混凝土强度检测

（1）外观检测　在该特大进行静动载试验期间，对该桥试验跨高墩控制截面几何尺寸、混凝土外观质量进行了详细检查，全桥外观整体良好（见图9-22），结构构件外观符合设计要求，具体如下：该桥梁体、高墩部分几何尺寸满足设计要求，桥墩检查设备完全；梁体与下部高墩混凝土整体质量良好，未发现裂纹，蜂窝、麻面现象；支座为圆柱面钢支座，防护设施完备。

a)

b)

图9-22　外观检查照片

a）整体外观照片　b）支座防护措施

（2）混凝土强度检测　依据 JTJ/T 23—2011《回弹法检测混凝土抗压强度技术规程》规定，在该特大桥高墩成桥试验过程中，在检测跨的5#和6#墩上各选取了十个测区，采用混凝土回弹仪对测区内混凝土进行强度测试。

利用ZC3-A型回弹仪，对各测区混凝土弹击16个点，计算平均回弹值时，从16个回弹值中剔除3个最大值和3个最小值，然后用余下的10个回弹值计算算术平均值

$$\overline{N} = \sum_{i=1}^{10} \frac{N_i}{10} \tag{9-3}$$

测试时，相邻两测区的间距应控制在2m以内，测区里构件端部或施工缝边缘的距离不宜大于0.5m，且不宜小于0.2m。相邻两测点的间距一般不小于20mm。

求出个测区的混凝土回弹值后，再将同一部位的各测区回弹值取平均值，得到各部位的回弹平均值。因本项目为新建桥成桥检测，混凝土炭化深度对混凝土强度检测工作影响很小，故本次混凝土强度检测工作不考虑混凝土炭化深度影响。

根据《铁路工程结构混凝土强度检测规程》，得到混凝土强度推定值$f_{cu,e}$。混凝土强度检测结果见表9-12。

表 9-12 混凝土强度检测结果

测区 \ 项目		平均回弹值 $\overline{N}$	平均炭化深度 d/mm	测区强度值 f_{cu}^{c}/MPa	强度最小值 $f_{cu,min}^{c}$/MPa	强度平均值 /MPa
测区一	1	37.6	0	36.7	36.5	37.4
	2	37.5	0	36.5		
	3	38.8	0	39.1		
测区二	1	40.3	0	42.2	36.5	39.7
	2	37.5	0	36.5		
	3	39.5	0	40.5		
测区三	1	38.1	0	37.7	37.7	38.2
	2	38.5	0	38.5		
	3	38.4	0	38.3		
测区四	1	39.8	0	41.2	39.3	40.5
	2	38.9	0	39.3		
	3	39.7	0	41.0		
测区五	1	38.9	0	39.3	39.3	41.5
	2	39.9	0	41.4		
	3	41.1	0	43.9		
测区六	1	37.8	0	37.1	37.1	38.9
	2	38.7	0	38.9		
	3	39.6	0	40.7		
测区七	1	37.8	0	37.1	37.1	39.5
	2	39.3	0	40.1		
	3	39.8	0	41.2		
测区八	1	39.9	0	41.4	39.1	40.5
	2	39.3	0	41.1		
	3	38.8	0	39.1		
测区九	1	39.2	0	39.9	37.7	39.7
	2	39.9	0	41.4		
	3	38.1	0	37.7		
测区十	1	39.4	0	40.3	40.3	40.9
	2	40.3	0	42.2		
	3	39.4	0	40.3		

梁体混凝土实测强度分别为 37.4MPa、39.7MPa、38.2MPa、40.5MPa、41.5MPa、38.9MPa、39.5MPa、40.5MPa、39.7MPa、40.9MPa，混凝土强度等级超过 C35，而设计值为 C25，经现场调查，高墩施工过程中桥墩浇筑混凝土采用的是 C30 混凝土，满足设计要求。

2. 静载试验

（1）主要测试内容为　对比分析 5#墩在墩顶最大支反力和墩底最大弯矩加载工况下梁体的变形状态，检验理论值与实测值效应；对比分析墩底最大弯矩加载工况下墩身不利截面的应力状态；观测各加载工况下的墩顶变位，并与理论计算值进行对比分析，评判墩顶纵向、横向弹性水平位移状态；观测活动支座端梁端位移，判别梁体纵向位移趋势。

（2）测点布置　在 5#和 6#墩间桥跨梁顶布置高程测点，布置位置分别为支点、1/4 截面、跨中和 3/4 截面位置处，用于静载试验中高程水准测量，计算加载工况梁体变形，对比评判梁体刚度，与理论挠度值进行校验，测点布置如图 9-23 所示。为了加强梁体变形对比分析数据采集精度，在梁端安装百分表，在各工况加载过程中，对梁端位移进行监控量测，用于增强梁体变形对比分析数据的可靠度，详细布置如图 9-24 和图 9-25 所示。

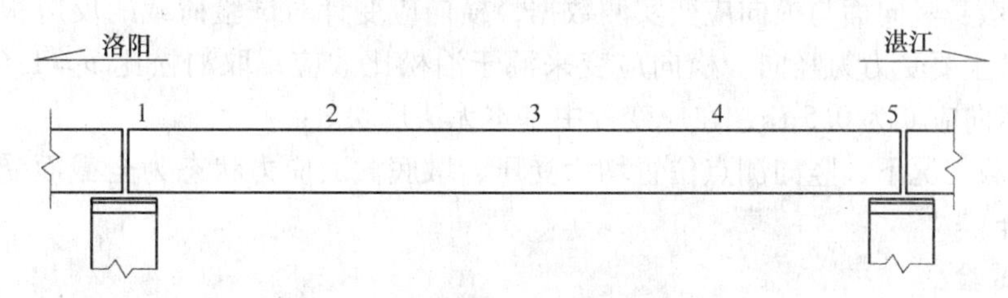

图 9-23　挠度测点布置图

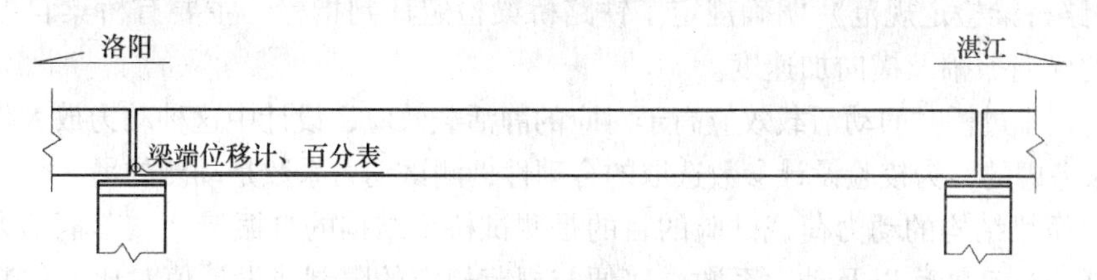

图 9-24　梁端位移测点布置图

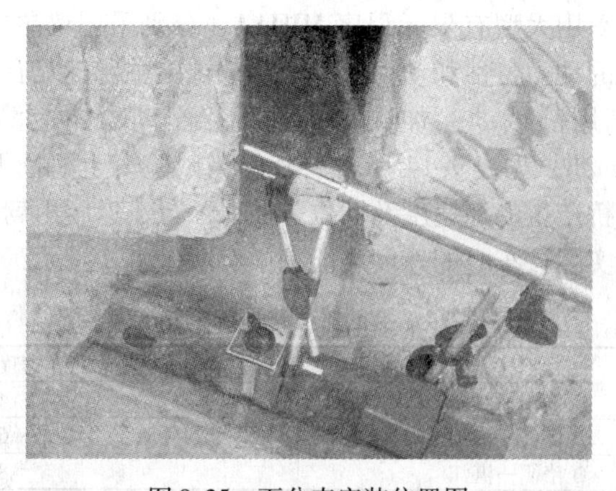

图 9-25　百分表安装位置图

（3）应变测点测试结果及分析　结合试验目的和方法，分别在5#墩距离墩底1.5m和0.85m的正面与侧面布置应变测点，采集各加载工况下墩底应变数据，相应数据见表9-13。

表9-13　静应变实测值与理论值

	测点	第一次加载	第二次加载		测点	第一次加载	第二次加载
工况一	横向	0	0	工况二	横向	0	0
	竖向	-1	-1		竖向	-2	-2
	斜向	0	0		斜向	0	0
理论值	-1.94			理论值	-2.95		
效率系数	0.52			效率系数	0.68		

通过对应变数据实测值与理论值的对比分析，表明：

1）各加载工况下，墩底截面应变变化量较小，结构反应较小，效率系数在0.52～0.68之间，由于应变值较小，测量误差增大。

2）实测值较理论值小，表明墩身实际刚度较理论模型大。

3）对比墩身竖向面与横向应变实测数据，横向应变计对试验荷载的反应很小，符合力学规律：墩身主要受力为竖向，横向应变来源于泊松比效应，取泊松比 $\nu=1/6$，$3\mu\varepsilon$ 竖向应变产生的横向应变为 $0.5\mu\varepsilon$，在应变计中基本无法反映。

4）各加载工况下，竖向测点位置均为受压，墩底截面应力状态为全截面受压，规律与理论计算吻合。

3. 动载试验

桥梁结构动力特性指标、车-桥振动反应特性等是评判结构整体刚度、运营状态的重要指标，《铁路桥梁检定规范》明确规定了铁路桥梁检定评判指标，主要有桥梁自振频率、列车过桥时的横向振幅及横向加速度。

另外，列车过桥时的动活载效应高于对应的静活载效应，设计中这种动力放大作用是采用动力系数来考虑的，为校验设计参数选取的合理性，测试动力系数是动测的另一个重要项目。

因此，桥梁结构的动力荷载试验的目的是测试桥梁结构的自振特性、车辆动力荷载与桥梁结构的联合振动特性以及动力系数，以便与规范规定的限制或设计值对比，评判结构的安全性和合理性。

本桥结构动力分析采用大型有限元程序MIDAA，分别采用梁单元等不同单元来建立理论模型，全面分析结构的动力特性和动力反应。动载试验主要工况有脉动、行车和制动等。

（1）测试方法　利用静载试验加载机车进行行车动力响应测试。行车速度分别为40km/h、60km/h、80km/h，见表9-14和表9-15。当试验车上桥前开始采样，通过桥梁后停止采样，记录机车过桥产生的加速度及动位移曲线。行车速度由驾驶员控制，由于车辆状况及驾驶员水平不一，实际行车时的速度可能稍微有所差别。

表9-14　拾振器位移档行车速度表

序　号	行车方向	行车速度/(km/h)
一	洛阳—湛江	40
二	湛江—洛阳	60
三	洛阳—湛江	80

表 9-15　拾振器加速度档行车速度表

序　号	行车方向	行车速度/(km/h)
一	洛阳—湛江	40
二	湛江—洛阳	60
三	洛阳—湛江	80

注：该线设计时速为 140km/h，因试验时尚未交线，按工程线运营最高时速为 40km/h，另外，C62 车辆最高允许速度为 80 km/h，因此行车试验采用的最高速度为 80km/h。

(2) 振动测试　以该桥 5#和 6#高墩为研究对象，振动测点的布置选在高墩墩顶位置及简支梁的跨中位置。具体振动测点布置如图 9-23 所示。振动测试采用哈尔滨工程力学研究所研制生产的 941B 型拾振器。

941B 型拾振器属于动圈往复式拾振器，即质量—弹簧（$m-k$）系统，有 4 个微型拨动开关。当微型拨动开关 1 接通时，动圈往复摆的运动微分方程为

$$m\ddot{x}+\beta\dot{x}+kx=-m\ddot{X} \tag{9-4}$$

式中　m——摆的运动部分质量；

$\ddot{x}$、$\dot{x}$、x——摆的加速度、速度和位移；

β——阻尼系数；

k——簧片的刚度；

$\ddot{X}$——地面运动的加速度。

此时，电圈回路电阻较小，故阻尼常数 $D>1$，拾振器的运动部分构成一速度摆，即摆的位移与地面运动的速度成正比，拾振器构成一加速度计，它的输出电压与地面运动的加速度成正比。

当微型拨动开关 2 或 3 或 4 接通时，摆的微分方程为

$$(m+M)\ddot{x}+\beta\dot{x}+kx=-m\ddot{X}$$

式中　M——并联电容后的当量质量。

此时，电圈回路电阻较大，故阻尼常数 $D<1$，当 $M\gg m$ 时，拾振器的输出电压与地面运动的速度成正比，构成一速度计。

拾振器用于测量位移（振幅）时，须借助于配套的放大器。放大器用于放大、积分、滤波和阻抗变换。它也有 4 档参数选择开关，其中档 1 和档 2 为直通档，档 3 和档 4 为积分档。使用时，当拾振器上的微型拨动开关 2 或 3 或 4 接通时，放大器参数选择开关置于档 3 或档 4 时，仪器输出位移参量。拾振器的测量方向有铅垂向和水平向。

振动测试时，加速度或位移振动信号由 941B 型拾振器拾取，经相应的放大器放大后，进入 INV306D 振动分析仪直接进行采集并记录，并可实时在计算机上观察采集的时程曲线。

(3) 动力系数测试　动力系数（又称冲击系数），是桥梁设计的重要技术参数，直接影响到桥梁设计的安全与经济性能，因此动力系数的测定非常重要。动力系数为结构的绝对最大动位移 y_d 与相应静位移 y_j 之比，或最大动应变 ε_d 与相应静应变 ε_j 之比，通常以测定结构的动位移 y_d 和动应变 ε_d 换算得到，计算式如下

$$1+\mu=\frac{\varepsilon_d}{\varepsilon_j}$$

因振弦式应变计响应时间较长，不宜测试动应变。动应变测试需另外布置电阻应变测点，电阻应变计主要布置在5#墩距墩底截面2m截面处，2个测点，均安装在空心墩内壁上。采用半桥温度补偿技术进行测试，动应变的数据采集采用DH5937动态测试系统进行。测点布置及仪器配套框图如图9-26和图9-27所示。

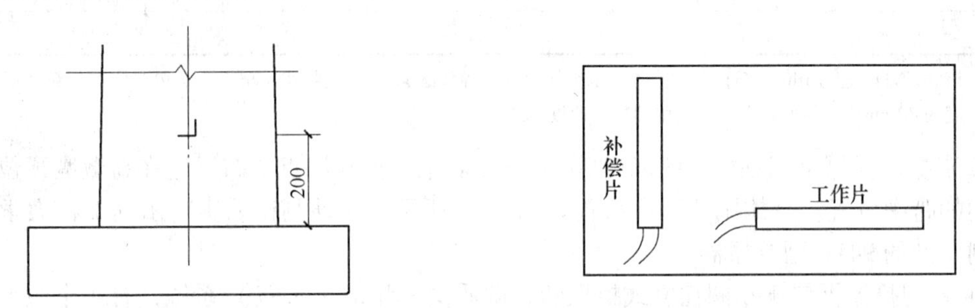

图9-26　动应变测点布置图及应变片粘贴方式

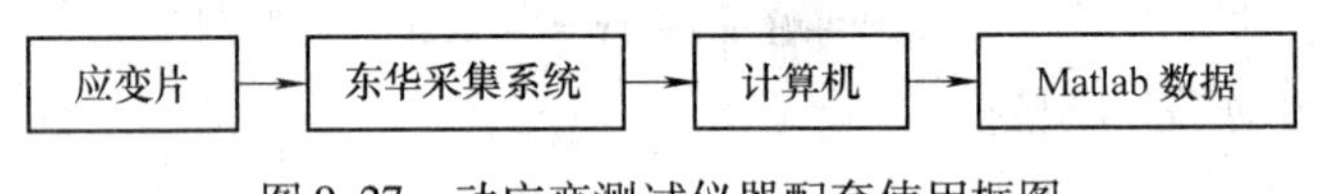

图9-27　动应变测试仪器配套使用框图

（4）测试结果　实测该桥在不同行车速度下的桥跨结构动位移响应及加速度响应结果分别列于表9-16和表9-17。

表9-16　行车动位移测试结果　（单位：mm）

测点位置		行车速度/(km/h)		
		40	60	80
竖向	5~6跨跨中（右）	0.4657	0.6032	0.6831
	5~6跨跨中（左）	0.4302	0.6423	0.6944
横向	5~6跨跨中（右）	1.1988	1.3401	1.4292
	5~6跨跨中（左）	1.0286	1.2803	1.4301
	5号墩顶	0.8984	0.7818	0.8162
	6号墩顶	0.8599	0.7715	0.8878
顺桥向	5号墩顶	0.1042	0.1650	0.2099
	6号墩顶	0.1336	0.2585	0.2506

表9-17　行车加速度测试结果　（单位：m/s^2）

测点位置		行车速度/(km/h)		
		40	60	80
竖向	5~6跨跨中（右）	0.1467	0.6258	0.8417
	5~6跨跨中（左）	0.1512	0.6590	0.8111

（续）

测点位置		行车速度/(km/h)		
		40	60	80
横向	5~6跨跨中（右）	0.1615	0.2806	0.6646
	5~6跨跨中（左）	0.1261	0.4673	0.2815
	5号墩顶	0.0806	0.0865	0.1137
	6号墩顶	0.0767	0.0879	0.1034
顺桥向	5号墩顶	0.1001	0.1239	0.1279
	6号墩顶	0.0672	0.1694	0.1377

1）所测各跨竖向、横桥向最大动位移为分别0.6944mm、1.4301mm，实测6号墩墩顶最大顺桥向动位移为0.2585mm。

2）随着行车速度的增加，各跨跨中竖向动位移响应基本呈现增加趋势。

3）不同行车速度下，跨中的横向动位移比竖向大很多，而竖向动位移又较顺桥向动位移大，说明该桥横向刚度较竖向刚度小，而纵向刚度则最大，各测点的动位移值基本符合受力规律。

9.3 变电站混凝土结构的检测实例

9.3.1 某变电站测试实例

检测混凝土立柱3根，其中220kV混凝土立柱2根，110kV混凝土立柱1根，每处均做外观检测、混凝土强度无损检测。由于混凝土立柱尺寸较小，每根立柱选8个测区进行回弹检测，在各立柱的南侧、北侧各设置2个测区，在内侧设置2个测区，在上下面各设置1个测区，每个测区测量16个回弹值，并选取3个位置测量炭化深度。

（1）外观检测　由于混凝土立柱服役时间近30年，各混凝土立柱均有不同程度的炭化，炭化平均深度在2.7~3.0mm，个别箍筋处炭化深度在10mm以上。箍筋混凝土保护层脱落现象，且不少钢筋锈蚀严重，截面积减小。个别横梁下翼缘受拉区混凝土剥离脱落严重，已影响正常使用，如图9-28和图9-29所示。

图9-28　混凝土立柱表面钢筋锈蚀

图9-29　横梁混凝土表面脱落、炭化

（2）混凝土无损检测

1#柱（220kV）、2#柱（220kV）、3#柱（110kV）的强度检测数据和炭化深度检测数据分别见表9-18～表9-23。

表9-18　1#柱回弹法检测混凝土强度检测数据

测　区	1	2	3	4	5	6	7	8	9	10	11	12	13	14	15	16
1	35	33	36	40	39	30	30	34	41	42	36	35	36	40	41	38
2	36	40	42	39	44	38	35	36	39	46	42	40	39	37	36	40
3	32	42	34	37	42	32	40	37	32	39	35	41	38	34	40	33
4	38	39	37	39	41	40	40	31	39	42	37	41	38	39	35	40
5	31	41	41	36	40	38	41	45	34	42	37	35	42	37	42	36
6	34	39	33	43	43	34	44	37	32	43	36	34	41	42	36	41
7（上）	41	44	46	44	51	41	44	49	39	44	43	42	46	47	40	43
8（下）	30	32	28	38	33	36	30	35	30	34	38	30	36	30	34	30

表9-19　1#柱炭化深度检测数据

测　　点	1	2	3	平均
测量值/mm	2.5	3.5	3.2	3.1

表9-20　2#柱回弹法检测混凝土强度检测数据

测区	1	2	3	4	5	6	7	8	9	10	11	12	13	14	15	16
1	36	40	47	41	44	37	50	38	49	45	38	49	43	38	43	41
2	30	40	34	41	35	33	36	40	39	39	37	34	43	37	35	38
3	35	41	41	37	50	45	38	46	42	37	49	39	41	42	38	39
4	32	37	38	36	40	32	36	39	39	32	37	34	36	33	37	34
5	37	42	47	40	43	41	38	49	50	40	43	43	38	40	43	39
6	37	42	40	44	35	39	46	42	46	37	42	44	39	42	43	39
7（上）	41	46	46	41	50	43	47	43	41	45	46	39	46	41	50	49
8（下）	30	32	31	28	35	33	35	31	40	28	36	34	31	36	36	30

表9-21　2#柱炭化深度检测数据

测　　点	1	2	3	平均
测量值/mm	2.3	4.0	3.0	3.1

表9-22　3#柱回弹法检测混凝土强度检测数据

测　区	1	2	3	4	5	6	7	8	9	10	11	12	13	14	15	16
1	36	34	36	38	35	38	38	36	35	45	34	41	42	36	38	32
2	37	40	35	41	43	47	41	37	38	35	45	41	36	50	49	38
3	37	32	38	36	43	37	33	45	39	32	40	49	39	35	47	37

（续）

测　区	1	2	3	4	5	6	7	8	9	10	11	12	13	14	15	16
4	34	35	40	32	44	35	33	30	42	34	37	35	44	35	32	33
5	37	39	40	34	42	42	40	44	33	40	39	44	37	35	40	40
6	30	33	32	41	40	31	47	33	48	32	43	40	44	32	33	35
7（上）	36	41	38	46	44	41	35	46	51	36	45	49	40	44	51	38
8（下）	31	32	30	34	33	32	41	35	33	36	30	34	32	35	30	34

表9-23　3#柱炭化深度检测数据

测　　点	1	2	3	平均
测量值/mm	2.5	2.5	3.0	2.7

（3）数据分析

1）回弹法检测混凝土抗压强度计算。根据《回弹法检测混凝土抗压强度计算规程》规定，计算测区平均回弹值时，应从该测区的16个回弹值中删除3个最大值和3个最小值，余下的10个回弹值按下式计算

$$R_m = \frac{\sum_{i=1}^{10} R_i}{10}$$

式中　R_m——测区平均回弹值，精确至0.1；

R_i——第i个测点的回弹值。

当非水平方向检测混凝土浇筑侧面时，应按下式修正

$$R_i = R_{m\alpha} + R_{\alpha\alpha}$$

式中　$R_{m\alpha}$——非水平状态检测时测区的平均回弹值，精确至0.1；

$R_{\alpha\alpha}$——非水平状态检测时回弹值修正值，按规范采用。

当测区数少于10个时，混凝土强度推定值按下式确定

$$f_{cu,e} = f^c_{cu,min}$$

式中　$f^c_{cu,min}$——构件中最小的测区混凝土强度换算值。

2）1#柱回弹法检测混凝土强度计算值见表9-24，则该柱混凝土强度推定值为21.8MPa。

表9-24　1#柱回弹法检测混凝土强度计算值

测　区	1	2	3	4	5	6	7	8
R_m	36.9	39.0	36.7	38.9	38.9	38.3	43.6	32.4
$f^c_{cu,i}$/MPa	27.4	30.4	27.1	30.3	30.3	29.4	37.5	21.8

3）2#柱回弹法检测混凝土强度计算值见表9-25，则该柱混凝土强度推定值为22.3MPa。

表 9-25 2#柱回弹法检测混凝土强度计算值

测　区	1	2	3	4	5	6	7	8
R_m	42.0	37.0	40.6	35.8	41.4	41.2	44.4	32.8
$f^c_{cu,i}$/MPa	34.7	27.5	32.4	25.8	33.6	33.3	39.0	22.3

4）3#柱回弹法检测混凝土强度计算值见表 9-26，则该柱混凝土强度推定值为 23.4MPa。

表 9-26 3#柱回弹法检测混凝土强度计算值

测　区	1	2	3	4	5	6	7	8
R_m	36.6	40.1	38.1	35.1	39.4	36.2	42.3	33.0
$f^c_{cu,i}$/MPa	27.8	32.8	30.0	25.5	31.8	27.1	36.9	23.4

（4）回弹法检测混凝土抗压强度结论　通过查阅原设计文件，原混凝土强度等级 C20，强度标准值为 13.4MPa。根据《回弹法检测混凝土抗压强度技术规程》，综合现场检测结果，得出如下结论：

1）该变电站混凝土立柱强度满足原设计强度要求，可以继续使用。

2）应加强对混凝土柱的防护工作，减缓炭化速度。

3）对于混凝土大面积脱落导致钢筋锈蚀严重处，建议采用绕丝法加固混凝土柱。

4）由于横梁混凝土脱落严重，建议更换。

9.3.2 环形电杆检测实例

1. 试验目的及准备工作

试验目的为采用回弹法和超声回弹综合法测试钢筋混凝土电杆的强度。

试验准备工作如下：

1）试验仪器设备的准备：回弹仪，非金属超声波检测仪（RS-ST01C），酚酞，卷尺，记录表格等。

2）试件的准备：各种型号的环形混凝土电杆若干。

2. 外观检测和炭化情况

混凝土炭化深度的检测采用酚酞酒精溶液和炭化深度检测进行测量，其方法：在需检测的混凝土构件位置上，用冲击钻在测区钻出直径为 15mm 的盲孔，其深度大于混凝土炭化深度，然后清除净孔洞中的粉末和碎屑，但不允许用水或其他液体冲洗，并立即用 1% 的酚酞酒精溶液滴在孔洞内壁的边缘处。未炭化的混凝土变成紫红色，已炭化的混凝土不变色，再用炭化深度检测尺（或游标卡尺）多次测量已炭化与未炭化在全交界面至混凝土表面的垂直距离，其平均值即为混凝土的炭化深度值。

由于试验用的混凝土电杆都是新生产的，外观都没有破坏，炭化不明显。在混凝土电杆试件上均匀分布 8 个点测区，各个测区都没有出现裂纹，更没有漏筋现象的出现，电杆表面没有混凝土脱落现象，如图 9-30 所示。各测区的外观情况见表 9-27。各个测区的炭化深度检测数据见表 9-28。

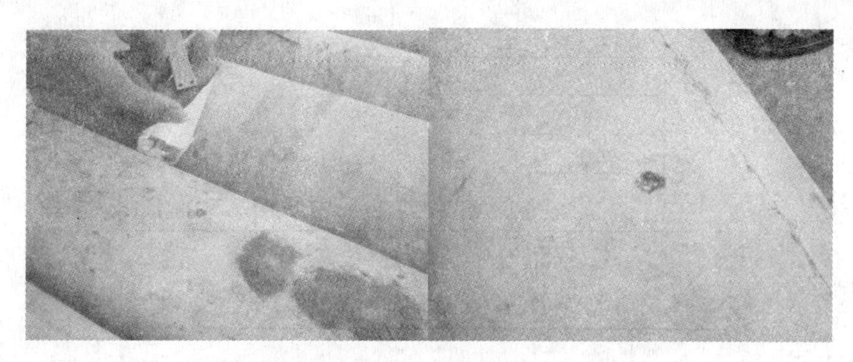

图9-30 混凝土电杆的外观和炭化情况

表9-27 各测区外观情况

测 区	1	2	3	4	5	6	7	8
观察量	无裂纹	无裂纹	无裂纹	无裂纹	无裂纹	无裂纹	无裂纹	无裂纹

表9-28 炭化深度检测数据

测 区	1	2	3	4	5	6	7	8
测量值/mm	0.40	0.28	0.30	0.26	0.20	0.30	0.28	0.34

3. 回弹法及超声法检测

（1）回弹法测试回弹值 回弹测试时，应始终保持回弹仪的轴线垂直于混凝土测试面。宜首先选择混凝土浇筑方向的侧面进行水平方向测试。如不具备浇筑方向侧面水平测试的条件，可采用非水平状态测试，或测试混凝土浇筑的顶面或底面。测量回弹值应在构件测区内超声波的发射和接收测点之间弹击16点。每一测点的回弹值，测读精确度至1。测点在测区范围内宜均匀布置，但不得布置在气孔或外露石子上。相邻两测点的间距不宜小于30mm；测点距构件边缘或外露钢筋、钢件的距离不应小于50mm，同一测点只允许弹击一次。测区回弹代表值应从该测区的16个回弹值中剔除3个较大值和3个较小值，根据其余10个有效回弹值按下式计算

$$R = \frac{1}{10}\sum_{i=1}^{10} R_i$$

式中 R——测区回弹代表值，取有效测试数据的平均值，精确至0.1；

R_i——第i个测点的有效回弹值。

（2）超声波检测 在混凝土电杆上布置距离分别为200mm、250mm、300mm、350mm、400mm、450mm、500mm测点，并用记号笔做记号。超声波检测混凝土强度换能器布置如图9-31所示。

将发射端（接收端）探头置于A点，将接收端（发射端）探头置于B点，保证探头内侧距离为A、B点间的距离L_1=200mm，并用黄油、凡士林等耦合剂与电杆耦合。

用超声波测试仪测出A、B两点间的声时，然后依次移动接收端（发射端）探头至B、C、D、E、F、G，并读出各测距的声时值t_1，t_2，t_3，t_4，t_5，t_6。

把测出来的声时值记录到表格中，选择另一个测区，重复以上操作。

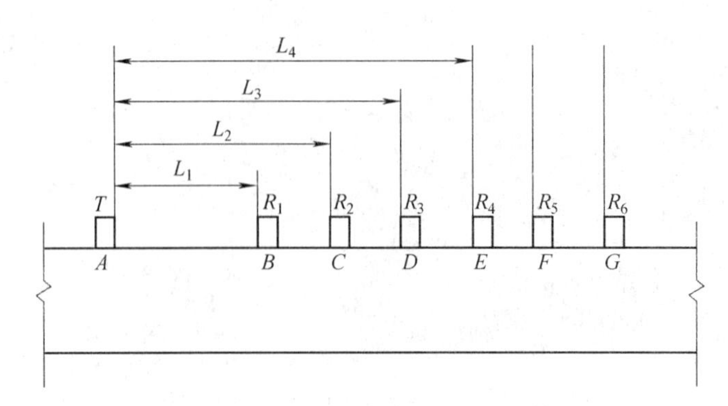

图 9-31　超声波检测混凝土强度换能器布置

4. 试验数据及分析

测得各个测区的回弹值有效值后，根据有效值查测区混凝土强度换算表可以得到其混凝土强度。超声回弹综合法最后得到的是超声波在混凝土电杆中的平均传播速度，因此，取相应回弹值中最小点结合超声波的传播速度，查《超声回弹综合法检测混凝土技术规程》中附录 C，得到超声回弹综合法的混凝土强度值。

1#柱回弹法检测数据见表 9-29 ~ 表 9-32，则该柱混凝土强度推定值为 44.8MPa。

表 9-29　1#柱回弹法检测混凝土强度检测数据

测　区	1	2	3	4	5	6	7	8	9	10	11	12	13	14	15	16
1 区	52	50	50	45	44	43	39	45	45	44	42	46	48	46	48	46
2 区	42	44	45	46	42	41	51	43	44	47	43	46	47	42	46	41
3 区	44	44	41	53	43	42	48	43	47	49	49	42	43	44	42	45
4 区	46	46	43	44	45	52	46	43	44	45	43	45	40	44	42	43
5 区	44	46	48	52	50	46	44	45	45	47	42	49	43	44	43	44
6 区	42	42	43	46	49	44	42	46	45	45	45	47	48	46	42	48
7 区	52	38	48	43	53	46	44	47	42	40	47	44	47	46	46	45
8 区	50	48	41	57	51	47	50	50	49	50	53	50	57	49	48	49

表 9-30　1#柱回弹法检测混凝土强度计算值

测　区	1	2	3	4	5	6	7	8
R_m	45.7	44.1	44.3	44.2	45.3	44.9	45.5	49.6
$f_{cu,i}^{c}$/MPa	51.9	44.8	49.2	48.4	51.5	50.6	51.5	58.9

表 9-31　1#柱炭化深度检测数据

测　点	1	2	3	平均
测量值/mm	0.36	0.28	0.32	0.32

表 9-32 1#柱超声法检测混凝土强度检测数据

测区 距离/mm	1	2	3	4	5	6	7	8	声时/μs	声速/(km/s)
200	41.5	43.7	50.3	48.1	44.8	41.5	53.6	47.0	46.7	4.283
250	49.2	54.7	59.1	51.4	55.8	52.5	61.3	55.4	55.09	4.538
300	56.9	61.3	69.0	59.1	60.2	55.8	77.8	64.0	63.61	4.716
350	65.7	70.1	81.1	76.7	70.1	69.0	86.6	75.2	74.89	4.674
400	81.1	81.1	91.0	82.2	83.3	86.6	98.7	86.9	86.58	4.620
450	92.1	92.1	105.3	94.3	91.0	96.5	108.6	97.7	97.44	4.618
500	106.4	105.3	108.6	106.4	103.1	106.4	119.6	108.7	108.44	4.611
平均值										4.580

1#柱超声法检测混凝土强度检测数据见表9-30，拟合曲线如图9-32所示，拟合曲线和试验数据趋势一致，说明试验数据良好。

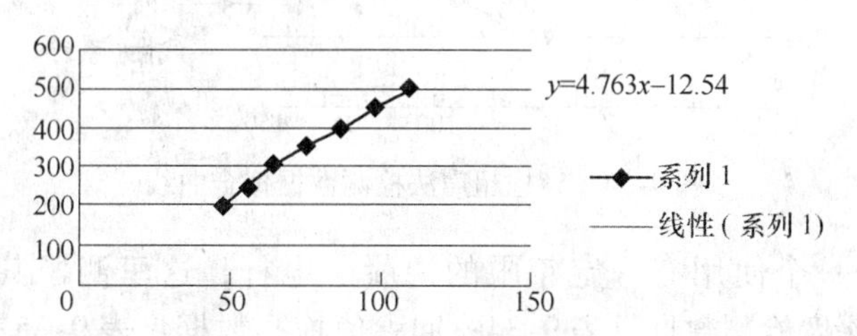

图9-32 1#柱超声法检测数据拟合曲线

回弹法测得的数据中，最小的回弹值是44.1，而超声法测得的超声波在1#柱中的平均传播速度为4.580km/s，混凝土电杆都是采用卵石加工而成的，查《超声回弹综合法检测混凝土强度技术规程》附录C，得到超声回弹综合法测量的混凝土的抗压强度为40.4MPa。

2、3、4、5#柱超声法检测数据的拟合曲线分别如图9-33～图9-36所示，拟合曲线与试验数据一致，说明试验数据良好；回弹法测得的数据中，最小回弹值分别为：47.5MPa、47.6MPa、46.5MPa、48.6MPa；超声法测得的超声波在混凝土柱中的传播速度分别为4.374km/s、4.111km/s、4.564km/s、4.944km/s，查《超声回弹综合法检测混凝土强度技术规程》附录C，得到超声回弹综合法测量的混凝土的抗压强度分别为44.2MPa、40.2MPa、45.1MPa、54.5MPa。

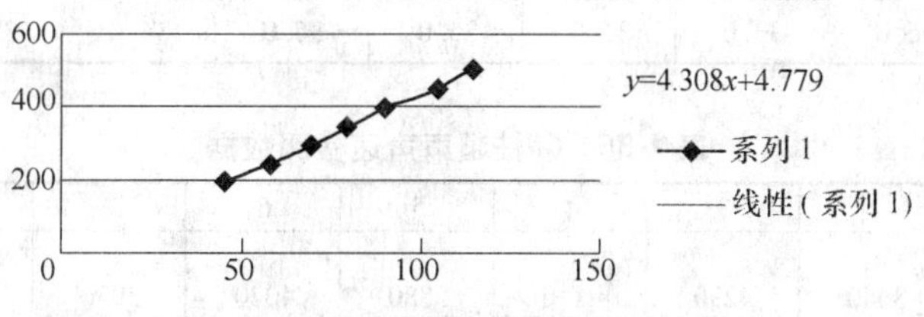

图9-33 2#柱超声法检测数据拟合曲线

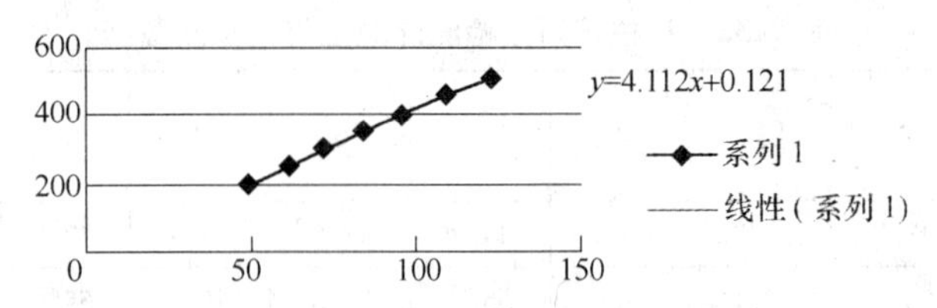

图 9-34　3#柱超声法检测数据拟合曲线

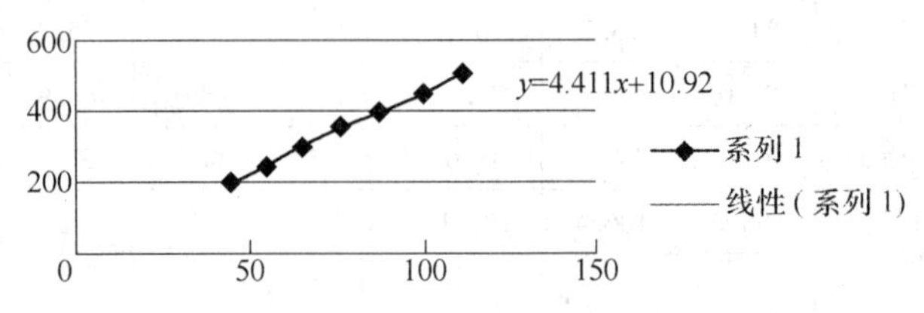

图 9-35　4#柱超声法检测数据拟合曲线

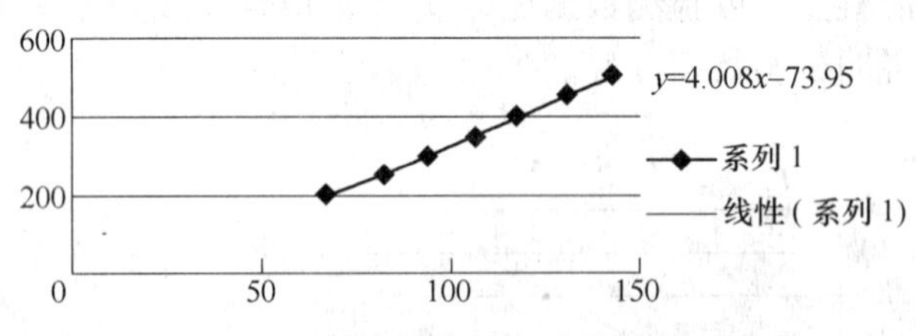

图 9-36　5#柱超声法检测数据拟合曲线

6#柱测量的是一个使用有一定年限的混凝土电杆，这里测了其外观数据的测量见表 9-33。6#柱炭化深度检测数据见表 9-34；回弹值检测数据见表 9-35；超声法检测混凝土强度检测数据见表 9-36，查《超声回弹综合法检测混凝土强度技术规程》附录 C，得该柱的超声回弹综合法检测的混凝土强度为 29. 0MPa。

表 9-33　各测区外观情况

测　区	1	2	3	4	5	6	7	8	9	10
观察量值/mm	无裂纹	浅裂纹	无裂纹	无裂纹	深裂纹	无裂纹	浅裂纹	无裂纹	浅裂纹	浅裂纹

表 9-34　6#柱炭化深度检测数据

测　区	1	2	3	4	5	6	7	8	9	10
测量值/mm	2. 3	4. 0	3. 0	2. 5	2. 5	3. 0	2. 5	3. 5	3. 2	3. 1

表 9-35　6#柱回弹值检测数据

测　区	1	2	3	4	5	6	7	8	9	10
测量值	34. 0	36. 0	33. 0	35. 0	35. 0	36. 0	34. 0	35. 0	36. 0	34. 0

表 9-36　6#柱超声声速检测数据

测　区	1	2	3	4	5	6	7	8	9	10
测量值/(m/s)	3990	3640	4290	4150	3880	4030	3930	4060	3720	3900

1#～5#柱分别利用回弹法和超声法检测得到的混凝土强度见表9-37所示。

表9-37 1#～5#柱回弹法、超声回弹综合法检测混凝土强度检测数据

	1#	2#	3#	4#	5#
回弹法	44.8	56.4	54.3	52.0	59.0
超声回弹综合法	40.4	44.2	40.2	45.1	54.5
回弹法误差	12%	41%	35.8%	30%	18%
超声回弹综合法误差	1%	10.5%	0.5%	12.8%	9.1%

1#～4#电杆均采用C40混凝土，5#采用的是C50混凝土（这里6#杆由于使用年限很长，在后面分开考虑），回弹法和超声回弹综合法检测结果显示，所检测的电杆均符合要求。但是，超声回弹综合的结果更精确，单一使用回弹法，误差较大，不能很好地检测混凝土电杆的强度，因此也不能准确判断电杆是否合格。超声回弹综合测试的结果在误差允许范围内，能很好地应用到混凝土电杆的检测当中。

5. 径向基函数神经网络在数据处理中的应用

应用第8章介绍的径向基函数神经网络，这里取 $n=4$，即有 x_1（外观）、x_2（炭化深度）、x_3（超声声速）及 x_4（回弹值）4个输入，其中，x_1 取离散值（0，1，2）分别表征无裂纹、浅裂纹及深裂纹，$x_2 \sim x_4$ 连续取值。隐含层节点数 $m=8$。取外观、炭化深度、超声声速 v 及回弹值取作为RBF的输入，其具体数据见表9-38。

混凝土的抗压强度作为输出，分别用上面所提出的方法对其网络结构和参数进行优化。在MATLAB环境下，编写程序，完成网络的训练及评估。进化RBF神经网络评估值 R_g 见表9-38，超声回弹综合法计算的值 R_z、试验值 R_e 之间的关系见表9-39（R_g、R_z 和 R_e 单位均为MPa）。

表9-38 进化神经网络评定结果

测　区	外观情况	炭化深度/mm	超声声速 v/(m/s)	回　弹　值	GARBF评估值 R_g/MPa
1	无裂纹	2.3	3990	34	44.1
2	浅裂纹	4.0	3640	36	39.1
3	无裂纹	3.0	4290	33	38.8
4	无裂纹	2.5	4150	35	42.0
5	深裂纹	2.5	3880	35	43.8
6	无裂纹	3.0	4030	36	39.7
7	浅裂纹	2.5	3930	34	41.6
8	无裂纹	3.5	4060	35	39.4
9	浅裂纹	3.0	3720	36	42.7
10	浅裂纹	3.1	3900	34	42.2

表9-39 进化神经网络、回归计算值及试验结果比较

情　况	R_g	R_e	R_z	R_g/R_e	R_z/R_e
1	44.1	44.7	53.2	0.986	1.190
2	39.1	38.6	35.6	1.013	0.923

（续）

情　况	R_g	R_e	R_z	R_g/R_e	R_z/R_e
3	38.8	42.0	52.2	0.923	1.243
4	42.0	37.2	48.4	1.130	1.300
5	43.8	55.4	42.0	0.790	0.759
6	39.7	36.0	29.0	1.103	0.806
7	41.6	50.5	61.0	0.823	1.208
8	39.4	31.2	26.2	1.262	0.840
9	42.7	43.5	53.2	0.981	1.222
10	42.2	44.8	34.5	0.941	0.771

由表9-39可见，基于进化RBF网络比超声回弹综合法得到的回归公式计算得的结果精度要高，其中R_g/R_e的平均值为0.995，标准方差为0.142；R_z/R_e的平均值为1.026，标准方差为0.224。

参考文献

[1] 吴慧敏. 结构混凝土现场检测新技术 [M]. 长沙：湖南大学出版社，1998.

[2] 姜绍飞. 基于神经网络的结构优化与损伤检测 [M]. 北京：科学出版社，2002.

[3] 程正兴. 小波分析算法与应用 [M]. 西安：西安交通大学出版社，1997.

[4] 李文仲，段朝玉. ZigBee2006 无线网络与无线定位实战 [M]. 北京：北京航空航天大学出版社，2008.

[5] 王永骥，涂健. 神经元网络控制 [M]. 北京：机械工业出版社，1999.

[6] 胡守仁. 神经网络应用技术 [M]. 长沙：国防科技大学出版社，1993.

[7] 刘君华. 智能传感器系统 [M]. 西安：西安电子科技大学出版社，1993.

[8] 王家桢，王俊杰. 传感器与变送器 [M]. 北京：清华大学出版社，1995.

[9] 新编混凝土无损检测技术编写组. 新编混凝土无损检测技术编写组 [M]. 北京：中国环境科学出版社，2002.

[10] 徐金明，刘绍峰，朱耀耀. 岩土工程实用原位测试技术 [M]. 北京：中国水利水电出版社，2007.

[11] 蔡中民. 混凝土结构试验与检测技术 [M]. 北京：机械工业出版社，2005.

[12] 宰金珉. 岩土工程测试与监测技术 [M]. 北京：中国建筑工业出版社，2008.

[13] 唐益群. 土木工程测试技术手册 [M]. 上海：同济大学出版社，1999.

[14] 侯宝隆. 混凝土非破损检测 [M]. 北京：地震出版社，1992.

[15] 李为杜. 混凝土无损检测技术 [M]. 上海：同济大学出版社，1989.

[16] 国家建筑工程质量监督检验中心. 混凝土无损检测技术 [M]. 北京：中国建材工业出版社，1996.

[17] 吴瑾. 钢筋混凝土结构锈蚀损伤检测与评估 [M]. 北京：科学出版社，2005.

[18] 赵卓，蒋晓东. 受腐蚀混凝土结构耐久性检测诊断 [M]. 郑州：黄河水利出版社，2006.

[19] 刘祥顺，刘雪飞. 预拌混凝土质量检测、控制与管理 [M]. 北京：中国建材工业出版社，2007.

[20] 罗骐先. 水工建筑物混凝土的超声检测 [M]. 北京：水利电力出版社，1986.

[21] 吴欣璇. 混凝土无损检测技术手册 [M]. 北京：人民交通出版社，2003.

[22] 张仁瑜，王征，孙盛佩. 混凝土质量控制与检测技术 [M]. 北京：化学工业出版社，2008.

[23] 张志泰，邱平. 超声波在混凝土质量检测中的应用 [M]. 北京：化学工业出版社，2006.

[24] 丁镇生. 传感器及传感器技术应用 [M]. 北京：电子工业出版社，1998.

[25] 何希才. 传感器及其应用 [M]. 北京：国防工业出版社，2001.

[26] 吕治安. ZigBee 网络原理与应用开发 [M]. 北京：北京航空航天大学出版社，2008.

[27] 李文仲，段朝玉. ZigBee 无线网络技术入门与实战 [M]. 北京：北京航空航天大学出版社，2007.

[28] 王洪元，史国栋. 人工神经网络技术及其应用 [M]. 北京：中国石化出版社，2002.

[29] 王旭，王宏，王文辉. 人工神经元网络原理与应用 [M]. 沈阳：东北大学出版社，2007.

[30] 袁曾任. 人工神经网络及其应用 [M]. 北京：清华大学出版社，1999.